中外语言应用研究丛书

面向智能服务机器人的交际意图识别研究

U0151364

A Study on
the Recognition of
Communication
Intention for Intelligent
Service Robots

高文利 ●著

上海交通大学出版社
SHANGHAI JIAO TONG UNIVERSITY PRESS

内容提要

本书是一部研究智能服务机器人的交际意图识别的学术专著。全书共分八章,首先讨论了交际意图的内涵与特征,并探索了交际意图的形式化表示方式,也进一步分析了交际意图的层级系统;然后确定了话语的分类;接着深入讨论了从交际意图明示句中进行交际意图抽取的过程;最后深入探索了如何在交际意图暗示句中,通过语用推理最终识别交际意图的方法。

本书适合对语言学、语用学、自然语言理解、人工智能等领域感兴趣的本科生、研究生阅读。

图书在版编目(C I P)数据

面向智能服务机器人的交际意图识别研究 / 高文利
著. — 上海 : 上海交通大学出版社,2022.10
(中外语言应用研究丛书)
ISBN 978 - 7 - 313 - 27638 - 4

Ⅰ.①面… Ⅱ.①高… Ⅲ.①人—机对话—研究
Ⅳ.①TP11

中国版本图书馆 CIP 数据核字(2022)第 186904 号

面向智能服务机器人的交际意图识别研究
MIANXIANG ZHINENG FUWU JIQIREN DE JIAOJI YITU SHIBIE YANJIU

著　　者:高文利
出版发行:上海交通大学出版社　　　　　地　　址:上海市番禺路 951 号
邮政编码:200030　　　　　　　　　　　电　　话:021 - 64071208
印　　刷:上海文浩包装科技有限公司　　经　　销:全国新华书店
开　　本:710mm×1000mm　1/16　　　印　　张:17
字　　数:274 千字
版　　次:2022 年 10 月第 1 版　　　　　印　　次:2022 年 10 月第 1 次印刷
书　　号:ISBN 978 - 7 - 313 - 27638 - 4
定　　价:78.00 元

浙江省社科规划课题研究成果
基于认知语境的人机智能交互方法研究(20NDJC210YB)

前　言

我们正步入智能化时代,各种智能服务机器人逐步走入我们的生活。人们渴望能用自然语言与智能服务机器人进行交互,甚至还梦想这种自然人机交互如同人与人之间的交流那样自然、顺畅、高效。这就需要为智能服务机器人配备交际意图识别能力,因为人们言语交际的实质就是一个交际意图传达与识别的过程。

但目前智能服务机器人的语言智能水平,离人们的期望还有很大的距离。究其原因主要在于当前的相关研究还处于"语形"和"语义"层面,尚未真正深入到"语用"层面,尚未弄明白交际意图推理的具体过程。为此,本书主要研究了交际意图的产生、传达和识别过程,来探索实现交际意图推理的相关技术。

意图是"打算"做某事的心理状态。交际意图具有内隐性、依附性、可推导性、导引性、不确定性等特点。交际意图的产生过程如下:①需要不满足,产生一种紧张感;②紧张的心理状态就会转化为动机;③对激发出的多种欲望进行权衡;④产生意图;⑤决定用言语行为来实现自己目标,形成交际意图。

交际意图的传达则需经过如下几个子过程:①表达语境构建,发话人"尽可能说得更少",试图激活的交际双方共有的相关知识命题;②言语行动规划,就是"决定怎么说",可以进一步细分交际策略权衡、交际意图言语化、表达内容句法化三个子过程;③非言语行动规划,进行非言语行为优选;④言语交际行为实施。

交际意图识别过程一般要经过如下一些子过程:①感知言语交际事件;②构建理解语境;③解析话语的字面意义;④如果是意图明示句,则进行交际意图抽取;如果是意图暗示句,则需要进行语用推理。

根据语句是否明确表明了交际意图,可以把语句分为意图明示句和意图暗示句两类。从自然语言理解的角度来看,意图明示句可以直接从句中抽取其交际意图,而意图暗示句则需要实时动态构建语境,并经过复杂的语用推理,才能推断出其交际意图。

交际意图抽取就是从话语中抽取出发话人的交际意图,就是从话语中抽取相关的意图信息,将非结构化的数据(话语)转化成结构化的信息(交际意图)。

所谓语用推理就是在言语交际过程中,受话人在根据发话人的言语交际行为动态构建理解语境的基础上,调用语用推理规则进行推理,意图识别发话人交际意图的过程。语用推理具有语境依赖性、溯因性、缺省性、或然性、非单调性等特点。

语用推理的过程包括调用知识、测试推理和意图筛选三部分。调用知识就是指从理解语境中调取一定知识至语用推理器的过程。测试推理就是测试话语的一种可能意义在当前语境下是否具有可行性。意图筛选就是看哪个通过了测试的交际意图更能合理地解释当前语境下的言语交际行为。

本书设计了"基于消息机制的语用推理系统"来实现交际意图推理。一般的专家系统的推理规则是固定的,但语用推理中推理规则是临时激活调用的。为了解决临时调用规则的完美组合问题,本书提出了一种基于消息机制的知识推理方法。

本书的研究成果有助于将自然语言理解的研究内容从脱离语境的字面意义的研究,进一步推进到基于动态语境的交际意图的识别研究;有助于将常识纳入交际意图识别的研究视野,探索话语与动态语境的关联机制,探索最佳关联的具体实现途径;有助于从言语交际实质的角度来理解智能,从而进一步推动对智能奥秘的探索;有助于智能机器人的人机交互意图推理系统的实现,提升智能服务机器人的智能交互水平。

本书在撰写过程中,吸取、借鉴了许多专家学者的研究成果,在此表示衷心的感谢。同时,也要感谢宁波财经学院人文学院院长夏柯博士为本书的出版提供的大力支持。感谢上海交通大学出版社为本书出版所做的一切。

由于作者水平有限,书中不足及错误之处在所难免,敬请专家和广大读者批评指正。

高文利

2022 年 10 月

目　录

1 绪论

1.1 研究背景与研究意义

1.1.1 我国智能服务机器人发展现状

随着现代生活节奏的变快、老龄化现象的凸显、生活水平的日益提高和人工智能技术的飞速发展,越来越多的服务型机器人,如扫地机器人、擦玻璃机器人、烘焙机器人、智能教育机器人、陪伴机器人等,开始步入人们的生活,服务机器人对提升人们的生活品质起到了非常积极的推动作用。

国际机器人联合会(International Federation of Robotics,IFR)将机器人分为工业机器人和服务机器人。其中,服务机器人可细分为专业服务机器人和个人/家庭服务机器人;如果按照应用场景分类,机器人可以分为工业机器人、服务机器人和特种机器人。其中,服务机器人可以分为公共服务机器人、医疗服务机器人和家用服务机器人。

据杭州中经智盛市场研究有限公司发布的《2022—2026 年服务机器人市场现状调查及发展前景分析报告》数据,目前世界上至少有 48 个国家在发展机器人。其中,25 个国家已涉足服务型机器人开发。在服务机器人领域,处于领先地位的是以美国、德国和法国为代表的西方国家,以及以日本和韩国为代表的亚洲国家。代表性产品有:德国研制的 Care-0-Bot4,这是一款助残助老独立生活(摆放桌椅、取拿饮料、控制空调、报警呼救等)的看护机器人;日本安川电机公司研制的摩托曼,这是一款可以烹饪煎饼的家政机器人;韩国研制的 Mahru-Z,这是一款可以打扫房子、加热食物、辅助洗衣等的女仆机器人。

我国自 20 世纪 80 年代开展服务机器人的研发,在新型仿生材料、各类新型结构、基于语言的认知智能等基础前沿技术方面,在服务机器人伺服电机、减速器、激光传感器等关键零部件等共性技术方面,在水下自主机器人、消防机器人、搜救/排爆机器人、手术机器人、康复机器人、仿人机器人、扫地机器人等样机和产品方面,都有长足进步和发展,并培育了一批提供关键部件、服务机器人本体、系统软件、应用软件、云服务等的服务机器人企业。

目前,我国的服务机器人已经在医疗、护理、家庭服务、娱乐、教育、生物技术、救灾等领域得到广泛应用。"爱唠萌"是儿童对话陪伴教育智能机器人代表之一,该人形智能机器人可通过电脑自由编辑舞蹈动作,可通过语音控制实现教育陪伴。此外,它还能实现智能监控、语音对话、视频通话、家庭防盗、管理家居等功能。

在餐饮领域,已有自动炒菜机器人面世,已得到广泛应用的是送餐服务机器人,如女神餐饮服务机器人是自主避障迎宾传菜机器人。该机器人能在指定的区域中行走,到达用户指定的位置;能够人性化智能避障,当行进中遇障碍物时,会自动识别,发出语音警示;能够在工作人员的操作下进行餐厅轨道地图创建;具有语音输出功能,可以提示顾客点餐、取餐。

2017 年,在第 19 届中国国际工业博览会上正式亮相了一款乒乓球机器人,这是中国乒乓球学院和新松公司合作研发的、国内首台具有自主知识产权并产品化的乒乓球机器人。在第二年举办的世界人工智能大会上,一个拿着乒乓球拍的机械手臂在大家面前亮相,它能像人一样精准地把球给打回来,并在年底和邓亚萍一起登上央视,对邓亚萍的高速球、弧圈球都能迅速应对,赢得了声声赞叹。进入 2020 年,名为"庞伯特"的乒乓机器人在中国乒乓球学院训练馆"上岗",这也是全球第一台可量产的用机械臂持球拍发球的机器人。庞伯特能够在对打过程中不断搜集对打数据,快速学习对方的击球路线,利用人工智能算法形成回球策略,高速机器人本体迅速挥拍,面对邓亚萍老师的高速球、弧圈球,都能够及时调整自己的策略,灵活进行各种变化。

"维拉"是上海某公司研发的陪伴型服务机器人。维拉机器人可以帮助老年人获得生活上的帮助,查询需要的信息和一些日程计划。维拉机器人已经发展到维拉三代,维拉三代具有自身环境认知、人体动态识别、万物互联中枢等特性,是一款"既能认识人又能认识家"的产品,具备信息查询、日程管理、生活服务和情感陪伴等功能,具有真人般语音,能轻松听到 5 米范围内的指令,支持人脸识别、人体识别和手势识别,可以做到随叫随到,智能跟随。

"阿铁"是浙江某公司研发的智能陪护机器人,具备 36 种仿人交互表情来满足老年用户需求的差异,具备看护、娱乐互动及简单的在线医疗咨询等服务功能。该机器人不仅可以提醒老人吃药,还能以不一样的视觉效果呈现在老年人面前,提起老年人的兴趣。该机器人的人机交互界面可以进一步改善、丰富机器人对语言的识别,高效识别老年人的情感差异,实现机器人和老人的深入互动。

"佳佳"是由中国科学技术大学研发的美女机器人,它诞生于 2016 年 4 月,身高 1.6 米,肤白貌美,五官精致,具有非常高的颜值。它具备出色的社交功能、语言理解、语义转换、面部微表情、口型及躯体动作匹配、大范围动态环境自主定位导航等功能。最独特的地方在于"佳佳"拥有人类的品格。据了解,"佳佳"在传统功能性体验之外,首次提出并探索了机器人品格定义,赋予"佳佳"善良、勤恳、智慧的品格。

"优悠"是优必选最新推出的熊猫机器人,是优必选专门为迪拜世博会中国馆特别定制的一款人形服务机器人。优悠有一双水灵的大眼睛、两只小耳朵,不仅可以双足行走,还能用灵活的双臂"比个心",甚至是手脚并用打太极。早在 2017 年,优必选的 Walker 第一代已经可以上下楼梯、踢球并进行简单的感知交互。2019 年,优必选的 Walker 第二代在美国举办的国际消费类电子产品展览会(International Consumer Electronics Show,CES)上惊艳全场。当时的 Walker 第二代已经是"有头有脸"的人物了,并且有灵活的双手和双脚,甚至可以弹琴,完成开门取物等高难度动作。2021 年优必选在世界人工智能大会上展示了新一代 Walker X 人形服务机器人,当时 Walker X 不仅可以实现上下楼梯、下象棋、快速行走、单腿平衡、视觉定位导航等功能,还能进行柔顺力控按摩,其出色的模块化可定制能力也给人们留下了深刻的印象。这次熊猫优悠就充分地利用了这一优势,它就是在大型仿人服务机器人 Walker X 的基础上进行的设计,加入了中国大熊猫形象作为设计元素,并且在功能上进行了不少拓展,以应对迪拜世博会中国馆的需求。熊猫优悠还会表演做瑜伽、跳舞、写字画画等功能,可以说是一张融合了中国先进科技与传统文化的"名片"。

随着聊天机器人在国外迅速升温,中国各信息技术公司也开始研发聊天机器人产品。2012 年,京东自主开发完成了聊天机器人 JIMI,JIMI 能够向用户提供 24 小时的服务,服务内容涵盖电子商务的各个环节,如售前咨询、售后服务等。2015 年,阿里巴巴推出的聊天机器人产品阿里小蜜与 JIMI 功能很相似,都是向用户提供购物环节中涉及的咨询类对话服务。哈尔滨工业大学社会计算与信息检索研究中心研发的"笨笨"聊天机器人已经可以提供较高质量的开域对话服务。目前华为小艺、米家小爱、百度小度都得到了广大用户的喜爱,可以陪伴用户聊天,解答用户的各类问题。

2017 年 12 月 14 日,我国工信部发布《促进新一代人工智能产业发展三年行动计划(2018—2020 年)》[1](以下简称《行动计划》)。《行动计划》提出,支持智能交互、智能操作、多机协作等关键技术研发,提升清洁、老年陪护、康复、助残、儿童教育等家庭服务机器人的智能化水平,推动巡检、导览等公共服务机器人及消防救援机器人等的创新应用。《行动计划》明确指出,到 2020 年,智能服务机器人环境感知、自然交互、自主学习、人机协作等关键技术取得突破,智能家庭服务机器人、智能公共服务机器人实现批量生产及应用,医疗康复、助老助残、消防救灾等机器人实现样机生产,完成技术与功能验证,实现 20 家以上应用示范。《行动计划》的发布为我国服务机器人的发展提供了明确的方向,将极大地促进服务机器人行业的发展。

服务机器人将成为世界机器人强国争夺新兴产业主导地位的重要战场。根据前瞻产业研究院发布的《2018—2023 年中国服务机器人行业发展前景与投资战略规划分析报告》[2],2012—2017 年中国专业服务机器人销售额复合增长率达 10.46%,个人/家用服务机器人销售额年复合增长率达 31.17%。总体来看,个人/家用服务机器人增长动力较强。前瞻产业研究院预测,到 2023 年,个人/家用服务机器人销售额达 24.1 亿美元。谁取得了服务机器人市场的主导地位谁就占据了全球机器人产业的龙头地位。[3]

虽然我国服务机器人产业近年来已经取得了长足进步,但与发达国家相比,还存在较大差距。

(1)在前沿基础领域,我国在新材料、新结构、新模型、感知技术、认知智能、人机等一系列领域处于相对弱的环节。

(2)在共性关键技术方面,缺乏关键零部件的核心技术;视觉处理、传感器、电机等技术和部件多依赖于进口,如 75% 的精密减速器从日本进口,超过 80% 的伺服驱动器从欧美和日本进口;成本高,超出消费者承受范围;

(3)在产品方面,现有产品同质化、低端化的现象严重,高端产品开发难度大,高可靠性产品迟迟不能上市,人机交互方面存在瓶颈,导致用户体验差强人意,难以满足消费者需求,市场占有率亟须提高。

(4)在技术支撑体系方面,服务机器人标准、检测认证等体系几乎空白,亟待健全;精确定位与抓取、图像与视频处理、连续工作的续航能力、网络化人机交互等技术都未得到很好的解决。

(5)在产业方面,供应链不完善,关键环节缺失,产业集群度低,企业竞争力不足。部分企业技术不成熟或忽视技术研发,以产品组装为主导,造成产品质量良莠不齐和质低价廉的恶性循环。品牌市场认可度不高,生产规模偏小,企业盈利能力较差。

总之,我国的服务机器人产业向智能化、实用化、信息化、高可靠全面转型与升级迫在眉睫。

1.1.2　人机交互技术发展现状

人机交互(human-computer interaction,HCI)是研究关于设计、评价和实现供人们使用的交互计算系统以及有关这些现象进行研究的科学。人机交互技术是指通过计算机输入、输出设备,以有效的方式实现人与计算机对话的技术。人机交互技术包括机器通过输出或显示设备给人提供大量有关信息及提示请示等,人通过输入设备给机器输入有关信息,回答问题及提示请示等。人机交互技术作为人与计算机之间信息交流的接口,是推动计算机产业发展的关键因素之一。

人机交互模式的发展史,是"以计算机为中心"到"以用户为中心"的发展过程,就交互形式而言共经历了以下几个阶段。

(1)基于键盘与命令语言的交互阶段。交互界面采用命令语言驱动操作,专业性强,人们只能通过操作键盘来输入数据和命令信息,界面输出为静态字符。交互逻辑与流程复杂,拷贝粘贴等关键操作未简化,容易出错,只能完成单线程的单一任务。

(2)基于鼠标和图形用户界面的交互阶段。伴随着图形界面技术的发展,逐渐形成了电脑所采用的图形界面典范 WIMP[由"视窗"(Window)、"图标"(Icon)、"菜单"(Menu)及"鼠标指针"(Pointer)组成],并引入鼠标,解决了精确定位、快速切换的难题。以超文本标记语言 HTML 及超文本传输协议 HTTP 的网络浏览器为特征,所形成的网络用户界面,成为当前网络交互的支柱。

(3)基于多点触控技术的触屏交互。触摸交互已经应用得非常广泛,如触摸屏手机、触摸屏电脑、触摸屏相机、触摸屏电子广告牌等。由于触摸屏具有便捷、简单、自然、节省空间、反应快速等优点,成为时下最便捷的人机交互方式来源之一。目前,最火爆的触摸方式还属多点触摸交互方式,多点触控技术通过人的手势、手指和其他外在物理物直接与电脑进行交互,丰富了交互场景,解决了小屏设备界面利用率及随时随地交互的问题,增强了用户体验,达到了随心所欲的境界。

(4)多通道、多模态的自然交互阶段。随着物联网的发展,人机交互形式多样并出现融合交叉,逐渐回归"以用户为中心"的初心,参与式设计与众创模式成为主流,交互界面依赖于大数据、物联网及人工智能进行创新与精简。

随着技术和情境的发展变化,人们越来越追求高效、自然和无感、体验好的交互方式,人机交互方式开始回归人机交互技术的初心,让计算机服务并适应人类的需要,而不是强求人类去适应计算机。

虽然人机交互方式近年来得到了快速发展和应用,但要像人一样"能听会说,善解人意",仍有大量技术难题有待攻破。如在完全自然的口语识别及方言识别方面,语音识别准确率还很不理想;智能硬件产品存在"没听清、听不懂、不聪明"问题;智能家居不"智能",用户激活率不足 20%;而被认为最直观、自然的多通道人机交互,由于其信息表达的丰富性和模糊性,很难准确映射为人机交互的界面操作,导致难以准确理解用户的意图。[4]

展望未来,人机融合、智能人机交互、自然人机交互是未来人机交互技术的三大发展方向。[5]

(1)人机融合。未来的人机交互将会演变成"交互人"和"智能机"在物理空间、数字空间及社会空间等不同空间上的交互。人作为人机交互的核心,将随着技术的发展与交互设备融为一体。未来的人机交互必然融入了脑控、眼控、手势、体感、语音、远程操作等新型交互方式,真正实现人机一体。

(2)智能人机交互。未来的人机交互将更加智能化,如服务机器人具有深度自然语言理解能力,人们通过自己的自然语言与机器交互时,将意识不到智能机器存在任何理解困难;如融入了脑控技术,人们想到了,服务机器马上就做到了;

如服务机器人将具有情感交流能力,人机交互时将富有人情味。

（3）自然人机交互。未来的人机交互将更重视用户的直觉与感官,产品将允许用户利用自身固有的认知习惯及其所熟知的生活化行为方式进行交互动作,旨在提高交互的自然性和高效性。未来的人机交互体系有望构建完备的智能控制自然交互体系,构建沉浸的 3D 交互显示系统与多通道的人机交互方式,为用户提供栩栩如生和身临其境的沉浸式交互体验。未来的人机交互将越来越聪明、越来越人性化,会是一种没有交互的"交互"。

运用多感官、多模态的界面方案来理解周围环境和相互交流让用户获得自然、本真和沉浸式的互动体验是人机交互发展的最终目标。所以未来的人机交互技术是向人机融合、智能人机交互和自然人机交互的方向发展。为此需要研究和解决的关键问题有:人机交互机制与基础研究,先进人机交互技术研究,特因环境下人机交互技术与可用性研究,面向工程的人机交互应用研究等。聚焦点在于:人机交互的神经——认知机制研究,人机交互工效学评价机制,人机交互群体智能研究,人机交互多通道信息融合,人与智能系统交互和融合等领域。

1.1.3　人机交互与自然语言理解技术

由前文分析可知,未来的人机交互必然是"以用户为中心",让用户获得自然、本真和沉浸式的互动体验,所以必然是向人机融合、智能人机交互、自然人机交互的方向发展。这就必然要求未来的服务机器人具有更高的智能。那么什么是机器人的智能呢?自从计算机诞生以来,人们对计算机是否具有智能进行了长期的争论。图灵在 1950 年发表于《哲学》杂志的一篇文章中提出了著名的图灵测试。其方案为:由测试人 A 与另一房间中的两个对象 B 和 C 对话,B 和 C 中一个是人,另一个是计算机。如果经过一段时间的对话以后,A 不能断定 B 和 C 中谁是人,谁是计算机,则认为计算机已具备了智能。从图灵测试可知,如果机器人在具体场景中表现出类似人的反应行为,则可以认为该机器人具备了智能,哪怕它实际上一点也不理解(像人一样理解)这些话语的具体语义,因为它具备的是人工智能。

由于服务机器人的研究目的是使机器人能够智能化地工作、为人类服务,这当中必然存在人对机器人进行指挥控制和信息咨询的情况。因此,人机交互是服务机器人的本质特征。合适的人机互动能够使机器人更好地理解人的意图,也使人能了解机器人当前的状态。人机交互的表现是评价机器人是否具有"智能"的一个主观衡量标准。

人与机器人交互中最自然的方式莫过于自然语言。人们表达他们的交际意图时,自然语言是最直接的方式。因此,这也给机器人带来了挑战:机器人需要能够"理解"这些语言,即需要具备自然语言理解技术。

人机对话系统是通过自然语言处理相关技术来模仿学习人与人之间对话的方式和内容,然后和用户采用自然语言方式进行信息交流。传统的人机对话系统完整流程如图 1 - 1 所示,包括语音识别(自动 automatic speech recognition, ASR)、自然语言理解(natural language understanding, NLU)、对话状态跟踪(dialog state tracking, DTS)、自然语言生成(natural language generation, NLG)和语音合成(text to speech, TTS)五部分。其中每一部分都是一个独立的研究方向。本书研究的交际意图识别属于自然语言理解模块。

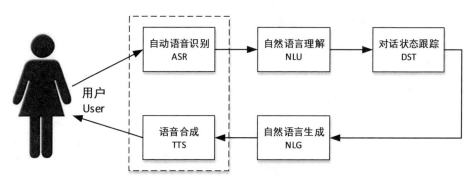

图 1 - 1　人机对话系统模块框架

自然语言理解是人机对话系统的关键技术之一,也是人工智能研究中的一个关键领域。机器人的语言理解能力是智能的一个突出特征,对自然语言理解的深入研究非常有助于智能研究的突破。计算语言学家普遍认为:"自然语言理解是指机器能够执行人类所期望的某些语言功能。这些功能包括:回答人们用自然语言提出的有关问题、文本摘要生成、文本释义、不同语言间的翻译。"[6]

一般认为,自然语言理解是人工智能研究的一个分支。但是真的能够把自然语言理解从人工智能研究中切割出来吗? 答案是否定的,因为自然语言是人类智能的独特表现,实现了一定意义的智能。实际上自然语言理解将会与人工智能碰到一样的难题。"自然语言理解技术完美之日,也就是整个人工智能技术完胜之时。……人工智能的一个真正问题的解决有待于人工智能问题本身的彻底解决。这既是自然语言理解的困难所在,也是人工智能问题之所以复杂的一个内在原因。"[7]

理解自然语言除了需要懂得语法,还有语义、语用和语气。更为重要的是,机器理解自然语言需要具备常识。人工智能开创者麦卡锡曾指出常识性知识的处理也是人工智能的核心难题。现在的聊天系统的最大缺陷就是不以广泛的常识为基础。许多聊天服务机器人在业务领域内的表现往往令人惊喜,但如果被询问"人有几条腿?"时,则会暴露它们的无知。

自然语言理解系统的研究主要经历了三个阶段:第一阶段(1960—1972 年)主要是以关键字匹配为主流技术,系统建立在对词类和词序分析的基础上,主要代表系统有 SIR STUDENT 和 ELIZA。第二阶段(1972—1982 年)主要以句法—语义分析为主流技术,甚至考虑语用和语境因素,主要代表系统有 LUNAR(1972 年)、SHRDLU(1973 年)、ATLAS-Ⅱ(1976 年)等。第三阶段(1982 年至今)主要是以处理大规模真实文本组建大型语料库为主流技术,主要代表系统有 TAGIF(1971 年)、CLAWS 词性标注系统(1982 年)。[8]

从上述自然语言理解系统的研究发展历史可以看出,当前自然语言理解系统主要基于两种技术路线:基于规则语言模型和基于统计语言模型。这两种技术路线在应用中都显示出了不同方面的局限性。

规则语言模型,也称推理模型,依据语言学理论建立语言分析或生成的规则,描述语言的各种成分以及成分之间的结构关系和意义关系,并用这些规则来分析或生成自然语言的语句。因为各种知识不仅在数量上浩瀚无际,而且还存在着高度的不确定性与模糊性,要全面准确表达理解自然语言所需的各种知识几乎是不可能的。为了弥补这方面的局限性,基于统计语言模型,又称概率模型或经验模型被提出,试图从大规模真实文本的语料库中获取语言知识,以求得对自然语言的准确认识。

统计语言模型是用来描述词、语句乃至于整个文档中这些不同的语法单元的概率分布的模型,能够用于衡量某句话或者词序列是否符合所处语言环境下人们日常的行文说话方式。统计语言模型对于复杂的大规模自然语言处理应用有着非常重要的价值,它有助于提取出自然语言中的内在规律从而提高语音识别、机器翻译、文档分类、光学字符识别等自然语言应用的表现。好的统计语言模型需要依赖大量的训练数据,在20世纪七八十年代,基本上模型的表现优劣取决于该领域数据的丰富程度。21世纪初,最流行的统计语言模型当属N-gram,其属于典型的基于稀疏表示的语言模型;近年来随着深度学习的爆发与崛起,以词向量为代表的分布式表示的语言模型取得了更好的效果,并且深刻地影响了自然语言处理领域的其他模型与应用的变革。尽管基于大规模语料库的方法为自然语言理解领域带来了不少成果,但这些方法都是统计学中的方法和一些其他的简单方法与技巧。在实际应用中,研究者似乎已将它们的潜能发挥到了极致。由于统计语言模型是建立在语形(单词)的基础之上的,但是,在缺乏词一级的语义知识库的前提下,要实现对自然语言的语义分析是不可能的。在实际应用中,统计语言模型的这一先天不足日益显现。

然而,无论基于规则语言模型的理性主义还是基于统计语言模型的经验主义,在自然语言理解实践中都遇到了不可逾越的障碍。两者在自然语言处理的不同应用中都可以发挥作用,具有很强的互补性,于是将两者结合起来,构建功能相对完善的大型语义知识库,是未来语义研究工作的一个重要方向。

自然语言理解正经历着一个从"语形"到"语义",再到"语用"的逐步递进的发展过程。

早在20世纪30年代,美国哲学家查尔斯·莫里斯(Charles Morris)就把语言符号划分为三个层面:语形学、语义学和语用学。之后,德国逻辑学家鲁道夫·卡尔纳普(Rudolf Carnap)也提出了与莫里斯相类似的划分。在目前的自然语言理解研究中,语形上的相关知识已经得到非常深入的研究。要实现人工智能,自然语言理解就不能停留在现阶段仅仅对语言形式进行处理的水平上,只有深入到语义和语用层面,才有可能使自然语言处理具有智能色彩。目前形形色色的软件技术最终都卡在语义上,语义处理已成为亟须突破的关键技术。自然语言理解从语形学到语义学的转向,已成为业内专家的共识。

但自然语言理解仅仅从语形学发展到语义学还是远远不够的,因为这样的研究忽视了作为语言的使用者"人"的主体地位。正如维特根斯坦所强调的,人是语言的使用者,语言的使用是同人的生命活动息息相关的。

词语和语句作为交流工具,它们的意义只有在使用中才能表现出来。因为言语的意义并不是隐藏在它的分析中的,而是体现在它所在具体的言语交际行为中的。只有引进语言的使用者以及具体的语境描述,才能解决语句的意义问题。[9]也只有这样,自然语言理解才能从语义阶段进入到语用阶段。从这一意义来看,无论是基于句法—语义的规则语言模型框架,还是基于统计概率理论的语料库建模方法,自然语言理解都只是脱离使用者与语境知识而处于指称层次的片面理解,而只有基于语用学层次的理解才是完整的。

自然语言理解研究要想取得重大进展,显然需要在语言哲学理论上实现重大突破。事实上,在当前的自然语言理解的研究中,言语行为理论就受到了计算语言学家们的重要关注与应用。言语行为理论已经在约翰·塞尔(John R. Searle)的完善下发展得非常精细,其核心理论纲领是"以言行事",即说话即是在做事。言语行为理论认为对语言的把握仅从指称维度是远远不够的,而应将语言视为一种行为,一种受语用力量和语境等诸多条件制约的行为,只有将这些诸多制约条件及指称的命题内容完整地形式化才能实现自然语言理解的完整意义上的研究。因此,自然语言理解的关键是通过对语境构建过程以及语用推理过程的分析,识别言语的交际意图。也只有这样才能实现话语意义的真正理解,进而实现对智能的解剖。

1.1.4 研究意义

为了更好地使机器人为人类服务,人们一直在寻找最方便的人机交互方式。显然最自然的交互方式莫过于自然语言,因为人们总是习惯用自然语言来表达意图。因此人们渴望能用自然语言与机器人进行交互,甚至还梦想这种人机交互能如同人与人之间的交流那样自然、顺畅、高效,而不是只能用祈使句向机器人下达指令。因而自然语言理解就成了人机交互的重要研究内容。言语交际的实质就是一个利用话语的字面意义激活动态认知语境实现交际意图的表达和识别的言语行为过程,因此交互意图识别方法研究正是实现人机自然交互梦想的关键所在,本书具有重要的理论价值与现实意义。

本书的理论价值主要在于如下三点:

(1)有助于进一步深化自然语言理解的研究。有助于将自然语言理解的研究内容从脱离语境的字面意义的研究,进一步推进到基于动态语境的交际意图的识别研究。

(2)有助于进一步推进交际意图识别的研究深度。将常识纳入交际意图识别的研究视野,探索话语与动态语境的关联机制,探索最佳关联的具体实现途径。

(3)有助于为人工智能的研究框架提供新的哲学视域和分析方法。从言语交际实质的角度来理解智能,从而进一步推动对智能奥秘的探索。

本书的实际应用价值主要在于如下两点:

(1)有助于智能机器人的人机交互意图推理系统的实现。动态语境的构建是实现人机交互意图推理的前提,而这两者的实现可以为机器人装上超级智能大脑。

(2)有助于提升智能服务机器人的智能交互水平。这样可以改善用户体验,增强产品的市场竞争力,推动我国机器人产业发展。

1.2　研究目标与研究内容

1.2.1　研究目标

本书构想的理想智能机器人的体系结构如图1-2所示,这样的智能机器人能基于动态语境实现人机间的自然语言交互,能依据动态语境的约束实现交互意图识别,即能实现深度自然语言理解。该系统的深度自然语言理解模块处理的大体流程如图1-3所示:这样的智能机器人能通过自身的视、听等感知能力构建现场语境,并识别主人对其所说的话语;然后调用动态语境知识进行话语的字面意义分析;在此基础上再调用动态语境的相关知识进行交际意图推理,最终实现交互意图识别。

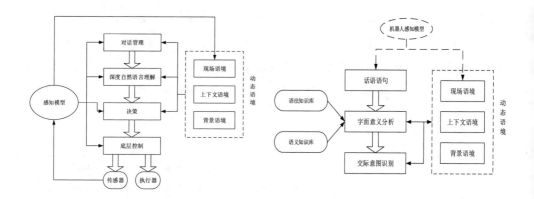

图1-2　智能服务机器人体系结构　　　　图1-3　基于动态语境的深度自然语言理解流程

　　本书的研究目标为：基于动态认知语境的人机交互意图识别方法，探索怎样从动态认知语境中确定最佳关联，从而识别交际意图的方法。也就是说，配备这种系统的智能机器人在家中听到主人说"好热啊！"时，首先能根据自身的感知信息和背景知识动态构建出认知语境，然后根据认知语境进行语用推理，最终推断出主人的交互意图。

1.2.2　研究内容

　　本书的研究遵循"提出问题→分析问题→解决问题"的思路来开展。如图1-4所示，本书首先对交际意图识别的研究进展进行综述，提出交际意图的研究有待进一步深入，交际意图识别的理论研究离实际操作还有很大的距离等问题；其次，本书分别对交际意图、交际意图识别进行探索，试图揭示交际意图的层次网络，努力研究交际意图识别的可操作性过程；最后，本书把交际意图识别分为两种途径：交际意图抽取和交际意图推理，并探索这两种途径实现的具体算法。

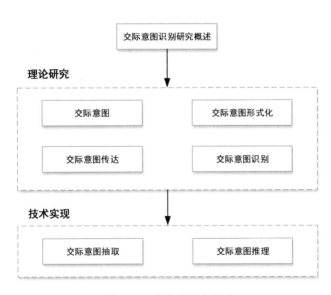

图1-4　本书的研究思路

　　本书共分为8章，具体内容如下。

　　第1章为绪论，介绍本书的研究背景与我国服务机器人的发展现状，分析人机交互技术的发展趋势,详细阐述自然语言理解技术在人机交互领域的应用价值,提出自然语言理解正经历着一个从"语形"到"语义",再到"语用"的逐步递进的发展过程,介绍交际意图识别对实现服务机器人智能化的意义,并介绍本书的研究意义、研究目标与研究内容。

第2章为言语交际意图识别研究概述,全面梳理了语言学领域和人工智能领域对交际意图识别研究的相关研究进展,并讨论当前研究中有待进一步研究的问题。

第3章研究交际意图,先讨论了意图的定义及特点,然后讨论了交际意图的定义及特点,详细分析了交际意图的产生过程,讨论了交际意图的分类情况。

第4章研究交际意图的知识表示,先研究了交际意图的总体认知结构,探索了用动态图表示交际意图的方法,然后比较详细地分析了请求类、告知类、承诺类、表情类、宣告类交际意图的认知结构及其动态图的表示方法。

第5章研究交际意图的传达过程,认为交际意图传达过程包括表达语境构建、言语行动规划、非言语行动规划和言语行为实施这几个子过程,并详细讨论了这些子过程的具体实施过程。

第6章研究交际意图的识别过程,认为交际意图识别过程一般要经过如下一些子过程:①感知言语交际事件;②构建理解语境;③解析话语的字面意义;④如果是意图明示句,则进行交际意图抽取;如果是意图暗示句,则需要进行语用推理,然后详细研究了这些子过程的实现过程。

第7章研究交际意图抽取。先介绍了信息抽取技术的发展情况,然后讨论了交际意图明示句的特点和交际意图抽取的特点,并设计交际意图抽取系统,还以请求类交际意图抽取为例,详细探讨了请求类交际意图抽取具体实现过程。

第8章研究交际意图推理,讨论了语用推理的定义及特点,提出语用推理的过程包括调用知识、测试推理和意图筛选三部分;然后讨论了基于Petri网的语用推理机制及推理过程,并设计了基于消息机制的语用推理系统,详细讨论了其设计思想,并设计了其实现的详细算法。

2 言语交际意图识别研究概述

2.1 交际意图识别的定义

2.1.1 意图

要理解"意图"，必须首先理解"意向"。指向性（或关于性）是"意向性"的基本内涵。粗略地说，意向性是心理活动的一种特质；只有具有心理活动能力的才有意向性，不具备心理活动能力的就谈不上意向性。根据这个观点，只有人（也许包括动物）有意向性，而汽车、椅子、茶杯等就没有意向性。

胡塞尔认为，人的意识总是指向某个对象并以其为目标的，意识活动的这种指向性和目的性即"意向性"。意向性是意识的本质和根本特征。外部世界被人的意识的意向性光芒照亮之前是一片黑暗、一片混沌、没有意义和没有秩序的，只是当意识的意向性投射于外部事物，当外部事物成为意识的对象时，它们才有了意义和秩序。

只有具有意向性的意识，才能被称为"意图"。因为意图不仅包含心理活动所指涉的对象，而且包含心理活动主体的愿望与企图。因此，当我们说一个行为者"有意图"时，不仅是说他在内心形成了特定的指向和目标，而且还指他在内心形成了特定的实践指向和实践目标。也就是说，意图不仅指向某个对象、事件或某种状态（有所指），而且试图改变这个对象、操作这个事件或实现这种状态（有所图）。因此，意图与一般的意向不同，它所蕴含的指向性，不是简单地包含或涉及某个对象，而是针对和作用于这个对象，试图对它施加某种力量或要求，希望使它获得某种调整或改造。

意图在本质上是一种关于行动的意向性。如果行为者不打算通过行动来改造对象，不打算让对象迎合或符合自己的想法，他也就谈不上有什么"意图"可言。意图一定是关乎行动的意图。换言之，意图必定与行动相关，从而与行为者试图改变世界的欲望及其活动相关。

在这个意义上，意图"被理解成心灵与行动的一种连接"，或者说，"意图就是一种与行动有关的心理状态。……(它)反映的是行动者的心灵机制中关于实践的一种承诺"，而不是关于认知的一种承诺。[10]简而言之，意图是"打算"做某事的心理状态。

2.1.2　交际意图

交际是利用一定的信号系统而故意传达信息的行为，这一信号系统可以是言语、图表、手势甚至仅仅是一个眼神。交际可以分为言语交际和非言语交际两种。人类的交际是目的驱使下的交际，是追求特定目的的交际，交际过程是交际双方追求目的的过程，交际成功与否的一个关键性的判断标准，是交际双方的目的是否被正确、有效地理解和成功地实现。[11]因此，交际中可以有意图而没有言语，但决不能有了言语行为而没有意图。

"交际意图，顾名思义，是交际者通过社会交际要达到的目的，或要获得的结果。"[12]在一定的交际环境中，发话人往往在新信息的刺激下，综合已知信息产生意图。只要说话人没有传达出来，那还仅仅是他个人的"想法"，还只是他头脑中的"意图"，还不属于语用学讨论的对象。只有当发话人把它表达出来，进入交际过程，让受话人知晓，并可能使之产生相应的行为时，才可以称为交际意图。很显然，从意图到交际意图，之间必须经历一个传达交流即"交际"的过程。"交际意图一般是指通过言语行为传达的、进入言语交流过程的意图，它在人际交往的动态进程中形成并导引言语交际活动展开、发展乃至终结。"[13]

总之，交际意图是交际者心灵机制中关于交际实践的一种承诺，是"打算"通过交际行为达到某种目的的心理状态。它可以分为言语交际意图识别和非言语交际意图识别两种。本书只讨论言语交际意图识别，不讨论非言语交际意图识别。

交际意图的出现是一种心理活动，这种活动在形成心理语码以后，构成了言语的触媒，使说话人意欲表达，从而产生言语动机。言语动机"决定说不说"，交际意图则是提供其内容,即"决定说什么"。成功的交际不仅取决于信号的接收,更取决于对交际意图的辨识。言语交际过程本身是一个言语行为过程,同时也是一个意图的表达和辨识的过程,而言语交际的实质就是意图的交际。

2.1.3 交际意图识别

交际意图识别,又称用户意图分类,就是根据用户自然语言所涉及的领域或者所表达的意图将其分到事先定义好的意图类别中去。通常被研究者视为文本分类任务来解决。交际意图识别是人机对话系统中自然语言理解的一个关键步骤,其准确率的提高,对于人机对话系统生成合理回复至关重要。智能服务机器人要理解用户所说的话,首先要判断出其想聊的领域或者想表达的行为意图。

人机交互是智能服务机器人的本质特征。人们总是习惯用自然语言来表达他的意图,因此人们渴望能用自然语言与机器人进行交互,甚至还梦想这种人机交互能如同人与人之间的交流那样自然、顺畅、高效,而不是只能全部用祈使句向机器人下达指令。言语交际的实质就是一个交际意图的传达与识别的过程。成功的交际以交际意图的识别为前提。如:"好热呀!""我都出汗了。""今天恐怕有40度了。"这些话语都可以表达要智能服务机器人打开空调的交际意图,如果智能服务机器人能够听清楚用户的每一个字,但却不能识别出用户的真实交际意图,不能做出恰当的反应,这种智能水平的服务机器人是不能令用户满意的。因此交际意图识别方法研究正是实现人机自然交互梦想的关键所在,具有重要的理论价值与现实意义。

2.2 语言学领域的交际意图识别研究

2.2.1 格赖斯会话含义的语用推理规则

2.2.1.1 会话含义理论

交际意图识别研究最早可以追溯到保罗·格赖斯(Paul Grice)的会话含义理论研究。"会话含义"(conversational implicature)是美国语言哲学家格赖斯首先提出来的。1957年,他在《哲学评论》(*Philosophical Review*)上发表了一篇论文《意义》,在该文中,格赖斯首次提到要将意义区分为自然意义(natural meaning)和非自然意义(non-natural meaning)。自然意义是没有意图的意义，比如"乌云意味着下雨"，天上出现乌云，很自然地会带来降雨，这不是哪个人的意图使然，没有人的意图内含于其中。话语表达的意义不涉及说话人的意图，反映的是事物的内在特征，而且句子的字面意义就是语言本身表达的意思，没有更深的含义，可以被自然地理解，听话人无须推断就能理解其义，所以是自然意义。如果某人咳嗽，倘若是无意的，那么咳嗽意味着自然意义：这个人身体上的不适；倘若是有意的，那么咳嗽就意味着(非自然意义)这个人有某种意图要传递，即非自然意义含有人的意图。这样的话语表达的意义属于有目的的交际，涉及人的意图，所以是"非自然意义"。区分意谓是在自然意义下使用还是在非自然意义下使用，关键要看是否有人为的约定。格赖斯认为，当一个说话者具有某种意向时，他就能通过语句X来意谓某种东西。自然意义和非自然意义的区分是格赖斯会话含义理论的基础。正是由于话语"非自然意义"的存在才会有产生会话含义的可能。

基于非自然意义理论，格赖斯提出了会话含义理论。格赖斯认为，在交际活动中，自然语言中一句话的意义是一个立体的集合，由所言(what is said)和含义(what is implicated)两部分组成。所言是句子直接陈述的具有真假值的命题，含义是句子在实际使用中产生的不影响句子真假值的、超出或不同于所言的意义。

含义又可再分为规约含义(conventional implicature)和会话含义(conversational implicature)两种。格赖斯认为规约含义由话语中特定词语的意义所决定；非规约性含义就是会话含义，或者更确切地说，会话含义属非规约性含义。话语的非规约含义，是指那些不是由于语词或语句的规约意义而得出的含义，是根据语境知识包括说话人的身份、说话的时间、场合等来决定的。格赖斯认为，在交际中，说话人说出一个话语所要表达的意义，同句子本身的意义可能有差距，有时候甚至是截然相反的。人们可以根据不同的语境条件，从话语的句子意义推导出其实际意义。这种从句子意义中推导出来的超越句子本身意义的实际话语的意义，称为会话含义。这种含义不是由词语的常规意义决定的，而是由会话的一般特征、一般规律决定的。

什么是会话的一般规律呢？格赖斯的第一个尝试性回答是："我们的谈话通常不是由一串互不相干的话语组成的，否则就会不合情理。他们常常是合作举动,至少在某种程度上;参与者都在某种程度上承认其中有一个或一组共同目标,至少有一个彼此接受的方向。这个目标或方向可能是在开始规定的(如在开始时提出一个要讨论的问题),它也可能在谈话过程中逐渐变化;它可能是比较确定的,也可能不太确定,参与者有较大的自由(就像在随意谈话中那样)。但是在每一阶段,总有一些可能的会话举动会被认为不合适,而遭到排斥。因此,我们可以提出一个初步的一般原则,参与者(在其他条件相同的情况下)一般会遵守。那就是:使你的话语,在其所发生的阶段,符合你参与的谈话所公认的目标或方向"[14]59。格赖斯把这叫作"合作原则"。

2.2.1.2 以"合作原则"为推导机制的语用推理规则

会话含义具有可取消性、不可分离性、可推导性、非规约性和不确定性等特征,其中最明显的特征是可取消性和可推导性。会话含义的可推导性决定了听话人可以通过语用推理来领会说话人的意思。格赖斯认为,人们在交流时相互合作,说话人和听话人之间存在着一种默契,共同遵守一些原则,使交流得以顺畅进行,这些原则即会话的合作原则。[15]合作原则的提出为听话人推导含义和理解话语提供了强有力的依据。为了进一步说明合作原则的内容,格赖斯又提出了一些准则,并将哲学准则区分为四大范畴:量、质、关系和方式。

(1)量准则:①尽可能多地提供谈话目的所要求的信息;②不提供多于谈话目的所要求的信息。

(2)质准则:努力说真话。①不要说你相信为假的话语;②不要说你缺乏充分根据的话语。

(3)相关准则:所说的话语必须是和谈话目的有关的。

(4)方式准则:要明白清楚。①避免晦涩;②避免歧义;③简明扼要;④井井有条。

会话含义理论的基石是交际的"合作原则"。在会话交际中,交际双方都应该遵守合作原则及质、量、相关和方式准则,而且要假设对方是遵守合作原则的,那么就能对表面上违反了会话准则的话语,经过语用推理,得到说话人没有明说但却是他的真正用意——会话含义。

格赖斯研究意义的突出贡献在于说者是如何利用俗成义产出说者的用意。他的著名定义如下(以 x="天在下雨"为例)。说者 U 通过说 x 产生某用意,当且仅当满足以下条件：

对某听者 A 而言，说者发出 x 时，其意图包括：

(1)A 作出某个反应 r；

(2)A 想到(或辨识到)说者有意图(1)；

(3)A 作出反应(1)是在(2)的基础上完成的。

说者说"天在下雨"时，有个引发听者作某个反应的意图，如"希望听者听到此话后带把雨伞"，即意图(1)。意图(2)指听者辨识到了说者的意图(1)。意图(3)指当听者打算带雨伞或真的带雨伞时，跟他辨识到说者的意图有关。为了更加直观，我们把格赖斯的说者用意理论可视化为图 2-1。

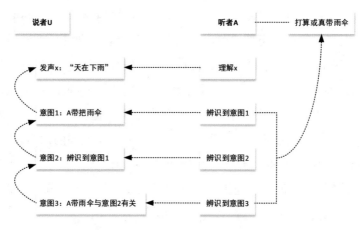

图 2-1　格赖斯说者用意示意图

格赖斯在研究意义时，认为说出来的话语 x 在定义中默认听者理解是不存在问题的。换句话说，话语 x 对说、听者是有意义的，即话面意义，或曰话语的约定俗成义。格赖斯通过语用阐释语义，通过说者的意图以及听者作出的反应来定义说者的用意，而不是用意义来定义意义，这避免了循环定义的毛病。

2.2.1.3　对格赖斯语用推理规则的评价

格赖斯的会话含义理论受到了哲学家、逻辑学家、心理学家和语言学家的普遍重视与研究，成为语用学的基本理论之一。作为一项开创性的研究，格赖斯的研究成果是巨大的，尤其是"合作原则"的提出，对语言学研究具有极为重要的理论价值和现实意义。

"合作原则"使语言学家开始关注"言外之意"和"弦外之音"这类生动有趣的日常言语交际现象,并为之做出了较为合理的理论解释,使对此问题一筹莫展的语法学家和语义学家豁然开朗。"合作原则"使学术界研究的视角从静态的语形语义分析转移到动态的语用分析,使得语言更接近千变万化的现实生活,更贴近人们的日常交际,激活了言语交际理论研究的生命力,增强了言语交际理论研究的实用性。

然而,事物总是两方面的。"合作原则"虽然取得巨大成就,但也并非十全十美。几十年来,合作原则在普遍得到公认的同时,国内外语言学界,包括逻辑学家也提出了许多客观性的批评、意见。

(1)格赖斯认为会话交际行为必须遵守合作原则。但是人类的言语交际活动非常复杂,不仅包括日常的交际对话,还包括警察对罪犯的审讯活动、邻里吵架、善意的谎言、文字游戏等,那么,这些言语活动是否都算是"合作"行为呢?在对抗关系中,交际者是否会在质、量、相关和方式上都进行"合作"?

(2)格赖斯是从言语交际出发研究隐含意义的,他认为交际必须遵守一定的规则才能正常进行,即言语交际必须遵守合作原则及其质、量、相关和方式四大准则。但是,一个原则和四个准则是否反映了言语交际的现实?是否充分而必要呢?从隐含研究的发展历史来看,这也是令人质疑的。

(3)格赖斯的合作原则和准则看似简单,操作起来却非常困难。主要难点在于:遵守和违反原则都可以产生隐含意义,那么,什么时候不产生隐含意义呢?是不是所有的话都有隐含意义?按照格赖斯的话,听话人可以是表面上违背原则和准则,而在深层意义上却遵守着原则。这种说法也给实际操作带来了困难。

格赖斯的会话含义理论虽然存在一些不足之处,但瑕不掩瑜,该学说为研究人类语言交际提供了一种解释性的理论,具有开创性。自格赖斯会话含义理论问世以来,各国语言学家表现出很浓厚的兴趣,各种研究不绝如缕,推动了会话含义理论的发展。这再一次印证了格赖斯会话含义理论的学术意义和应用价值。

2.2.2　关联理论的语用推理规则

斯波伯(Dan Sperber)和威尔逊(Deirdre Wilson)在格赖斯理论基础上,进一步探讨了会话的一般规律,强调了寻找关联性在话语理解中的作用,加深了人们对关联性的认识,并且为言语交际的语用阐释提供了一个新的理论框架。

2.2.2.1 关联理论

关联理论是由巴黎大学的斯波伯和伦敦大学的威尔逊于 1986 年针对格赖斯的合作原则而提出的交际理论。

1981 年,斯波伯和威尔逊发表文章《论格赖斯会话理论》("On Grice's Theory of Conversation"),第一次提出要用关联原则统括格赖斯的合作原则及其各项准则。他们当时把关联原则定义为"说话人已为实现最大关联性尽了最大努力",并将格赖斯的各准则与该原则逐条加以比较。他们并不反对格赖斯的大多数准则,他们之所以另外提出关联原则,并不是因为格赖斯的准则是错误的,而是因为关联原则比这些准则明确、简洁,所以用关联原则"统括"这些准则,而不是"代替"。

关联理论是研究人际交往的新理论,它认为,人的认知过程倾向于尽可能付出最小的处理努力来获得最大的认知效果,即追求最大关联。为了达到这个目的,人就必须关注对自己最为关联的既有信息,那么交际就是要引人注意:每一个明示交际行为都假设其本身具备最佳关联性。这就是关联理论的两条关联原则。传递的信息本身就伴有对关联的保证,在明示行为交际理解过程中,听者沿着最小处理努力的路径推导话语认知效果的过程止于关联期待满足之时。

斯波伯和威尔逊认为,解释人类交际行为的关键不在于合作不合作,而在于话语信息的关联性。关联性这个中心概念是深深根植于人类认知的一个普遍观点。他们指出,关联性是个专门术语,与日常用语"关联性"有所不同,作为术语的"关联性"并不仅仅是指话语之间的一种关系,而主要是指"命题 P 与语境假设集{C}之间的一种关系"[16]。因此,在关联理论中,关联性定义为:只有当命题 P 在语境假设集{C}中至少具有一种语境效果时,该命题 P 在该语境假设集{C}中才具有关联性,即在交际过程中,前一话语与后一话语,以及交际赖以存在的语境在语义和语用上都有一定的联系。

话语是否具有关联性,由该话语是否具有语境效果和处理话语时所投入的努力来判断。在同等条件下,语境效果与话语的关联性成正比关系:语境效果越大,关联性就越大;语境效果越小,关联性就越小。投入努力与话语的关联性成反比关系:投入的努力越多,关联性就越小;投入的努力越少,关联性就越大。上述关系用公式可以表示为:关联性＝语境效果/投入努力。

语境效果是通过新信息(即说话人当下发出的话语)和已有信息(即现实的语境假设)相结合而产生的。投入努力指的是人的感知器官对外部输入信息的感知,搜索相关认知语境,以及在特定语境中处理特定信息以获得认知效果时的感觉、记忆和推理所耗费的生物能量。从理论上说,假如语境效果均等,处理信息的投入努力越小,话语信息就越是关联。反过来说,假如投入努力均等,语境效果越大,话语信息就越是关联。然而,语境效果和投入努力都属于心理过程,关联性作为语境效果和投入努力之间的一种关系,不能运算,不能量化,只是个相对的概念。

尽管语境效果和投入努力从正负两个方向制约关联性,但是话语引起听话人关注和处理的并不是最大关联性(记忆最小的投入努力得到最大的认知效果)。为澄清这一可能的误解,关联理论提出了最佳关联性(即以最小的投入努力得到足够的认知效果)的概念。如果话语既能产生足够的语境效果,又只需为此付出最少的投入努力,那它就具有最佳关联性。因此,任何话语解释都必须符合下面这条关联原则:任何推理交际行为必须保证其最佳关联性。

斯波伯和威尔逊在讨论左右人类语言交际的关联原则时曾说过,"关联性"对于理论家来说是一条交际规则或原则,但对于受关联原则左右的语言使用者来说,却是本能的、自然的、倾向性的东西。[17]73

关联原则是对明示—推理交际的总概括,它是人们的一种自然倾向,是一种交际本能,交际双方无须知道管束交际活动的关联原则,更不必有意去遵守它,即使人们想要违反关联原则也不可能违反,因为每一种明示交际行为都应设想它本身具有关联性。听话人在理解话语的推理过程中,就只需要使用这一假设。

2.2.2.2 以"寻求最佳关联性"为推导机制的语用推理规则

关联理论认为,言语交际是明示—推理交际。在这种明示—推理交际中,交际行为是有意识的、表达一定交际意图的,它必然涉及能够表达交际意图的说话人和能够理解说话人交际意图的听话人。自言自语、背诵台词等行为就不是交际行为;非有意的打喷嚏和打哈欠等行为也不是交际行为。

明示—推理交际过程涉及"明示"和"推理"两个方面。"明示"是对说话人而言的,指说话人通过明示行为,将所要强调的东西表现出来,引起听话人的注意。明示行为可以是语言的,也可以是非语言的。"推理"是对听话人而言的,听话人根据说话人的明示行为,按照一定的方向进行非论证性的推理来理解说话人的交际意图,达到对话语的正确理解。在言语交际中,说话人通过明示行为向听话人展示自己的信息意图和交流意图,为推理提供必要的根据,听话人就根据说话人的明示行为进行推理,而推理就是寻找关联,寻找说话人所传递的最佳关联。如下例:

A:想要来点咖啡吗?

B:咖啡会让我保持清醒。

那么 B 到底是想喝咖啡,还是不想? A 需要明白 B 的用意,而要推断出 B 的用意,A 就要根据 B 话语的明示行为,结合语境提出一系列的语境假设。

假设 1:如果 B 不想要保持清醒,那么 B 不想喝咖啡。

假设 2:如果 B 想要保持清醒而熬夜工作,那么 B 想要来点咖啡。

要从以上假设中确定 B 的含义,A 就要寻找话语和语境的最佳关联。显然假设 1 的推断比假设 2 的推断更容易也更省力些。因为晚间人们通常想睡觉,不想无困意,所以假设 1 比假设 2 更有可能性,也更易获得。如果听话人 B 不是想表达这一含义,他会换一种说法以排除这种理解的可能性。如果 B 想要来点咖啡的话,可能会说:

B:这几天我得工作到很晚。

这样,就避免了误解的可能性,避免听话人误入歧途,浪费精力。

关联理论认为,明示—推理过程中运用的规则主要是演绎规则,并设想人的头脑中存在一种自动的演绎装置。这种装置会把演绎规则运用于从输入系统获得的假定和记忆中的假定,从而得到新的假定。明示—推理过程所运用的规则虽然主要是演绎规则,但它是非论证性的。如:

A:玛丽会打字吗?

B:她以前做过办公室秘书。

根据关联原则,说话人事先具有这样的假设:说话人认为目前他所用的话语"她以前做过办公室秘书"是具有最佳关联性的。因此,听话人可以作如下推理:

办公室秘书会打字(大前提)

玛丽以前做过办公室秘书(小前提)

玛丽会打字(结论)

所谓大前提就是听话人根据语境所补充的隐性前提,小前提就是交际中的显性前提。在交际中,听话人根据演绎推理和缺省推理推导出"玛丽会打字"的隐含结论。

由此可见,在言语交际过程中,说话人不仅要表明他有信息要传递,更要表明他所提供的信息具有最佳关联。正是由于有了这种关联,才能使人们对于说话人的意图作出合理的推理,从而达到对话语的正确理解。

2.2.2.3 对关联理论的评价

关联理论在语用学界引起广泛的关注,斯波伯和威尔逊提出的理解过程不仅适用于揭示隐含,而且适用于识别明确说出的内容和想象中的语境假设。关联理论不仅扩大了语用学的研究范围,还开辟了新的研究领域。

关联理论对格赖斯理论的修正和补充。格赖斯的交际理论建立在合作原则及若干会话准则之上,也有一定的缺陷:它只论证推理解释会话含义的作用与过程,未能阐明推理是交际的普遍现象;会话准则带有较大的任意性,未能在此基础上提出概括性更强的统一原则。针对这类问题,关联理论对格赖斯理论做了某些修正。关联理论认为,既然信息处理的核心过程是由已知信息推导出新的信息,那么整个语言交际都应该是一个建立前提并由此推理出结论的逻辑推理过程。为了更充分地阐述上述有关交际原则的观点,关联理论主张区分两类不同的交际,认为语言交际当属于"明示—推理"交际。关联理论还试图以关联原则统一以往语用学中的诸多准则,这对加强语用理论的严谨性和系统性,克服其原有的笼统性和任意性,应该说是一种有益的尝试。最为可取的是,关联理论指出语言交际的实质在于推理思维。

关联理论还解释了推理过程中的一个棘手的、又很重要的问题,就是共有知识是怎样起作用的。在格赖斯的会话含义理论中,话语相关是以说话人为出发点的,并表现为合作原则的有关准则,但是格赖斯在谈到为什么 P 的会话含义是 q 而不是 r 时,他只是说,如果说话人遵守合作原则,他必须想到 q,至于为什么想到 q 而不是 r,他没有回答。关联理论给出的关联的概念和关联原则,解答了这一问题。[18]

关联理论与认知科学的结合,更真实地反映了人的语言能力。斯波伯和威尔逊的关联理论是从认知的角度提出的一种交际理论,运用了认知科学的术语和内省的方法,使得出的结论更真实地反映人们的语感。关联理论提出的理解过程与心理学最近提出的模块论也很吻合。

然而,任何一种新理论都免不了存在一些不足之处,关联理论亦是如此。尽管关联理论从广义上阐述了语言推理过程中的内在机制,但却忽略了语境效果,即关联性和直显性的具体确定。从理论上说,最经济的付出所得到的是最佳关联,或者说付出的越多,得到的就越多。但是,在实际的言语交际中,怎样才能确定最经济的量呢? 换言之,究竟是什么使听话人认为他已获得了最佳关联,因而该停止推理过程了呢? 人们在日常生活中要遭遇无数个语言刺激信号,那么如何确定在某一交际中的一个信号具有直显性呢? 关联理论并没有令人信服地回答这些问题,而是将其留作了一个研究的空白点。

话语解释的结果,到底是必然的还是或然的? 斯波伯和威尔逊认为话语解释是一种演绎推理过程,而演绎推理是必然性推理,这也就表明他们倾向于必然性的解释。但实际上,由于语言自身的模糊性,说话人和听话人的认知局限,言语交际所牵涉的复杂而多变的心理因素等,都不可能使话语解释具有理性的精确度,其结果不可避免地带有不确定性。事实上,关联理论也谈及了推理结论的不确定性,但它终因囿于传统形式语法的框架,而陷入自相矛盾。[19]

关联理论的实用性不强。由于关联理论的目的并不在于语用研究,甚至不在于语言研究,而是企图为认知科学提供一个统一的基础,因而很多地方论述不够深刻。它仅仅勾勒出了一些粗线条的东西,而没有涉及切实可行的、具体的、比较微观的、适合语用实情细节的推理方案,因此,关联理论的实用性不强。[20]

尽管关联理论对话语的理解存在某些缺陷,但关联理论丰富和发展了以往语用推理的任意性和笼统性,反映了现代认知科学的新发展,仍不失为一种独创性的语用学理论,值得研究和借鉴。

2.2.3　新格赖斯理论的语用推理规则

新格赖斯语用推理机制是多位语言学家经过十多年研究的结果,并由列文森(S. C. Levinson)做出合理的概括,开拓了会话含义理论乃至语用学研究的新内容。

2.2.3.1 新格赖斯理论

格赖斯理论一经提出,就受到了语言学界的高度重视。但由于理论存在的不足,也引起了许多学者的批评。为了完善这一理论,利奇(G. Leech)提出了"礼貌原则"来拯救"合作原则"。[21]尽管利奇的"礼貌原则"在一定程度上弥补了"合作原则"的不足,但古典理论仍有许多缺陷。为此,斯波伯和威尔逊提出用"关联原则"将格赖斯"合作原则"的四准则统一起来,但用一条"关联原则"来统一格赖斯的四准则的构想在语言学界认同者却不多。以上种种尝试,都是通过弥补、充实古典理论的不足,以求达到完善其理论的目的而展开的,为古典格赖斯理论的发展做出了一定的贡献。

在上述学者进行完善古典理论的同时,另外一批学者对格赖斯理论进行了修改,如盖茨达、荷恩、阿特拉斯和列文森等,他们做了许多卓有成效的工作,尤其是列文森,他在总结他人研究成果的基础上,提出了列文森三原则理论,被称为"新格赖斯理论"。[22]

(1)数量原则。

说话人准则:不要陈述比你所掌握的知识所允许的程度更弱的陈述,除非提供更强的陈述会违反信息原则。

听话人推理:相信说话人提供的已是他所知道的最强的信息。

(2)信息原则。

说话人准则:最小化准则。"说得尽量少",即只提供实现交往目的所需的最少语言信息,同时遵循数量原则。

听话人推理:扩展规则。通过寻找最具体的解释来扩展说话人话语信息的内容,直到认定说话人的真正意图为止。

(3)方式原则。

说话人准则:不要无故用冗长、隐晦或有标记的表达形式。

听话人推理:如果说话人选用了冗长的、有标记的表达形式,他的意思跟选用无标记表达式的意思不一样;具体地说,他是在设法避免无标记表达式的常规联想和信息量含义。

列文森三原则的确立标志着新格赖斯会话含义理论的正式诞生,这一理论的产生使会话含义理论发生质的飞跃,既同古典格赖斯会话含义理论互补,又能使会话含义以至语用学的研究有新的拓展。

2.2.3.2 以"列式三原则"为推导机制的语用推理规则

(1)数量原则指导下的语用推理。

数量原则反映听话人倾向,希望说话人提供足够的信息,能说多少就尽量说多少。说者说到了极限,就便于听者推导上限隐含意义。应用数量原则进行推导,有关的句子应该含有可以比较其信息强度的词。为了进行有关的信息强度的比较,列文森利用荷恩的研究成果,提出了"荷恩等级关系"。[23]

这一关系实际上是一组(对)词的语义—信息强度的先强后弱的顺序关系。为了能合理排列,首先要求这组(对)词的语义—信息有可比性,列文森为此规定,要使(S,W)构成荷恩等级关系,则:

在一个任意的句子框架 A 内必须实现 A(S)蕴涵 A(W);

S,W 词汇性质相同;

S,W 涉及的是相同的语义关系或来自相同的语义场。如:

A:你爱我吗?

B:我非常喜欢你。

我们知道,在(爱,喜欢)的荷恩等级中,"爱"的语义强度蕴涵了"喜欢","爱"与"喜欢"在汉语上有蕴涵关系,"喜欢"是弱项,"爱"是强项,因此,B 话语的含义可推导为:我还没有达到"爱"你的程度。我们进一步推导出,B 对 A 有好感,很有可能继续发展感情。

(2)信息原则指导下的语用推理。

列文森的信息原则认为,在人们的记忆储存里,有若干不言而喻的"常规关系"。正因为是不言而喻的,所以在话语中就不自明,说话人就可以"说得尽量少",听话人则以此为依据来"扩展说话人话语的信息内容"。

所谓常规关系,就是指若 A 与 B 惯常性地联结在一起,共处于一常规范型之中,则提到 A 就意味着 B;说话人说出 A,听话人就会联想到 B;B 就是 A 的隐含信息和含义。如:

A:小张说他送我的耳环是他在巴塞罗那博览会上买的。

B:别听他吹! 他这次只拿到去日本的签证。

到过巴塞罗那,肯定到过西班牙,也肯定拿到过进入西班牙的签证,这些都可视为常规。因此,说话人就可以避免这种啰哩啰嗦的说法。小张只拿到去日本的签证,而没有拿到去其他地方(例如去西班牙)的签证;他拿不到去西班牙的签证就无法进入西班牙；无法进入西班牙就去不了巴塞罗那；去不了巴塞罗那就……其结果显而易见，B欺骗了A。

（3）方式原则指导下的语用推理。

当话语以异常的、有标记的形式表达出来时，我们要理解话语的真正含义，就需要以方式原则为推导依据。例如：

A：周末你愿意陪我去公园吗？

B：我不是不愿意。

"不是不"这一双重否定，是冗长的表达，因而是有标记的表达形式，根据双重否定能够表示肯定的规则，B表示愿意，但凭语感可知，B仅仅表示"愿意"，其实对"去"有很大的保留。这当然可以看成B的会话含义，但我们还有可能推导出更接近B的原始含义：B虽然也愿意去，但是由于别的原因而不能前往，比如或者没有精力去，或者还有其他工作需要完成等。

2.2.3.3　对新格赖斯理论的评价

在日常交际中，说话人要考虑在一定语境下用什么样的表达方式才能产生最佳语境效果，而听话人则要反过来进行会话含义的推导，推导出如何理解说话人的话语表达才是最佳的语境效果。总体上讲，新格赖斯理论克服了在"古典"格赖斯理论研究上存在各准则之间缺乏关联性和存在等级关系的不足，也使会话含义理论的研究提高到了一个崭新的阶段。

格赖斯语用学是一个重要的当代语用学派别，他们坚持格赖斯提出的合作原则及其准则，新格赖斯语用学使格赖斯理论更加清晰，核心更加突出，是对格赖斯理论的正确发展，为推动语用学的发展做出了不可磨灭的贡献。但是，该理论也存在一些不足：

新格赖斯理论过分强调了他们的数量原则与信息量原则之间的对立，另外，荷恩等级的覆盖面太窄等。[24]

并不是任何符合列文森对荷恩关系规定的两点就可以进行量原则的推导。徐盛桓教授提出"荷恩等级关系"是一种常规关系，反映了事物间量的关系，并利用这种关系进行量原则推导。

信息量、表达方式和信息的相关性三者之间存在什么样的联系？具体遵循什么样的等级关系？这些问题还需进一步研究。

从哲学意义层面上看,列文森三原则是否普遍适用于各种语言与文化的交流,不同的语言对"荷恩等级关系"阶级顺序是否相同等问题有待解决。[25]

2.2.4　言语行为理论的语用推理规则

以前的哲学家主要从逻辑实证的角度研究意义,他们所研究的意义是抽象的、游离于语境之外的意义,因而是静态的。而随着语义学研究的不断深入,越来越多的语言学家意识到语境对于意义研究之重要。这是因为对于实际使用中的语言来说,意义不是抽象的,而是和一定的语境联系在一起的,离开了使用语言的时间、地点、场合、使用语言的人,以及使用语言的目的等语境因素,便不能确定语言的具体意义,对于语义的研究便算不上全面。于是,在语义研究中,人们开始考虑语境的因素。在传统的语言理论无法有效解释现实语言现象的背景下,言语行为理论便应运而生。

2.2.4.1　言语行为理论

(1)奥斯丁的言语行为理论。

英国哲学家约翰·奥斯丁(John L. Austin)1955 年,在哈佛大学做了题为《论言有所为》("How to Do Things with Words")的系列演讲,由此创建了言语行为理论。

奥斯丁首先区分了"言有所述"和"言有所为"。前者的作用是描述事物的状态或陈述某种事实,有真假意义的区别;后者的作用就是做某件事,实施某种行为,无所谓真假。奥斯丁把有所为之言的句子叫作施为句,其功能是"以言行事"。奥斯丁进一步把施为句分为两种:显性施为句和隐性施为句。显性施为句"全都具有第一人称单数、现在时直陈式主动态动词",可用"I＋V^p"这种句法形式来表示,其中 V^p 表示施为动词。如:"I do""I bet""I name"等。隐性施为句是指没有施为动词,但也能表达有所为之言的施为句。如:"Shut it""I'll be there"等。[26]

奥斯丁把施为句跟叙述句对立起来的根本目的,是强调施为句在言语交际中的特殊重要性,借此推翻认为逻辑—语义的真值条件是语言理解的中心的传统观点。但随着对施为句的深入研究,奥斯丁发现施为句理论存在着不少问题:①没有找到区分施为句和叙述句这两类话语的句法形式上的过硬标准;②隐性施为句的提出扩大了施为句的范围,而叙述句可以被看作隐性施为句。于是奥斯丁放弃了施为句跟叙述句相对立的二分理论,提出了言语行为三分说的新言语行为理论。

奥斯丁把言语行为分为三类:叙事行为、施事行为和成事行为。一个叙事行为大致相当于发出一个有意义的句子,叙事行为的功能是以言指事。完成一种施事行为就是完成在说某种事情中所存在的语力(force),如"请求""致谢""威胁"等。施事行为的功能是以言行事。说某件事情必定会在听话人或其他人的感情、思想或行动上产生某种影响或效果。成事行为的功能是以言成事。

实际上在言语交际中,这三种言语行为是一个整体。叙事行为发出声音,组成单词和句子,表达一定的意义,以言指事;施事行为在说某件事情中存在着某种语力,以言行事;成事行为通过说某件事情在听话人或其他人的思想感情或行动上产生一定的影响和效果,以言成事。

奥斯丁还根据语力把施事行为分为五大类:①裁决型;②行使型;③承诺型;④行为型;⑤阐释型。

奥斯丁开辟了一条从行为角度研究语言使用的新道路。尽管他的言语行为理论还有些不完备之处,需要后继者修正补充,使之进一步完善,但他作为言语行为理论的开拓者,在语言学上占有重要的一席之地。

(2)塞尔的言语行为理论。

美国当代语言哲学家约翰·塞尔(John R. Searle)是奥斯丁言语行为理论的杰出后继人。奥斯丁始终认为句意(或字面意义)和语力有根本性区别。塞尔则认为"不存在不带语力特征的句子","注意的研究和言语行为的研究,不是两种独立的研究,而是从两种不同的角度所做的同一研究"。塞尔用"命题行为"取代了奥斯丁的"表意行为",从而把言语行为分为四大类:①发话行为;②命题行为;③施事行为;④成事行为。[27]

塞尔在奥斯丁施事行为分类的基础上,将施事行为重新分类为:①断言行为;②指令行为;③承诺行为;④表态行为;⑤宣告行为。

塞尔提出了间接言语行为理论,对发展、完善言语行为理论作出了重要贡献。"间接言语行为理论是通过实施另一种施事行为的方式来间接的实施某一种施事行为。"塞尔认为,要理解间接言语行为,首先就要了解句子的"字面语力",然后由"字面语力"再推导出"间接语义",即句子间接表达的"施事语力"。

塞尔进一步把间接言语行为分为规约性间接言语行为和非规约性间接言语行为。规约性间接言语行为指根据句子的句法形式,按照习惯对"字面语力"作一般性推导而得出的间接言语行为,如"能开下门吗?"非规约性间接言语行为比较复杂,并且也不稳定,要依靠语境和说话双方的共知语言信息来推导,如"没油了。"

塞尔指出说话人和听话人表达或理解间接言语行为的依据,可归纳为以下四条:①共同具有的背景信息,包括语言的和非语言的;②听话人的理解和推断能力;③言语行为理论;④会话合作的一般原则。

作为奥斯丁言语行为理论的杰出后继人,语言哲学家塞尔在20世纪六七十年代修正了奥斯丁理论中的失误,并且有创建性地提出了言语交际应遵守的构成规则和在言语交际中起重要作用的间接言语行为理论,使言语行为理论趋于完善化、系统化,成为解释人类语言交际的一种重要的、有效的理论。

2.2.4.2 基于言语行为理论的语用推理规则

顾曰国在《当代语言学》上发表的论文《意向性、意识、意图、目的(语)与言语行为——从心智学到语言哲学》深入讨论了塞尔的言语行为理论[28],本部分主要借鉴了该文的研究成果。

塞尔的言语行为理论可以分为三个阶段:早期阶段,在塞尔的成名作《言语行为:语言哲学论》(*Speech Acts:An Essay in the Philosophy of Language*)里,他在做修订的基础上接受格赖斯的意义理论;中期阶段,1983年的《意向性:心智哲学论》(*Intentionality:An Essay in the Philosophy of Mind*)是转折点,对格赖斯的意义理论持批评的态度,走上了另辟蹊径的道路;晚期阶段,2007年的论文《语言是什么》可以视为第三个标杆,提出了对语言的新认识。

(1)塞尔早期的语用推理规则。

塞尔认为格赖斯的理论无法阐释话语约定俗成义以及与说者用意之间的关系。他认为格赖斯的意图1实际包含取效意图,而取效意图不可能仅仅通过听者辨识就能实现。他认为,说者说话的首要任务是做施事行为、传达语力,而不是做取效行为,达到超出语言之外的目的。他进而把格赖斯的取效意图改为施事行为意图,如说者对听者说"您好!",说者说此话时同时做了一个"问候"的施事行为。说者问候行为若圆满成功,就离不开听者正确地辨识说者说出此话的

意图,即"问候语力意图"。那么听者如何才能辨识出此意图? 塞尔认为通过如下四个步骤:

◇理解句子,即知其句义;

◇句义由规则确定;规则制定说出句子的条件,以及说出的话语做何用;

◇说出句子且赋予它用意,即发出三个意图:

(a)让听者知道(辨识、意识到)某规定的事态;

(b)让听者认知到,他知道(辨识、意识到)某规定的事态是借助意图(a);

(c)让听者认识到,他知道某事态时调用了他对说出的句子的一些规则
   知识。

◇句子提供约定俗成的手段,让说者完成在听者方产生语力效果的意图。

如果说者说出句子且表达用意,就等于他有上述(a)—(c)三个意图。通常情况下听者理解话语等于理解句子,即知道其义,知道组句的规则。为了更加直观,我们把塞尔的语力意图识别过程表示为图 2-2。

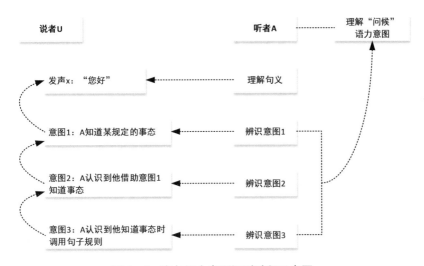

图 2-2　塞尔语力意图识别过程示意图

塞尔在早期突出了理解句义对识别意图的重要性,把语力意图理解等同于语言交流成功,成为后来言语行为研究的主流架构。此外,由于取效行为被视为超出语言交流的范围,言语行为研究结果成了对施事行为和语力的研究。

(2)塞尔中期的语用推理规则。

塞尔中期的风向标是他把意图和意义跟交际分离开来。他认为,意义意图(meaning intention)有两个方面:一是作表征的意图,二是交际意图。表征先于交际,表征意图先于交际意图。交流的部分东西是表征的内容,然而人们可以有对某事作表征的意图而没有交流的意图。[29]譬如,人们只要活着,就不停地做各种感知活动,以弄清跟周边事物的关系,这正是产生意义的过程。但产生这些意义完全独立于与人交流的意图。

塞尔指出,实施某个言语行为,该行为总伴有内在的意向心态。塞尔用"天在下雨"演示了意向性跟言语行为在实例分析中的互动性。

作为人类行为:从这个宏观的视角看,"天在下雨"代表的是人类"说话"这个行为。说话行为可以用世界上任何一种语言来实现。人类的说话行为,无论从第一还是第三视角看,都视为一种有意图的行为。

说者当下意图—发声意图:说者做这样的行为时受当下意图的驱使。当下意图是什么? 它因人、因时、因场合而异。然而万变不离其宗,首要的是先发出声音来,即当下发声意图。该意图作为意向心态的一种,其契合指向是物契心,意满条件是发出一串声音。当说者成功发出一串声音后,物契心的指向得到满足。

说者言语行为"陈述":按照传统的语言学理论,说者说出上面的句子,该句子由四个词("天、在、下、雨")组成,有句法结构,等等。说者,在通常情况下,除了上面的发声意图外,还有实施某类言语行为的意图,如做个关于天要下雨的陈述(为各种当下意图的一种)。那么,陈述意图又如何界定? 塞尔的回答是,完整地界定陈述意图,不仅涉及心智和语言,还涉及社会、文化和政治。这些复杂情况他不可能面面俱到。

我们把以上分析做进一步形象化处理表示成图 2-3。

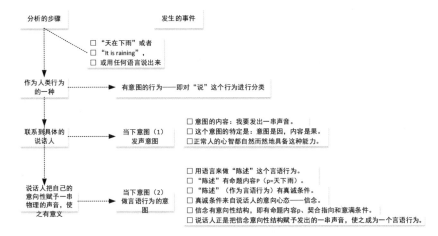

图 2-3 塞尔的意向性与言语行为的互动性示意图

（3）塞尔晚期的语用推理规则。

塞尔在晚期认为，语言是自然的生物现象，是人类特有生物遗传的延续或延伸。[30]塞尔深入分析了意向性延续序列：

意向性的最原始状态。饿、渴、性欲等生物冲动是意向性的最原始形态，因为这些生物状态都必须指向状态之外的东西，如感到饥饿的动物知道要找食物，而且知道找什么样的食物。当下感知、当下意图也是意向性的最原始形态。

先语言意向性。感知、意向行为等心理活动，比饿、渴、性欲等生物冲动要高级一些，它们具有意向性，可以称之为先语言意向性。高级动物具备先语言意向性。

语言支撑的意向性。这是人类独有的意向性。信念、欲求、记忆和意图上了更高的台阶，意向性获得语言的支撑，人类超出同类动物，成为"万物之灵"。语言意向性是对先语言意向性的延伸。

群体意向性。语言意义、句义、言语行为等完全超越个体进入群体，对应的是群体意向性。

语言支撑的社会。这是意向性延续的顶端。塞尔强调整个人类社会是通过语言构建起来的。

塞尔认为，支撑这些意向性存在与进化的是脑的生理与神经系统。在言语行为理论中语言是作为人类行为的一部分，在意向性理论里语言是作为人类的生物现象。塞尔在学术晚年转向把语言作为生物现象来研究。

2.2.4.3　对言语行为理论的评价

言语行为理论作为一种重要的意义理论,旨在揭示语境下的意义。它突破了传统抽象的、静态的意义研究方法的局限,而代之以具体的、动态的研究方法,从而极大地拓宽了语言学的研究手段和领域,其影响不容低估。如果说从奥斯丁开始,语用学得以确立的话,我们完全有理由这样讲,塞尔的间接言语行为理论夯实了语用学的基础。

言语行为理论作为一种原创语言观,它改变了人们对语言本质的认知,建立起了语言研究与世界之间的联系,使一些原本无解的语言现象得到了明晰的解释,这说明言语行为理论的贡献是巨大的。言语行为理论在一定程度上促进了语言的本体地位的确立;言语行为理论具有明显的功能主义研究特色,是对结构主义语言学的有益增补;言语行为理论强调语言的社会性,是对转换生成语法研究语言能力抽象机制的反作用。[31]

当然言语行为理论的发展还不成熟,还存在着很多问题:彼得·斯特劳森(Peter F. Strawson)批评奥斯丁把命名、结婚等言语行为当作语言实现其功能的典型方式,因为这些高度仪式化场景中,话语本身就是固定程序的一部分,而非普遍意义上的言语交际。[32]基于这些认识,斯特劳森提出以意图为中心的言语行为理论。肯特·巴赫(Kent Bach)和哈尼什(R. Harnish)继承了斯特劳森的思想,将施事行为划分为规约行为(conventional illocutionary acts)和交际行为(communicative illocutionary acts)。命名、结婚等规约行为通过遵从规约习俗实现,陈述、提问等交际行为通过识别说话人意图实现。[33]

更遗憾的是,奥斯丁和塞尔等的施事行为分类均存在标准不统一、类型数目多、各类型不能互补等问题。[34]

2.2.5　国内学者的语用推理规则研究

国内的学者对于语用推理也进行了大量的研究,一方面是依据格赖斯的合作原则和新格赖斯主义理论进行的研究,另一方面是从关联理论的角度来进行的研究。代表性研究成果有:徐盛桓的推理模式、钱冠连的推理模式、熊学亮的单向推理模式和杨先顺的推理模式。

2.2.5.1 徐盛桓的推理模式

徐盛桓认为列文森三原则的提出,原是满足"上指代"研究的特殊需要,其目的并不是研究一般含意,未能建构语用推理机制。为此,他提出了基于"新格赖斯理论"框架下的语用推理[35],该推理机制包括推导过程和实施规则两部分。

(1)推导过程。

如图2-4所示,徐盛桓的整个推导过程从"标记性"起,先纵后横,通过箭头表示的通道过渡,直到纵行的终端,作出推导的选择。

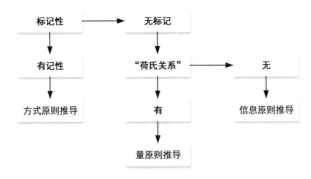

图2-4 徐盛桓基于新格赖斯理论的语用推理模式

(2)实施规则。

方式原则推导的实施规则:一个有标记的表达形式可能得出会话含意集 $\{I_1, I_2, ..., I_n\}$,若从语境效果来说,$I_1 > I_2 > \cdots > I_n$,则 I_1 最可能成为所期待的含义。

量原则推导的实施规则:〈S,W〉符合"荷恩等级关系",则:A(S)=A(W)+A(X),其中 X 表示还不止如此的部分。A(S)蕴涵了 A(W),并还不止如此。

信息原则推导的实施规则:设语句所谈及的对象或事件可能形成如下关系:〈$R_1, R_2, ... R_n$〉,若从同实情或常规的贴近程度来说,$R_1 > R_2 > ... > R_n$,则 R_1 优先成为扩展说话人话语的信息内容的最贴切的因素,推导出说话人的语义意图。

2.2.5.2 钱冠连的推理模式

钱冠连发文讨论了徐盛桓的语用推理模式,指出了徐氏推理的优点:对列氏三原则理解深入细致,有不少的精彩之处。如量准则推导的实施规则有6个,很细致。推导过程很精彩,列氏三原则的纵横关系就清清楚楚了。同时也指出了缺点:徐氏推理有道理,但是徐氏推理不能实用。[36]

在徐氏推理的基础上,钱冠连做了一些改动,其推理模式如图 2-5 所示。钱冠连虽然提出了语用推理的公式,但同时也指出了两个推理公式的不足:两个推导的根本出发点不对,都是从语言到语言,只将单一的语言符号纳入推导。钱冠连认为,语用推理模式的出发点是简单、自然,与话语同步释放出的所有信息符号(混成符号束)都应进入语用推理中。他认为,言语交际的本象是:言语交际=混成的符号束+语境干涉(社会大背景+交际小背景)+智力干涉。其中,混成的符号束=词语+声气息+面部符号+身势符号+伴随的物理符号+意外的符号。

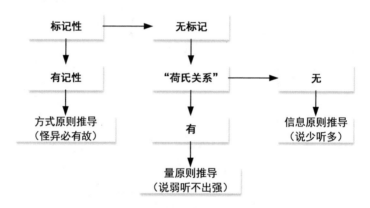

图 2-5　钱冠连基于新格赖斯理论的语用推理模式

他认为,要得到正确的语用推导模式,必须把同步符号束、语境干涉、智力干涉都考虑进去。这就像是故意为难人了,因为把所有的因素都统括进去的语用推理公式是永远也找不出来的。

2.2.5.3　熊学亮的单向语境推理模式

熊学亮指出,语境主要指的是语用者的语用知识,即认知语境,这种认知语境可以帮助语用者理解语言超载信息部分的含义。他在讨论超载和非超载、认知语境、超载和非超载的演变等语用学的关键概念后,提出了一种单向语境推导模式。[37-38]其推理模式如图 2-6 所示:

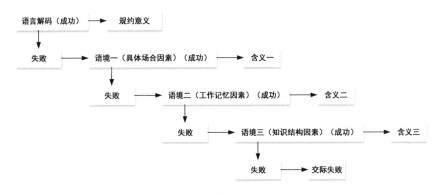

图 2-6　熊学亮单向语境推导模式

他也说明,上面提出的模式并不是一种严格的语用含义推导模式,而是在语用中语言接受者在理解语言超载部分的一种可能的认知语境寻找过程。

2.2.5.4　杨先顺的推理模式

杨先顺认为语句的意义包括字面意义、话语意义和联想意义。而语用推理就是根据语用规则,结合一定的语境,从语句的字面意义推导出其话语意义的推理。[39]接着,他提出了自己的语用推理模型(见图 2-7):

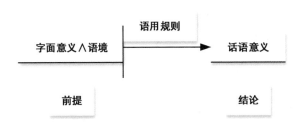

图 2-7　杨先顺语用推理模型

他认为,这里的语境包括:①背景语境(包括社会政治背景、风俗习惯、文化积淀、自然环境等);②情景语境(特定场合时间、地点、交际对象体态表情等);③言辞语境(上文、下文);④延伸语境(由上下文推出的语义蕴涵、预设、话涵)。

他指出,这里的语用规则是指言语交际中所有社会群体或某些社会群体所共同遵守的、普遍的、一般性的准则,但具体的语用规则尚需在今后语用学研究中将学者们所提出的原则统一起来。

2.2.5.5　徐盛桓的基于心理模型的含意推理因果化模型

徐盛桓参照认知心理学关于人认知能力的研究成果,采取心理实在论的立场,将心理建模作为推理的基本形式,将语用推理过程看作在下向因果关系作用下局域话语之间的相互影响进展为话语的整体性解释这样的过程。

他认为,语用推理的实质,是根据有关的显性表述,利用心理结构的知识集,通过一连串的"如果 X 则 Y"的推导进行显性表述和隐性表述的交替编码、组织和补偿,不断获得新认识,最后得到对有关话语用在这里的恰当的理解。

根据以上的认识,徐盛桓建立了基于心理模型的含意推理因果化模型,内容如下:以心理模型的知识结构为参数,根据初始条件约束和边界条件约束在知识结构里建立下向因果关系域,话语的显性表述在域内搜索常规关系,并在下向因果力的制约下被因果化,使话语在知识结构里凸显因果关系,从而获得理解。[40]

模型具体表达如下:

前提:言语交际的逻辑先设设定,话语中所涉及的对象和事件之间的关系是
　　　常规关系。

因果化过程:(a)根据初始条件约束和边界条件约束,设 Y 为下向因果关
　　　　系域;

　　　　(b)根据常规关系,话语显性表述 H 在 Y 域内被因果化;

　　　　(c)据此认定隐性表述 I;

　　　　(d)据 I 获得对 H 在域内的合理性解释。

约束条件:(a)初始条件约束,即话语 H 提供的约束;

　　　　(b)边界条件约束,即从对语境认定提供的约束。

2.2.5.6　语用推理的全息交际模式

邓隽、罗迪江认为,语用推理所涉及的语言符号本身、交际者的认知、文化、社会等因素,构成一个全息的语境系统,即全息语境。语用推理是听话者在说话者传递信息的基础上,联系语境推导出说话者的话语含义以及交际意图的过程。语用推理的核心意义主要在于通过协商对全息语境加以明确化与清晰化。

语用推理不能简单地归结为一种听话者盲目的自我推导,而是听话者在说话者的三种合理性要求的基础上,凭借全息语境积极主动地与说话者进行协商

的一种双向推导。语用推理所涉及的不止一个自我推导的主体,而是与说话者主体相互协商的双向推导;它不是单个主体与不同层面的语境之间的关系,而是主体间性之间的关系。

语用推理的核心是交际双方对其话语所做的解释与推导,而且只有通过说话者的协商与听话者借助全息语境对说话者所提供的信息进行合理的推导,才能得出说话者的交际意图,即推导具有合理性。

语用推理并不是简单地为某个主体找到意图的可能,而是听话者直接介入到他应当加以接受、检验、并给予接纳的全息语境中去,利用信息的系统性寻求与说话者相一致、相符合的话语含义,并最终推导出合理的话语意图,实现交际意图[41]。

语用推理的全息交际模式可以用图 2‐8 表示如下:

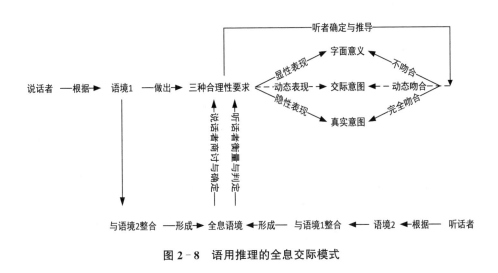

图 2‐8　语用推理的全息交际模式

语境的全息性、信息的系统性和推理的合理性共同作用就使语用推理形成一个有机的全息系统,这个全息系统也使语用推理全息交际模式成为可能。

2.3　人工智能领域的交际意图识别研究

交际意图识别,又称用户意图分类,就是根据用户自然语言所涉及的领域或者所表达的意图将其分到事先定义好的意图类别中去,通常被研究者视为文本分类任务来解决。交际意图识别是人机对话系统中自然语言理解的一个关键步骤，其准确率的提高，对于人机对话系统生成合理回复至关重要。智能服务机器人要理解用户所说的话，首先要判断出其想聊的领域或者想表达的行为意图。

意图识别的目的在于理解某一句话的意图，基本思想是：首先根据文本语义信息，定义可能出现的意图类别，然后采用自定义的分类方法，将该语句划分到事先定义的类别中。目前，意图识别分类的研究主要有三种方法：基于规则的语义识别方法、基于统计特征的分类算法和基于深度学习的方法[42]。

2.3.1 基于规则的语义识别方法

该方法针对特定问题，通过人工提取特定规则，来确定问题所属类型。一般需要人为构建规则模板以及类别信息对用户意图文本进行分类。如拉马南德（J. Ramanand）等针对消费意图识别，提出基于规则和意图的方法来获取意图模板，将用户的消费意图进行分类，在单一领域取得了较好的分类效果[43]。李等人研究发现在同一领域下，不同的表达方式会导致规则模板数量的增加，需要耗费大量的人力、物力[44]。所以，基于规则模板匹配的方法虽然简单直接，不需要大量的训练数据就可以保证识别的准确性，但是规则制定烦琐，可扩展性不强，泛化能力差。

2.3.2 基于统计特征的分类算法

基于统计特征分类的方法，则需要对语料文本进行关键特征的提取，如字、词特征、N-Gram 等，然后通过训练分类器实现意图分类。常用的方法有朴素贝叶斯、支持向量机、决策树和逻辑回归等。

陈浩辰分别使用支持向量机和朴素贝叶斯分类器对微博语料进行消费意图分类，F1 值都达到 70% 以上，但这两种分类器都需要人工提取特征，构造特征工程，再对文本进行分类，不仅成本高，而且特征的准确性无法得到保障，同时还会导致数据稀疏问题[45]。当数据集发生变化时，需要重新构造特征工程，时间复杂度较高，成本较高。由于支持向量机对多类别数据信息的分类效果不好而且泛化性能较差，贾俊华[46]通过引入 AdaBoost 算法和 PSO 算法，利用 PSO 优化支持向量机参数，并且用 AdaBoost 算法集成 PSOSVM 分类器，得到一种AdaBoost-PSOSVM 强分类器，在相同数据集上分类性能明显高于支持向量机分类器。但这些方法都不能准确理解用户文本的深层次语义信息。

2.3.3 基于深度学习的方法

该方法主要通过自我学习方式,学习句子的内在语义和句法特征。在意图识别分类研究中,常用的深度学习方法有词向量、卷积神经网络(CNN)、循环神经网络(RNN)、注意力机制(attention)、胶囊网络模型等。[47]

2.3.3.1 基于词向量的意图识别方法

近年来,在自然语言处理过程中,由于使用原始词法特征会导致数据稀疏问题,词向量逐渐被用于语义分析任务中,而且连续表示学习可以解决数据稀疏问题。金等人[48]将词向量作为词法特征进行意图分类,与传统的词袋模型相比,基于词向量的意图分类方法对不同分类内容的表征能力和领域可扩展性更好。

考虑到词向量的语义信息不全等问题,金等人[49]利用语义词汇字典的信息来丰富词向量,从而提高意图文本的语义表示,通过构建双向长短时记忆网络(bidirectional long short-term memory,BLSTM)模型进行意图识别。研究结果表明丰富的语义词汇向量可以提高意图的识别性能,而且对于规模较小的训练集采用复杂的深度学习模型,提供丰富的词向量会对模型性能有一定的帮助。词向量的研究会对深度学习模型的运用起到至关重要的作用。

2.3.3.2 基于卷积神经网络的意图识别方法

卷积神经网络最初被用于图像处理,随着词向量技术的出现,卷积神经网络被广泛应用于自然语言处理领域,并且取得了很好的研究成果。

金等人[50]尝试将卷积神经网络用于文本分类任务中,并取得了十分理想的效果。基于此,哈什米等人[51]采用卷积神经网络提取文本向量表示作为查询分类特征来识别用户搜索查询的意图,与传统的人工特征提取方法相比,不仅减少了大量的特征工程,而且可以得到更深层次的特征表示。但是卷积神经网络只能提取到意图文本的局部语义特征,不能保持语义的连贯性。

2.3.3.3 基于循环神经网络及其变体的意图识别方法

循环神经网络不同于卷积神经网络,它表示的是一个词序列,而且可以根据上下文学习词序语义信息。阿曼·巴尔加瓦(Aman Bhargava)把上下文信息纳入意图识别任务中,降低了意图识别的错误率,说明上下文信息有助于意图的识别[52]。一个简单的循环神经网络存在梯度爆炸或梯度消失等问题,不能很好地模拟长期依赖关系。

而序列建模最流行的是长短期记忆网络(LSTM)[53],该方法通过在循环神经网络结构中引入一个内存单元来解决这个问题,同时它可以控制要保留和遗忘的信息。

该模型也常被用于解决意图识别问题,休曼·拉武瑞(Suman Ravuri)等人提出用循环神经网络和长短期记忆网络两种模型来解决意图分类问题,将两种模型分别在 ATIS 数据集上进行实验,结果表明长短期记忆网络模型的意图识别错误率比循环神经网络低 1.48%[54]。主要是因为长短期记忆网络对文本的时序关系具有良好的建模能力,而且对输入较长的文本具有很好的记忆功能。

门控循环单元(GRU)是长短期记忆网络模型的一种改进,具有在长序列上保留信息的能力,而且可以学习上下文语义信息。[55]它和长短期记忆网络在大部分实验中都优于循环神经网络,相比于长短期记忆网络,门控循环单元只使用两个门即重置门(reset gate)和更新门(update gate),模型结构更简单,含有的参数更少,需要的文本语料更少。而双向门控循环单元(bidirectional gated recurrent unit,BGRU)可以充分考虑上下文语义信息从而对意图文本进行更好的特征表示,通常将隐藏状态的最终输出作为意图文本表示,从而得到意图类别结果。

针对意图识别任务,拉武瑞等人[56]在 ATIS 和 Cortana 数据集上对门控循环单元和长短期记忆网络进行了全面比较,实验表明门控循环单元和长短期记忆网络模型在意图分类任务上的性能几乎一样,但是门控循环单元的参数更少,模型更简单。

2.3.3.4 基于自注意力模型的意图识别方法

词向量已经被广泛应用于自然语言处理领域中,随着深度学习模型的发展,出现了各种句子级别向量的表示,如使用卷积神经网络中的最大池化(max-pooling)或平均池化(mean-pooling)得到句子向量,使用循环神经网络的隐藏状态或最终隐藏状态创建句子表示等。林等人[57]提出了一种通过引入自注意力(self-attention)机制提取句子表示的模型改进原有方法,通过二维矩阵来表示句子向量,将句子的不同语义信息用多个向量进行表示。该模型在双向长短时记忆网络上执行,通过对双向长短时记忆网络的隐层状态加权求和得到句子向量表示,从而实现意图分类。该模型通过自注意力机制可以获取到句子的多种语义信息,有助于多意图识别的研究。

2.3.3.5 基于胶囊网络模型的意图识别方法

"胶囊"的概念最先由欣顿(G. E. Hinton)等人[58]提出,用来解决卷积神经网络的表征局限性,一个胶囊包含一组神经元的向量表示,向量的方向表示实体属性,向量的长度表示实体存在的概率。萨布(S. Sabour)等人[59]提出了胶囊网络,将卷积神经网络的标量输出特征检测器用矢量输出胶囊代替,并且通过协议路由代替最大池化。相比于原来的卷积神经网络,胶囊网络会保持实体在区域内的准确位置信息。因此,赵等人[60]首次运用胶囊网络进行文本分类任务,提出三种动态路由策略来提高动态路由过程的性能,以减轻噪声(停用词和与类别无关的词)胶囊的干扰。实验结果表明,胶囊网络在文本分类任务上具有很好的性能,同时在多标签文本分类任务上也表现出很好的效果。

在意图识别任务上,夏等人[61]提出了一个基于胶囊网络的意图胶囊模型,该模型利用胶囊模型在文本建模中的优势对文本进行分层建模,对意图文本提取具有自注意力的语义特征,即语义向量。由于不同用户对同一种意图的表达方式不同,但对一种意图的贡献大于其他意图,通过采用动态路由机制动态分配每种语义的适当贡献度,将其聚合形成更高级别的预测向量,即意图语义表示,从而进行意图分类。该模型在意图识别任务上取得了不错的效果。考虑到各种深度学习模型的优缺点,大部分研究者将具有不同优势的深度学习模型进行组合对用户意图进行分类。

2.4 述评与讨论

2.4.1 对语言学研究领域相关研究的简要述评

语用学的历史并不是很长,"语用学"这一术语自美国哲学家查尔斯·莫里斯于1938年首次提出以来,获得了迅猛发展,其研究领域不断扩展,研究成果也非常丰硕。语用学正在不断完善并逐渐走向成熟。其中"话语是怎样传达意义的"(即交际意图识别,也就是语用推理)一直是语用学研究的核心,该研究也取得了很大的进展,涌现了很多卓越的研究成果,如格赖斯理论、关联理论、言语行为理论等,但因为该研究历史短暂,研究依然存在很多不足,有待进一步深入研究。

(1)交际意图的层级体系不明确。

奥斯丁和塞尔提出的言语行为分类研究成果是交际意图层级体系研究领域最有代表性的研究成果,但奥斯丁和塞尔的分类依然存在标准不统一、类型数目多、各类型不能互补等问题。其后也有很多学者进行了进一步的探索,但他们并没有超越奥斯丁和塞尔的分类模式。该领域还有待进一步深入研究,因为交际意图识别是将当前言语交际行为归入预先设定的某一交际意图类别中,如果交际意图的层级体系本身都还不明确,后面的研究无疑是空中楼阁。

(2)认知语境的动态构建过程不明确。

话语意义只有在具体的语境中才能得以传达,语境是认知的、动态的,这些都已经成为语用学研究界的共识,也有很多学者举例探索了语境构建并讨论了影响语境构建的相关因素,但"认知语境是怎样动态构建的"这一问题并没有得到比较清晰的回答。

(3)语用推理过程不清晰。

语用推理的特点得到了深入研究,但话语是怎样与交际意图相关联的还没有弄清楚,这样就导致了怎样利用话语和语境提供的相关线索来推断交际意图也同样还不清楚。另外,有不少学者提及语用推理离不开常识关系,认为语境提供的相关信息及常识是语用推理的"大前提",但非常遗憾的是,没有将常识研究纳入语义学或语用学的研究领域,而语用推理本身就是常识推理,不深入研究常识推理恐怕难以揭开语用推理的真面目。

2.4.2 对人工智能研究领域相关研究的简要述评

人工智能研究领域交际意图识别研究历史非常短暂,但自然语言理解领域的研究能够从"语形"层面进展到"语义"层面,并进一步开始尝试进入"语用"层面,该领域研究的发展方向无疑是值得高度肯定的。交际意图识别肯定是"语用"层面的研究,正因为其研究历史非常短暂,人工智能研究领域交际意图识别研究还存在如下问题。

(1)语用推理知识获取能力有限。

现在流行通过机器深度学习来获取人类知识,但这种方法必须以大数据为依托,并且是标记过的大数据语料库为好,但标记过的交际意图识别的语料库几乎没有听闻,机器学习中运用的语境知识非常少,机器对于人类常识掌握还非常少,根本无力支撑起交际意图识别这种人类的高级智能活动。机器人要具有真正的智能还有很长的路要走,其中语言智能将是核心智能之一。

(2)通用领域交际意图识别还有待进一步深入。

目前交际意图识别领域的研究主要集中在受限领域,如旅游、机票等,主要原因是受限领域的交际意图非常有限,这样就可以构建相应的语料库供机器进行深度学习,并将研究成果运用在应用场景中。但通用领域的交际意图难以确定,也无法构建出所需的语料库,深度学习也就难以进行。

3　交际意图

3.1　意图

3.1.1　意图的内涵

3.1.1.1　意图的定义

"意图"是具有意向性的意识,总是指向某个对象。人的意识总是指向某个对象并以其为目标的,意识活动的这种指向性和目的性即"意向性"。只有具有心理活动能力的主体才有意向性,因而只有具有心理活动能力的主体才会有意图。这样只有人(也许包括动物)才会有意图,而汽车、椅子、茶杯等就不会有意图。

意图不仅指向某个对象(有所指),而且还试图改变这个对象(有所图)。意图与一般的意向不同,它所蕴含的指向性,不是简单地包含或涉及某个对象,而是针对和作用于这个对象,试图对它施加某种力量或要求,希望使它获得某种调整或改造。因此,当我们说一个行为者"有意图"时,不仅是说,他在内心形成了特定的指向和目标,而且还指,他在内心形成了特定的实践指向和实践目标。

意图在本质上是一种关于行动的意向性,意图一定是关乎行动的意图。换言之,意图必定与行动相关,从而与行为者试图改变世界的欲望及其活动相关。简而言之,意图是"打算"做某事的心理状态。

3.1.1.2　意图与动机

动机和意图同属行为者的内在意识状态,但两者间存在明显的差别。现代心理学认为,动机是指引起和维持个体活动,并使活动朝向某一目标的内部驱动力。动机是一种内部刺激,是个人行为的直接原因;动机为个人行为提出目标;动机为个人行为提供力量以达到体内平衡;动机使个人明确其行为的意义。

在杰里米·边沁(Jeremy Bentham)看来,"动机就其最宽泛的意义而言,通常指向的是有思想的存在者,意味着任何能有助于产生甚或阻止任何一种行动的东西。"[62]约翰·密尔(John Stuart Mill)则把意图界定为行为者想要做什么,而把动机视作驱动行为者想要做什么的那些因素。

动机与意图之间显然存在因果关联:动机是意图产生的原因,而意图是动机的结果。根据这种理解,人们的行为是这样发生的:由于某种驱动性力量的存在,人们在内心中产生了做某件事情的念头或想法,这一念头或想法即是行为的意图。

动机指的是人的某种未经思虑节制的情感、本能、冲动,它们在很多情况下的确构成行为的驱动力,但显然不能被视作行为的意图。意图往往是人们思虑的结果,体现出人们的选择和取舍。如 A 饿了,于是去买了个面包,而饥饿的 B 则乘 A 不注意时,抢走了面包。在这里,"因饥饿而进食"是 A 和 B 的行为动机,而 A 和 B 却产生了不同的意图,最终导致了不同的行为。

3.1.1.3　意图与意志

现代心理学认为,"意志是人为了达到一定的目的,自觉地组织自己的行为,并与克服困难相联系的心理过程"[63]意志与意图在意向关系上是一致的,它们都是面向现象的主动投射,都呈现出改造世界和影响生活的实践要求。然而,意志比意图更进一步的是,不仅蕴涵着行为者内心的实践指向,而且意味着行为者内心对这个指向的巩固与坚守,意味着行为者对其意图的推动和转化。在这个意义上,意志是指行为者确认、坚持并实现自身意图的心理机能。[64]

一个单纯的意图绝不等于一个具体的行动,除非行为者能够凭借自己的意志坚持意图的稳定性,并且把意图顺畅地转化为具体的行动。在这个意义上,意志意味着将意图转化为行动的推动力和执行力,以及与这种转化过程相伴随的某种克服与控制。因此,意志的主要功能是将行为者通过欲望和知觉或借由情感与移情而得到的意图由一种纯粹的观念转化为一个实际的行动。

3.1.1.4　意图与目的

目的,通常是指行为主体根据自身的需要,借助意识、观念的中介作用预先设想的行为目标和结果。简单地说,目的是行为主体的行动和努力最终要达到的地点或境界。作为观念形态,目的反映了人对客观事物的实践关系。人的实践活动以目的为依据,目的贯穿实践过程的始终。"作为哲学范畴,目的是主体在认识客体的过程中,按照自己的需要和对象本身的固有属性预先设计,并以观念形态存在于主体头脑中的某种结果,它体现了对自身的需求与客观对象之间的内在联系。"[65]

意图可理解为"想"或"打算"做某事,即对即将实施行为进行规划的心理过程。例如,你肚子咕噜叫了,想吃东西,但你又不想自己煮饭,打算叫外卖。这一意图驱使你采取行动,你实施了行为:真的叫了外卖,把心理意图变为真实行为。由于意图是一种内隐的心理状态,旁观者只能通过行为者的实际行动才能推断行为者的意图。旁观者看到你用手机订外卖,便自然而然地把你的行为识解为是有目的的。意图是第一视角(行为主体"我"的视角),是行为的初始状态,目的是第三视角(行为旁观者视角),目的达到后为行为的终结状态(见图 3 - 1)。[28]

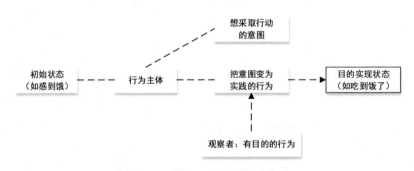

图 3 - 1　意图、行为和目的示意图

3.1.2　意图的特性

行为人为什么要进行意图规划? 即行为人为什么要事先对未来行动进行打算? 首先是因为行为人的"受限制的理性"。对于任何一个具体的行为人而言,他不可能掌握无限资源,总是在掌握有限资源的情况下去思考、决策和行动,为了使自己的行动更合理、更有成效,他就要提前进行设计和安排,即形成指向未来的意图。其次,源于协调行动的需要。为了实现某个目标,人们往往要协调好相关的多个行动,既包括自己现在和未来的相关行动,也包括自己和他人的相关行动。意图是一种特殊的心理状态,它具有协调行动的特殊作用。意图是一种独特的、原初的意向状态,不能还原成信念、愿望或者它们的叠加。意图的独特性是意图最本质、最基础的属性,这种属性保证了意图在行动说明中不可替代的位置。

(1)意图具有一致性。一个人不能同时既意图 P 又意图非 P,如"我"不能同时既打算马上吃饭,又打算不马上吃饭。同样,一个人也不能同时意图两种不可能同时发生的行动,如,"我"不能同时既打算今晚玩游戏,又打算今晚复习功课。但愿望不具有一致性,一个人可以同时具有多个彼此冲突甚至是矛盾的愿望。"我"可能同时有今晚玩游戏的愿望、在家复习功课的愿望和与朋友去看电影的愿望。

(2)意图的内容具有未然性。显然,人们所打算的行动或目标必然是当前时刻下现实中未发生的或未实现的,我们不会浪费精力去对已经发生的事情进行打算。意图是行动者对未来的行动规划,意图是指向未来的,并且是行动者认为需要付诸努力才能实现的。也就是说,意图的目标不会自动实现,它依赖于行动者的努力,需要行动者的意志坚持才能实现。

(3)意图的目标具有可实现性。一般我们只能意图自己认为可实现的目标。如果我们意图一个意图,那么,我们必然相信该意图是可以实现的。我们不会把自己都认为不可能实现的目标作为意图。如正常的成年人就不会打算去获取镜中花、水中月。愿望却不具有这个特点,人所愿望的东西不必是自己相信能实现的东西,如人们在庆祝生日、过新年时,经常会许下诸如"万事如意""心想事成""寿比南山"等一些明知不可能实现的愿望。

(4)意图具有稳定性。意图作为慎思、权衡后的决定不会轻易修订或取消,它具有一定的稳定性,这是人的理性行动的要求。如果人们轻易地改变意图,那么意图就不能够发挥其对行动的协调作用,人们也无法坚持去做一件事情,人的行动就没什么效率。意图的稳定性是意图区别于愿望的显著特征。人的愿望不具有稳定性,它可以随意改变。

(5)意图对行动具有推动性。意图对于行动及其说明而言,其重要性体现在以下七个方面:第一,指向性,意图使得行动的目标明确;第二,合理性,意图的理性程度及其要求比其他所有意向状态都要严苛;第三,规范性,意图对于行动的实施、推进与完成有着明确的约束作用;第四、知识性,意图体现了行动者所拥有的那些得到了辩护的信息;第五、稳定性,意图作为理性思考的结果,不会轻易受到扰动和影响;第六、均衡性,不同意图之间的转化可以实现认知与行动意义上的均衡,是认知优化的结果;第七,协同性,意图可以帮助行动者对自己不同时刻的行动,以及与他人的互动之间达成协作。[10]

意图是一种积极态度,信念不是,意图会推动人去实现它,而信念没有这个作用。意图和愿望都是积极态度,都能对行动者后面的行动发生影响,但它们也有区别,意图能够支配行动者的后面行动,而愿望只是潜在影响后面的行动。这是因为意图的东西是权衡后决定下来的,不会随意更改,而愿望的事情是未经权衡和未决定的。

(6)意图的满足具有意愿性。意图的满足不同于信念和愿望的满足,对于信念,如果信念的内容是真实的,那么信念就得到了满足;对于愿望,如果愿望的内容成为现实,那么愿望也实现了。但意图不同,意图的内容成为现实只是实现意图的必要条件,意图本身还要成为意图的内容得以实现的原因,才能说意图实现了。如 A 现在打算去楼下买杯奶茶喝,正准备下楼,这时 A 的同事 B 正好给 A 带了一杯奶茶。A 虽然得到了奶茶,但显然不能说 A 的意图实现了。也就是说,只有行为人通过自身的努力,按照自身的行动规划并实现了预先设定的目的,才能说行为人实现了自己的意图。

3.1.3　意图与言语行为

3.1.3.1　社会行为的目的性

由于物质自然界是不以人的主观意志为转移而客观地存在着,它本身并没有直接为人类服务,直接为人类的需要而存在的那种目的,不会主动地给予人类以施舍和恩赐。因此物质自然界是不能直接满足人的需要。人为了满足自己的需要,必须事先设定目的,制订计划,采用恰当的手段,通过符合于客观规律的自觉的对象性活动,改造客观世界,才能使之适合于人自己的目的,满足人的需要。

人的全部活动所表现出来的自觉能动性的一个主要特点是,在实践活动之前就先在观念中提出和设定目的,再通过实践活动来实现和达到目的人的目的,同生物有机体那种通过他们的生命活动表现出来的自发的计划性、合目的性不同。"动物对环境的适应性行为本身就是一种盲目的自然规律,只有人才能把自然规律当作认识和利用的对象,并以此为根据来设定和实现服务符合于自己需要的目的,从而使自然界为人的目的服务达到对自然界的统治。"[65]

只有人的活动才真正是有目的的活动,因为只有人才能自觉地预先设定活动的目的。设定活动的目的,就是知道他的活动服从于他的活动目的,并在活动的结果中实现这个目的。马克思对此有过精辟的论述,马克思曾说:"蜘蛛的活动与织工的活动相似,蜜蜂建筑蜂房的本领使人间的许多建筑师感到惭愧。但是,最蹩脚的建筑师从一开始就比最灵巧的蜜蜂高明的地方,是他在用蜂蜡筑蜂房以前,已经在自己头脑中把它建成了。劳动过程结束时得到的结果,在这个过程开始时就已经在劳动者的表象中存在着,即已经观念地存在着。他不仅使自然物发生形式变化,同时他还在自然物中实现自己的目的,这个目的是他所知道的,是作为规律决定着他的活动的方式和方法的,他必须使他的意志服从这个目的。"[66]202

恩格斯也指出,人的社会行为有一个共同的根本的特征:"目的性",人的社会行为是有目的的。这是人和其他动物的根本区别之一。恩格斯说:"在社会历史领域内进行活动的,是具有意识的,经过思虑或凭激情行动的,追求某种目的的人;任何事情的发生都不是没有自觉的意图,没有预期的目的的。"[67]247

同自然界的变化发展和自然界事物的相互作用不同,人的活动是真正为了追求自觉设定的目的的。人是真正通过自己有意识、有目的的活动,来创造自己的历史。因为人能把自己的活动过程和活动结果都当作意识的对象加以把握。人在进行活动之前,活动过程结束时所要取得的结果就已经在头脑中预先存在,即已经观念地存在着。这就是目的,而人的活动本身就是要实现这个预定的目的。

人对目的的追求是一个由客观到主观,又由主观到客观的能动过程。人在从事对象性活动的过程中,通过自己的大脑反映外部世界的影响,结合自己的需要提出和设定下一步行动所要达到的目的,这种目的在开始时还是一种主观的愿望,是一种预想的结果,是一种存在于头脑中的观念的对象,但它又是客观现实所产生的,是以客观现实为前提的,所以目的的提出和设定是由客观到主观的过程。人为了实现预先设定的目的,会加入人的意志,排除各种干扰,努力改造现存的客观现实,使之产生符合于人所需要的预想结果,从而使主观观念中的目的,现实的对象化,变为客观的现实。所以目的的实现是一个由主观到客观的过程。

3.1.3.2 言语行为的目的性

美国语言哲学家格赖斯指出,会话是有目的性的。他认为,在正常的情况下,人们的交谈不是一串不连贯的、无条理的话语组成的,之所以如此,是因为交谈的参与者,在某种程度上意识到一个和一组共同的目的,或者至少有一个彼此都接受的方向。[15]

按照哲学家奥斯丁的观点,"以言行事",说话乃做事,言语亦行为。[26]塞尔进一步说,人类的交际基本单位不是句子,而是行为。[27]

我国学者廖美珍进一步将言语行为的目的性提升到"目的原则"的高度。"言语行为目的原则的描述性表述:任何理性(正常)的人的理性(正常)言语行为都是有目的的,或者说,任何理性(正常)的人的理性(正常)行为都带有目的的保证——'交际目的'。说话就是表达目的,说话就是实践(实行)目的,说话就是实现目的。在这个意义上说,说话不是手段,说话是生存;语言不是工具,是生命和生存的展布。换句话说,目的是言语生成的原因。目的是言语发展的动力。这既是一个哲学命题,也是一个语用原则。目的原则是言语行为目的分析的基石"。[11]2

李军华指出,"言语交际过程本身是一个言语行为过程,同时也是一个意图的表达和辨识的过程,而言语交际的实质就是意图的交际。"[13]189

通过上面的讨论,我们可以得知,每一个言语行为都有其目的性,每一个言语行为都体现了说话人的意图,一个完整的圆满的言语行为是形式与内容的结合体,共同为传达、理解乃至实现交际意图服务。意图是言语行为的原动力,没有意图就不会有言语交际行为。

3.2 交际意图概述

3.2.1 交际意图的定义

根据第 2 章中关于交际意图的分析,我们可以把交际意图定义为通过交际行为传达的、进入了交流过程的意图。它是交际者对即将实施的交际行为进行规划的心理过程。交际意图的主要规划内容是要通过交际达到某个目的，以及如何达到该目的等。交际意图往往在人际交往的动态进程中形成，并导引交际活动展开、发展乃至终结。任何交际者都抱有一定的交际意图并以传播这一意图为最终目的。

莱昂斯就把"交际"定义为"利用一定的信号系统而故意传达的信息"，[68]32 而这一信号系统可以是言语、图表、手势甚至仅仅是一个眼神。因此，交际中可以有意图而没有言语，但决不能有了言语行为而没有意图。莱昂斯还指出成功的交际不仅取决于信号的接收，更取决于对交际意图的辨识。的确，任何交际过程都涉及意图，任何成功的交际都以交际意图的识别为前提。因此，"交际过程中成功的发话人不仅是传播某种思想的人，而且还应是展示某种意图的人。听话者也不仅是接收某种思想的人，还应是识别发话者意图并作出反映的人。"[69]12

根据交际者在交际中所使用的信号系统，我们可以把交际行为分成言语交际行为和非言语交际行为。如果交际者在交际中通过言语信号系统来交流意见、情感、信息，那么这就是言语交际行为；反过来，如果交际者在交际中通过非言语信号系统（如身体姿态动作、手势等）来交流意见、情感、信息，那么这就是非言语交际行为。

这样，我们就可以把交际意图也分成言语交际意图识别和非言语交际意图识别两类。通过言语交际行为传达的交际意图是言语交际意图识别，而通过非言语交际行为传达的交际意图是非言语交际意图识别。本书的研究范围是言语交际意图识别。我们可以将上面的讨论用图 3-2 总结如下：

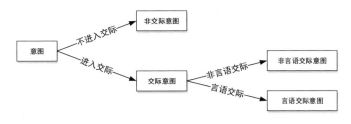

图 3-2　交际意图与意图的关系

3.2.2　交际意图的特点

张德禄认为交际意图不是不可分割的整体,具有阶段性、级递性、隐蔽性、同现性和主次性等五个特点。[12]李军华从动态的角度考察,认为交际意图具有依附性、交流性、动力性、衍生性和不可控性等五个特点。[13]张结根认为交际意图具有系统性、间接性、动态性、可推导性和不确定性等五大特点。[70]我们在分析和借鉴上述学者观点的基础上,重新归纳总结出交际意图的五大特点。

(1)内隐性。由于交际意图是一种内隐的心理状态,受话人只能通过发话人的实际言语行为才能推断出发话人的交际意图。发话人产生了交际意图,正准备实施而尚未实施言语行为时,受话人是无法得知发话人心中的交际意图的。只有当发话人实施了言语行为以后,受话人才能根据言语行为提供的各种语用推理"线索",最终推断出发话人的交际意图。

(2)依附性。交际意图产生以后,需要通过言语行为实施才能进入交流,也就是说,发话人需要选用一定的话语,常常还辅之以一定的非言语方式来传递其交际意图,这样言语行为才能为受话人所感知,交际意图也才能为受话人识别。如果没有具体的言语行为作为载体,交际意图就无所依附,也就无法传达。交际意图的传达必须依附具体的言语行为,通过具体的言语行为的实施,才能将"打算"实施某言语行为的心理活动变成现实的言语交际行为。

(3)可推导性。交际意图产生以后,发话人就会结合交际时的具体情况,构建表达语境,规划即将实施的言语事件或言语行为,尽一切努力使自己的交际意图具有可推导性,易于被受话人所理解。如:

A:要喝点茶吗?

B:我喝了茶总是很兴奋。

在上面的例子中,仅从有限的上下文语境和话语意义来判断,很难推导出 B 的回话所表达的交际意图。然而在具体的交际事件中,如果 A 对 B 的生活习惯非常了解,就可以迅速地推理出 B 的回话所表达的交际意图。如果 A 对 B 的生活习惯不了解,A 完全可以根据当时的语境,以及不断丰富的后续语境,理解出 B 的交际意图。另外,即使 A 没能理解或误解了 B 的交际意图,双方也可以通过进一步的言语交流来表达和推导交际意图。

(4)导引性。言语行为是由交际意图驱动才产生的,交际意图是言语行为最初的原动力。交际意图催生言语行为,导引话语展开的方向,是言语交际活动的动力源。交际意图是一个动态交际系统的始发机制,也是控制交际策略、方式和效果的一种源意识。在交际过程中,它可以激活双方的相关认知构素,调整交际双方的互有认知环境,使命题信息得以传递和协调,导引着言语行为的顺利进行。交际意图也是言语行为所要实现的目的或达到的目标,一个言语交际活动的终止总是以交际意图的实现为标志(象征)。

(5)不确定性。交际意图的传达与理解受交际双方以及语境等各种因素的影响,交际意图的传释具有不确定性。虽然在交际意图传达前,发话人也进行了精心准备,意图将自己的交际意图准确地传达给受话人,但言语行为实施以后,受话人是否能够领会、理解,受话人领会、理解之后能否给予回应,直至贯彻、施行,完全取决于受话人。当然如果表达不注意,也会遭人误解,如下面的这个笑话:

有个人请客,看看时间过了,还有一大半的客人没来。主人心里很着急,便说:"怎么搞的,该来的客人还不来?"一些敏感的客人听到了,心想:"该来的没来,那我们是不该来的啰?"于是悄悄地走了。主人一看又走掉好几位客人,越发着急了,便说:"怎么这些不该走的客人,反倒走了呢?"剩下的客人一听,又想:"走了的是不该走的,那我们这些没走的倒是该走的了!"于是又都走了。最后只剩下一个跟主人较亲近的朋友,看到这尴尬的场面,就劝他说:"你说话前应该先考虑一下,否则说错了,就不容易收回来了。"主人大叫冤枉,急忙解释说:"我并不是叫他们走哇!"朋友听了大为光火,说:"不是叫他们走,那就是叫我走了。"说完,头也不回地离开了。

3.2.3 交际意图的产生

我们认为,交际意图的产生过程是这样的:当人们意识到自身的某种需要没得到满足时,就会身心紧张,于是就产生了消除这种紧张的动机;此时,各种欲望会涌上心头,人们会根据当时的实际情况进行权衡,选择具有现实可行性而又比较喜好的欲望,准备采取实际行动来实现该欲望;这时就形成了意图,即实现该欲望的行动规划。如果这时人们决定通过言语交际行为来实现该意图,此刻就产生了交际意图。交际意图的产生过程可以用图3-3描述如下:

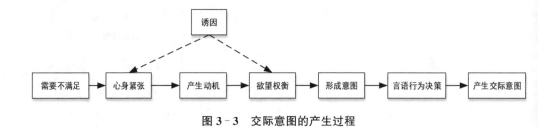

图 3-3　交际意图的产生过程

3.2.3.1　未满足的需要

(1)需要与欲望。

很多人把需要与欲望相混淆:一种是把需要作为心理现象,为二者的混淆提供逻辑前提和理论基础。另一种是把需要和欲望混淆起来,明确宣布需要就是欲望,欲望就是需要。本书非常赞同张檀琴的观点,需要表示一切事物存在和发展的客观条件。[71]需要对于物质的各种具体形态具有普遍性,无机物、植物、动物都有需要。植物具有需要,但是植物完全没有心理和欲望。

人的需要就是人类生存和发展的客观条件。例如,正常人体需要一个稳定的内环境,如保持正常的体温。当这些平衡发生变异或破坏时,人体内的一些调节机制就会自动地进行校正。如体温升高时,靠近皮肤的血管就会舒张,使热量散出。汗腺分泌汗液,使体温下降。在这种情况下,需要引起有机体的自动调节机制的活动。当然,很多时候人们往往没有意识到这种需要的存在,但无论人们是否意识到,这种需要都客观地存在着。但是,体内的平衡状态不能只靠自动装置来解决,在这种情况下,人们意识到了这种需要,并被这种需要推动着去行动,并把行动引向某一目标,如炎热时寻找有空调或者其他凉爽的地方。

(2)需要的种类。

马克思把人的基本需要概括为三大类:①最低限度的自然生理需要或生存需要。这类需要主要是指对维持最低生命需要的衣食住行等生活必需资料的需要,这是维持人作为生命物质实体得以生存的直接需要。②高层次的满足人的社会生活的社会需要。这种社会需要是与自然需要相对而言的,它是在社会生产和交换中产生出来的需要,这类需要不再以直接维持肉体的存续为目的,而是以满足社会群体的社会生存为目的。③满足人的精神要求的精神需要。它包括的内容相当广泛,如人的受教育的需要、社会交往的需要及思想感情交流的需要等。

国内外许多心理学家和行为科学家都比较系统地研究了人的需要,其中最有代表性的应属美国著名心理学家马斯洛的层次需要理论。马斯洛把人的需要分为五个层次:①生理需要。这是最基本、最强烈的需要,如对食物、饮料、住所、睡眠和氧气的需要,这是对生存的需求。②安全需要。要求生活有保障而无危险,如对生活秩序与稳定的需要。③归属需要。与他人亲近,建立友情,相互依赖,"在自己的团体里求得一席之地",有所依归。④尊重需要。马斯洛认为人们对尊重的需要可分为两类:自尊和来自他人的尊重。自尊包括对获得信心、能力、本领、成就、独立和自由的愿望。来自他人的尊重则包括威望、承认、接受、关心、地位、名誉和赏识。⑤自我实现的需要。这是人的成长、发展、利用潜力的需要。马斯洛把这种需要描述成为"一种想要变得越来越像人的本来样子、实现人的全部潜力的欲望。"[72]45

(3)需要与满足。

人的第一个规律,就是有各种需要。需要是人的必然性,是人的基本方面,因为一切存在都是有需要的,都是有条件的存在。需要是人类生存和发展的客观规律。

人作为生物有机体,其生存、发展必须依靠外界,不断从外界获取延续生命的物质、能量,是客体被人体消化、吸收,成为人体的自然组成和生理结构的一部分的过程,或被消耗掉以维持人体的活动。

需要是人的活动的基本动力,是个体积极性的重要源泉。人的各种活动从饥择食、渴择饮,到从事物质资料的生产、文学艺术的创作、科学技术的发明与创造,都是在需要的推动下进行的。

当需要得到满足时,人们往往意识不到这些需要的存在。但如果人的某种需要没有得到满足,人就会产生一种紧张或不平衡的状态,这时个体就会感到缺乏什么东西,有不足之感。这种心理状态正是人对客观的需要在人脑中的反映。

个体为了消除身心的紧张水平,就会产生动机,动机激励人们去行动,去获取相关目标物以满足自身的需要。当个体获得目标物,需要得到满足,身心的紧张就会消失,动机也就降低了。以后若有新的需要没得到满足,整个过程又会重新开始。

3.2.3.2 动机的产生

"在心理学中,动机是指引起和维持个体的活动,并使活动朝向某一目标的内部心理过程或内部动力。"[73]108人的各种活动是在动机的指引下,并向着某一目标进行的。

动机是在需要的基础上产生的,需要的性质不同,引起的动机也不同。人们往往根据各种不同的标准对动机进行分类。根据动机的性质,人的动机可以分为生理性动机和社会性动机两类。生理性动机以有机体自身的生物学需要作为基础,例如饥、渴、缺氧、疼痛、母性、性欲、排泄等动机都是生理性动机。社会性动机以人的社会文化的需要做基础,如人有劳动的需要、社会交往的需要、成就的需要、认识的需要等。

根据学习在动机中形成和发展中所起的作用,人的动机可以分为原始动机和习得动机。原始动机是与生俱来的动机,是以人的本能需要为基础的。习得动机是指后天获得的各种动机,或者说经过学习产生和发展起来的各种动机。

根据动机的意识水平,人的动机可分为有意识动机和无意识动机。无意识动机是指人们不能清楚意识到的动机。有意识的动机是指人能意识到的行为动机。

根据驱动力是否来自个体内部,动机还被区分为外在动机和内在动机。所谓外在动机,是指人在外界的要求与外力的作用下所产生的行为动机。内在的动机是指由个体内在的需要而引起的动机。

当人产生需要而未得到满足时,会产生一种紧张不安的心理状态,在遇到能够满足需要的目标时,这种紧张的心理状态就会转化为动机,推动人们去从事某种活动,并努力实现目标。

需要是我们积极性的基础和根源,动机是推动我们活动的直接原因。我们人类的各种行为都是在动机的作用下,向着某一目标进行的。而我们的动机又是由于某种欲求或需要才引起的。

动机的产生除了有机体的某种需要外,诱因的存在也是一个重要的条件。所谓诱因是指能够激起有机体的定向行为,并能满足某种需要的外部条件或刺激物。例如,食物的色泽芬芳,是饥饿时觅食的诱因;商品的精美包装是顾客购买活动的诱因等。诱因可以分为正诱因和负诱因两种,正诱因使人产生积极的行动,即趋向或接近某一目标;而负诱因产生消极的行为,即离开或回避某一目标。

但要注意的是,动机指的是人的某种未经思虑节制的情感、本能、冲动,它们在很多情况下的确构成行为的驱动力,但显然不能被视作行为的意图。意图往往是人们思虑的结果,体现出人们的选择和取舍。如 A 饿了,于是去买了个面包,而饥饿的 B 则乘 A 不注意时,抢走了面包。在这里,"因饥饿而进食"是 A 和 B 的行为动机,而 A 和 B 却产生了不同的意图,最终导致了不同的行为。

3.2.3.3　欲望的权衡

需要是实物存在的条件或生命存在的条件。而欲望是在自然进化的后期才形成,是动物对需求的反映,是一种本能的反映。欲望只是动物的一种本能,而需要普遍存在于各种事物,贯穿了自然的全部历史。

在人的阶段,欲望受到理性的制约,人的需要不仅有欲望管理,而且有理性管理。理性和欲望将以共和体制共同控制人的行为。人永远脱离不了欲望。但人的行为越来越受理性支配。欲望的物质基础是神经。需要则不同,需要和神经以及心理没有必然的联系。欲望就是以心理形式对客观需要的反映。

社会不断发展,满足一种需要的方式越来越多,如人饿了,可以吃面包、米饭、手抓饼,等等;既可以回家做饭吃,也可以点外卖,或者到餐馆吃大餐;在餐馆可以吃火锅,也可以吃烧烤,等等。所以,一种消除饥饿的动机可以激发出主体的多种欲望出现,这时主体就会对这些欲望进行权衡,外在的诱因就会极大地影响主体的选择,如香气四溢的食物对一个饥肠辘辘的人具有非凡的诱惑力。主体在进行欲望权衡时,会对每一种方式进行评估,会对其时效性、付出成本等因素进行计算,如一个饥肠辘辘的人走在饮食街上,各种美食应接不暇,有的还送打折券,也许会很心动,但一想到家中还有很多饭菜,可能最终还是决定回家做饭吃。

当然不同时刻也会对不同的因素赋予不同的权重,如一贯比较节俭的人们有时也会奢侈一回,因为很久都没有享受那种行为了,会在那一刻赋予它极高的权重。如一般情况下人们总是回家做饭吃,哪怕当时比较饿也舍不得在餐馆吃,但也会有意外,如很久没吃火锅了,特别想念那种味道,就可能决定去火锅店大吃一顿。

3.2.3.4　交际意图的产生

行为主体在进行欲望权衡之后,决定了以何种方式来满足自己的需要,以消除身心紧张。这时,如果行为主体觉得没有沟通的必要性,而是自己按照心中的意图来实施自己的行为,最终实现了自己的目的,那这个意图就不是交际意图,我们称之为"非交际意图"。如一个人饿了,他经过欲望权衡之后决定回家煮面条吃,并迅速做好了行动规划来实现这一目标,这时就产生了意图。但他没有与他人进行交流,他人也不知道他心中的这个意图。结果,他独自一人开车回家,去煮面条吃去了。这个意图就不是交际意图。

如果行为主体在进行欲望权衡之后,决定了以何种方式来满足自己的需要,并准备用言语行为来实现自己的目标,这时交际意图就形成了。为了尽可能确保自己交际意图的实现,行为主体就会构建表达语境,推敲用来表达交际意图的话语以及具体的表达方式,做出自己的言语行为决策。如一对夫妻下班后来到购物中心,原计划到超市买菜然后回家做饭,但妻子突然觉得很累,没心思做饭了,她扫视着经过的各种餐饮店,心中在思考怎么办呢,突然想到很久没吃家乡菜了,一下子馋虫都跑出来(欲望权衡过程),于是她打定主意,就吃湘菜。她决定劝丈夫同意她的决定,这时交际意图就产生了。于是她对丈夫说"很久都没吃湘菜了",并最终成功实施了言语交际行为,实现了自己的意图。

在电影中,我们经常看到这样的镜头,行为主体经过精心准备,不仅形成了自己的交际意图,而且还推敲好了表达的话语,也找到恰当的交际机会,正想向自己的交际对象开口来表达自己的交际意图,但由于现场意外因素的进入,导致自己最终没能有效传达自己的交际意图。这说明,交际意图的形成是以行为主体的言语交际决策为标志的,而不是以言语交际成功实施为标志。这是因为交际意图形成后,还需要经过交际意图的传达过程,而这一过程能否顺利实施还受到很多因素的影响。

3.3 交际意图的类别

交际意图的分类研究最早可以追溯到言语行为的分类研究。自 20 世纪 60 年代以来,语言学家和哲学家们根据各自的不同理解,从不同的角度,依据不同的标准,对言语行为作了种种分类尝试。这些尝试不仅进一步丰富和完善了言语行为理论,而且进一步深化了人们对于言语行为本质属性的认识,为研究言语行为的实现方式及其习得奠定了基础。下面我们对众多分类尝试中的几种主要分类理论进行述评,勾勒出交际意图分类理论研究发展的基本走向。

3.3.1 奥斯丁的分类

英国哲学家奥斯丁是言语行为理论的创始人。他在 1962 年出版的《论言有所为》一书被认为是其理论观点的代表作。在该书中,奥斯丁首先区分了"言有所述"和"言有所为"两类话语。认为后者有别于前者,后者不是以坦直地记叙或传递有关事实为目的,而是用以实施某些行为。但在进一步的探讨中,他发现"言有所述"实际上也是一种"言有所为",即实施"陈述"这一行为。于是他摒弃了最初的区分,提出了一个"言语行为三分说",即一个人在说话时,一般同时实施三种行为。

(1)叙事行为(the locutionary act):发出一个有意义的句子(或话语),其功能是以言指事。

(2)施事行为(the illocutionary act):完成在说某种事情中所存在的一种行为,其功能是以言行事。

(3)成事行为(the perlocutionary act):在听话人的感情、思想或行动上产生某种影响或效果,其功能是以言成事。

言语到底能有何为呢? 奥斯丁估计,英语中约有 3,000 个施为动词。他认为,根据这些动词所实施的行为对其进行具体的分类,就会得到我们所期望的言语行为类型,就有可能使我们洞彻英语语言的基本功能。据此,他划出了五类言语行为[26]:

(1)裁决型(verdictive)。此类言语行为用以陈述某种发现,是可以被验证的,如 describe、reckon、calculate、estimate、appraise、measure 等。

(2)行使型(exercitive)。此类行为包括行使权力、权利,或施加影响等,如 warn、vote、urge、order、direct、appoint、advise、name 等。

(3)承诺型(commissive)。此类行为指说话人对未来行为的许诺和承担,如 plan、undertake、promise、contract、bet、swear、guarantee 等。

(4)行为型(behabitive)。此类行为用于表明说话人所采取的态度,如 thank、apologize、congratulate、bless、commend、challenge、resent 等。

(5)阐述型(expositive)。此类行为用以说明交际的原因及论点等,如 affirm、reply、deny、concede、argue、assume、inform、report 等。

　　由于没有明确的分类标准,奥斯丁的分类缺乏科学性和系统性这一点是显而易见的,加之奥斯丁提出言语行为理论之后不几年便去世了,没有来得及对其分类作进一步的修改或探讨,因而这一分类未被广泛接受。相反,许多学者对其提出了批评和改进意见。这些批评意见归纳起来主要有以下几点:①施为动词与言语行为混淆不清;②兼类过多;③同一类别中不一现象严重;④许多动词归类不当;⑤没有贯彻始终的分类原则。尽管如此,奥斯丁分类的开拓性及其对后人研究的启示作用是应该被充分肯定的。[74]

3.3.2　塞尔的分类

　　美国哲学家和语言学家约翰·塞尔比较系统地继承和发展了奥斯丁的理论观点,在言语行为分类方面,基于人们对奥斯丁分类的批评,塞尔首先致力于制定出明确的、始终如一的分类标准。在其 1976 年发表的《言语行为分类》一文中提出并阐述了使言语行为相互有别的 12 个侧面:

◇行为的目的有差别;

◇词语和世界之间的适切方向有差别;

◇表达的心理状态有差别;

◇施事行为目的表现出来的强烈程度有差别;

◇说话人和听话人的身份或地位不同使话语具有的语力有差别;

◇关系到说话人和听话人利益的说话方式有差别;

◇语篇其余部分的关系上有差别;

◇语力显示手段决定命题内容上有差别;

◇必须通过言语行为来实施的行为和不必通过言语行为来实施的行为之间有差别;

◇要求依赖超语言的社会规约来实施的行为和不要求依赖超语言的社会规约来实施的行为有差别;

◇有施为效用的施事动词的行为和无施为效用的施事动词的行为有差别;

◇施事行为的实施风格有差异。

　　赛尔认为,在这 12 个方面的差异中,前三个方面即施事行为目的、适切方向和所表达的心理状态最为重要。依据上述 12 个侧面,塞尔把施事行为分为五大类[75]:

（1）断言类（assertives）。描写状态或活动的行为,旨在使说话人对所表达的命题的真实性作出承诺。断言行为类的所有成员在评断方面,包括真与假,是可以断言的。英语中用于这一类型的施为动词有 conclude、swear、deduce、suggest、boast、assert 等。

（2）指令类（directives）。试图使听话人去做某事的行为,它的适从向是客观世界适从话语,所表达的心态是希望。英语中实施此类行为的动词有 ask、order、command、request、beg、invite、plead、permit 等。

（3）承诺类（commissives）。使说话人对某一未来行为作出承诺的行为,适从向是从客观世界到话语,所表达的心态是意欲。常用的施为动词有 contract、bet、swear、promise、threaten、undertake 等。

（4）表达类（expressives）。表达说话人的某种心态的行为,用于此类的施为动词有 thank、apologize、welcome、bless、congratulate 等。

（5）宣告类（declarations）。使客观现实在说话同时即发生变化的行为,此类行为的实施一般要依赖于语言外的各种规约,常用动词有 declare、name 等。

塞尔的分类提出之后,产生了较大影响,为许多人所接受,并被认为是比较合理的分类。如汉切尔（M·Rancher）认为,塞尔的分类系统较之奥斯丁的更具严谨性、一致性和实用性。但他同时认为,塞尔的分类系统应再增加两个类别,即"条件类"和"合作类"。前者指同时具有承诺和指令两种言外之力的行为,如 invite、offering 和 bidding 等,说话人在对听话人发出指令的同时也在实施一个承诺类的行为;后者指涉及一个以上施事的行为,如签约、送礼和易货等。

再如,巴赫和哈尼什也接受了塞尔分类的基本框架,将言语行为分为五类:①叙述类;②指令类;③承诺类;④致意类;⑤习俗类。可以看出,他们的分类与塞尔的基本对应,只是所用术语不同而已。

对于塞尔的分类持批评态度的也大有人在。首先是埃德蒙森（W. Edmondson）,他认为塞尔的分类有两大缺陷:①塞尔批评奥斯丁不是对言语行为进行分类,而是在对施为动词进行分类。实际上塞尔自己仍是对施为动词进行分类。②塞尔的五类分法是任意的,原则依据不足,区分标准欠一致。列文森在其 1983 年出版的《语用学》（Pragmatics）一书中也提出了类似的批评:"这个分类（指塞尔的分类）尽管可能是对奥斯丁分类的改进,但其原则依据不足这一点令人失望。"[76]240 威利斯（D. J. Willis）则从制定语言教学大纲的角度提出了批评。他指出,言语行为理论家们关心的是离散的话语,他们没有考虑话语功能之间是如何相互作用的。为了考虑话语的这种相互作用,他对塞尔的分类作了变通,并另外提出了以下三类:

(1)后述类(metacommunicatives)。这种行为唤起对交际中有关问题的注意并要求补充,如英语中 Sorry? What? Why do you say that? 等句子。

(2)结构类(structives)。这类行为的作用是标明语界,出现在交际之初表明交际开始,而出现在交际之末表明交际结束,例如英语中 I wonder if you could help me 表明交际开始,而 OK,That is,then 及 See you next week 等则表明交际结束。

(3)引导类(elicitation)。此类系指"疑问句"。塞尔将其归在"指令类"下,威利斯则认为它们应自成一类,其作用是导出其他四类。

20 世纪 70 年代是言语行为分类研究最为活跃的时期,可谓众说纷纭。但这些分类大都是对塞尔分类的部分修改或补充,没有根本性的突破。

3.3.3 马丁的分类模式

詹姆斯·马丁(James R. Martin)根据韩礼德(M. A. K. Halliday)的语言功能理论框架,1981 年在其《言语行为有多少》一文中提出了下面这个完全不同于所有先前分类的分类模式(见图 3 - 4),并根据该模式分辨出 17 种言语行为。[77]58

埃德蒙森等人认为,马丁这个分类模式的最大特点是克服了先前基于施为动词分类所遇到的那些问题,因为由这个模式分出的各类都通过语气系统而受到语法限制。约翰·弗劳尔杜(John Flowerdew)则认为这个模式便于考虑各种不同的语域,便于分出更多的子类。[78]72从分类原则看,这个模式似乎兼顾了形式和内容两个方面,既考虑特定言语行为在连续话语中的位置,又考虑其命题内容,易于被人们普遍接受。但是,这个模式没有引起大的争论,恐怕主要在于它是粗线条的,倘若进一步完善这个模式,即分出更多的子类,使其更全面地反映言语活动变化无穷、纷繁交织的实际情况,问题想必就会大不一样。

3.3.4 利奇的分类

英国语言学家杰弗里·利奇(Geoffrey Leech)在其 1983 年出版的《语用学

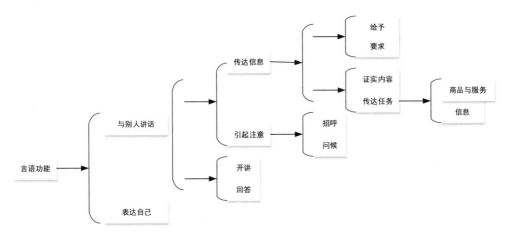

图 3‑4 马丁的分类模型

原则》(*Principles of Pragmatics*)一书中,专辟了一章讨论言语行为的分类。他指出,言语行为不同于言语行为动词,言语行为动词之间的区别是范畴的,而言语行为之间的区别是非范畴的,亦即是个程度问题。[79]338 不过,他同意塞尔的下述观点:言语行为动词之间的区别对于认识言语行为之间的差异是一个好向导,但绝不是一个完全可靠的向导。关于塞尔对言语行为的五类分法,利奇认为,前四类尽管不无问题,但可以接受,因为其所限定的动词具有明确的语义和句法特征。

但对于第 5 类,即"宣告类",他认为该类不是典型的言外行为,而是一种习俗言语行为,它更多的是与"仪式"有关。因为实施该类行为所用的动词本身不具有言外行为之力,其言外之力源自它在"仪式"中所扮演的角色。亦即,该类动词实际上描写的是社会行为而非言语行为。为此,他建议用"发问类"取而代之。实施"发问类"行为的动词包括 ask、inquire、query 和 question 等。利奇认为这些动词尽管数量不多,但塞尔等人将其作为"指令类"的分类实际上难以归于原有各类。再者,这些动词具有明确的语义和句法特征,如都用以"引出问题",都以间接问句为补语等,因此,他主张此类动词所实施的行为应自成一类。

此外,利奇指出,塞尔等人基于句法的分类还存在一个严重问题,即某些动词由于其多义性所致,造成跨类或兼类过多,从而使动词分类实际上成了动词意义的分类。他认为解决这个问题的根本办法是将分类建立在语义而不是句法的基础之上,即按言外述题(illocutionary predicates)而不按言外行为动词分类。

据此,他把原有分类重新界说和化约为以下程式:

陈述类:(S$_2$　IP　〔P〕)

指令类 ⎫
承诺类 ⎭ :(S$_2$　IP　〔M〕)

发问类:(S$_2$　IP　〔Q〕)

表达类:(S$_2$　IP　〔X〕)

这里,S$_2$=间接话语的说话人;IP=言外述题;P=命题;M=命令;Q=问题;X=命题内容(即谓词)。

利奇认为多数言外述题至少有两个中项,一个用以识别间接话语的说话人,一个用以识别话语。但表达述题是例外,它不转述话语本身,而是预设一个话语用以表达心态的活动(即命题内容 X)。尽管利奇后来没有就此作进一步的研究,但是他从语义逻辑的角度对言语行为分类的探讨仍不失为一种有益的尝试。

3.3.5　温德利赫的分类标准

德国语言学家冯德里希(Dieter Wunderlich)是言语行为理论研究领域的又一活跃人物,他在该研究领域的许多方面有所著述。关于言语行为的分类,尽管他没有提出全面系统的分类,但是他就言语行为分类所应依据的标准及具体分类过程中可能遇到的种种问题所作的精辟分析和阐述,却颇富启迪。这些主要反映在他 1980 年发表的《论言语行为理论的研究方法》一文中。

一方面,他认为不论是奥斯丁还是塞尔的分类都不足以使人折服。塞尔的分类至少存在以下三点不足:

(1)"承诺"肯定不是一类普遍的言语行为,它只能被视为对"指令"行为的可能的反应。

(2)按照塞尔的分类,"提问"是指令类行为的一个子类,但是问句都有语法标记,因而应自成一类。

(3)在塞尔的分类中没有警告、劝告和建议等言语行为的位置,而这些行为兼具阐述类与指令类言语行为的特性。

另一方面,他指出称呼语也是一类值得注意的言语行为,它在言语行为理论中的作用类似逻辑语义学中的专名的作用。专名用以根据亲近和通晓情况辨认人或物,称呼则通过使用称呼辨认受话人并引起他的注意。在某种意义上可以说称呼是专名在言语行为中的对应物。

基于对言语行为的一般属性及其结构的深入分析,冯德里希提出了言语行为分类可以依据的四个不同标准。[74]这四个标准是:

(1)根据特定语言中的主要语法标记(包括功能对等物)分类。比如在英语和德语中,根据以下四个语法标记可分出四类言语行为:①疑问语气——发问类(erotetic)言语行为;②祈使语气——指令类言语行为;③陈述语气——阐述类言语行为;④具体施为程式——宣告类言语行为。

(2)根据命题内容和言后之果分类,这种分类的结果可能与第一种分类有部分重合,但不会完全一致。

(3)根据言语行为的功能分类,即根据其表示一个起始举动还是反应举动,或是继续举动,亦即根据其在言语行为模式中的位置分类。

(4)根据言语行为的本源分类。根据其本源,可以分为自然言语行为和社会机制言语行为两大类,前者是任何人类交往所必需的,后者仅适于特定的社会体系。所谓社会机制指的是由于劳动的社会分工所形成的社会生活的有机体系,诸如学校教育、法庭调查、政治辩论和商业广告等。冯德里希认为社会机制对于言语活动的发展能产生重要影响,温德利赫特别指出具体分类标准的选择取决于特定的研究目的,如创造新的言语行为、限定某些自然行为及生成新的话语类型等。

3.3.6　会话行为标注体系

与交际意图类别研究相关的研究成果还有会话行为标注体系,其主要代表有 DAMSL、DIME-DAMSL、Verbmobil 和 ISO24617-2。

3.3.6.1　DAMSL 标注体系

对话行为多层置标语言体系(dialogue act markup in several layers, DAMSL)。该体系主要针对对话行为的信息标注,标注分为四个层次:

(1)交流状况,记录对话是否可以理解并且完整,包括不可译、中断和自言自语。

(2)信息层次,指对话内容中包含的语义类别,包括任务、任务管理、交流管理及其他层次四个标签。

（3）前向功能，指当前对话对说话者未来的信念和行动带来的限制，包括声明、对听话者未来行动有影响的信息询问、承诺等标签。

（4）后向功能指当前对话与之前对话的联系，包括同意、理解、回答三类标签。

每段对话都可被标记为四种层次中的 0 个、1 个或多个标签。在针对不同体裁中的不同言语行为进行标记时，研究者会对标签进行更细致地归类和筛选。DAMSL 体系应用最为广泛，多用于会话分析。

3.3.6.2　DIME-DAMSL 标注体系

DIME-DAMSL（dialogos inteligentes multimodalesen espanol-dialogue act markup in several layers）沿用了 DAMSL 标注体系的标注集合，并添加了三个新概念：

（1）两种新的表达层面，即表达责任与共同点。责任的表达层面会让说话者或听话者进行言语或非言语的行为，属于这一层面的言语行为包括承诺、主动提出、指令行为和信息索取。共同点是指一系列可以增加、加强对话双方共同知识、观点的会话行为。这一表达层面还有两个分支层面：认同与理解。

（2）对话中发话与回应的作用。发话与回应是两个表达层面的基础，回应满足发话的需求，从而达到平衡。

（3）交互结构，指为达成一定目的而进行的一系列连续的发话—回应组合。

DIME-DAMSL 的标注方法与 DAMSL 相同，但比 DAMSL 更加精确，同时更适合对话轮的标注。

3.3.6.3　Verbmobil 标注体系

Verbmobil 标注系统最初是针对旅游计划安排等的对话分析。[80]它包含欢迎、告别、介绍、致谢等 30 多个言语行为标签。这一体系的特色在于它运用了决策树的形式，将会话行为进行分类（见图 3 - 5）。在运用 Verbmobil 标注体系时，研究者分析子句中的音调、抑扬顿挫，来完善对句子的理解和分析，这一体系也多用于机器翻译。

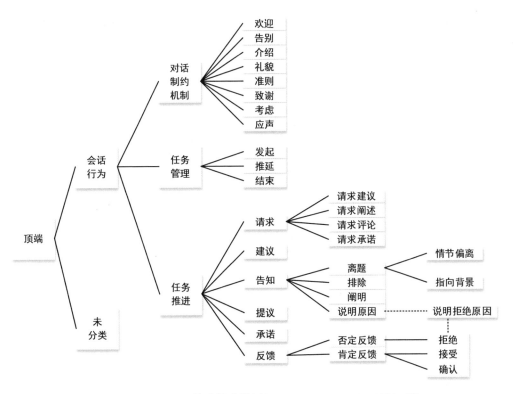

图 3-5　Verbmobil 体系的决策树(Alexandersson et al., 1998:19)

3.3.6.4　ISO 会话行为标注体系(ISO 24617-2)

国际标准化组织(ISO)制定的最新会话行为标注体系(ISO 2012)的基本理念是"对话中的话语通常具备一种或一种以上的交际功能",即话语的多功能现象,因此其标注体系也是"多维度标注"。换言之,每个话语可以标注多个会话行为类别。具体说来,ISO 体系共有以下 9 个维度:①任务;②自我反馈;③启他反馈;④话轮管理;⑤时间管理;⑥语篇构建;⑦社交义务管理;⑧自我交际管理;⑨对方交际管理。

进行会话行为类别标注的基本单位被定义为"功能分段"(functional segment),也就是说,自然对话中的最小单位"话语"是按功能来切分的,而且每个话语有一个或更多的交际功能。值得说明的是,此基本功能单位可以是断续的,也可以与另一个基本功能单位有重合,甚至可以包含在另一个基本功能单位里。此外,新标注体系也规定每个基本功能单位在某一维度上只标注一个会话行为类别。

新的 ISO 体系还有一个重要特征,就是每个话语单位不仅有交际功能标注,还有维度标注。此外,还有一些可选择的附加属性标注,比如"肯定事件、条件事件、情感"等。表 3-1 列举了该标注体系的主要维度和会话行为类别标注符。

表 3-1　核心 ISO 会话行为类别列表

维度		会话行为类别
任务	信息咨询	提问、命题问、特指问、确认问、选择问
	信息提供	告知、同意、不同意、纠正、回答、确认、否认
	承诺	允诺、提议、处理请求、接受请求、拒绝请求、处理建议、接受建议、拒绝建议
	指令	请求、指示、处理提议、建议、接受提议、拒绝提议
自我反馈	反馈	自我肯定反馈、自我否定反馈
启他反馈	反馈	启他肯定反馈、启他否定反馈
话轮管理		话轮接受、话轮分配/指派、话轮夺取、话轮保持、话轮让与、话轮转换
时间管理		拖延、暂停
语篇构建		交互转换、开篇
社交义务关联		发起欢迎、回应欢迎、发起自我介绍、回应自我介绍、道歉、接受道歉、致谢、接受致谢、发起告别、回应告别
自我交际管理		会话错误、收回、自我纠正
对方交际管理		补充完成、修正

ISO 体系则指明每个话语除了交际功能标注外,还有维度标注,如"I'm most grateful for your help.",但根据 ISO 体系,该话语会有两层标码:交际功能标码"告知"和维度标码"社交义务管理"。[81] ISO 体系的标注是:

communicativeFunction="inform"(交际功能="告知")

dimension="socialObligationManagement"(维度="社交义务管理")

3.3.7　国内交际意图类别研究进展

国内也有不少学者关注交际意图类别的研究工作,研究成果主要集中在以下四大领域。

3.3.7.1　言语行为动词分类

钟守满从信息传递方向的角度把言语行为动词分为单向和互向(如商议、讨论等)两个大类,并进一步把单向言语行为动词分为左向(如问、打听等)、右向(如告诉、命令等)两个次类。[82]

张雁首先把言语行为动词分为行事动词、说话动词和拟音动词三大类,并把行事动词再细分为断定、指令、承诺、表情和疑问五个次类(见表 3-2)[83]。

表 3-2　汉语言语动词的分类

大类	次类	举例
行事动词	断定类	表示、告诉、介绍、说明、通知、报告、承认、解释、强调、提倡
	指令类	叫、要求、吩咐、建议、劝、指示、传、催、禁止、求
	承诺类	保证、答应
	表情类	问好、肯定、表扬、反对、感谢、安慰、称赞、批评、骂
	疑问类	请问、问
说话动词		会话、回答、讲、说、讨论、表达、补充、吵
拟音动词		嘀咕、咕哝、叽咕、嘘

文兵提出了一个包括八个维度、三个层级的全新言语行为认定模式,其中将语力点、适从向设定为一级划分维度,将实现方式、命题内容条件、预备条件和真诚条件设定为二级维度,将语力点强度、真诚条件强度设定为三级划分标准。[84]该言语行为认定模式能有效地对言语行为进行唯一认定。

3.3.7.2　言语行为分类

樊小玲根据功能语言学派基于语言任务的分法,将言语行为分为两大类:给予类的言语行为和索取类的言语行为。给予类又分为给予物品和服务类言语行为、给予信息类言语行为两个次类;索取类又分为索取物品和服务类言语行为、索取信息类言语行为两个次类。然后在家族相似性和典型范畴的理论指导下,樊小玲进一步将这些次类细分为十个类别。[85]

向明友接受韩礼德的功能主义言语观,以言语交际任务为依据,把言语交际行为概括地区分为:求取式言语行为、主动给予式言语行为和回应类给予式言语行为三类。[34]

3.3.7.3 具体言语行为类别

张玥从请求交际意图出发,全面阐释请求交际意图的实现过程。其文章指出,以实现请求类交际意图为核心,在遵循实现原则的前提下,请求者选择某一请求类交际意图实现条件为纲,建立"请求交际意图—实现条件—实现途径—话语形式—话语意义"为一体的请求交际意图实现模式。请求类交际意图的实现机制是一个"标识—激活"的过程。[86]

董振邦从致谢交际意图出发,全面阐释致谢类交际意图的实现过程:致谢者首先选择合适的话语形式,标识致谢类交际意图的实现结构,或者是致谢意图的实现条件,从而激活致谢类交际意图的整体图式,最终致谢类交际意图得以实现。致谢类言语交际意图识别的实现过程中,实现途径决定了话语形式标识结构或意图实现条件的方式。[87]

王立军从言语交际的实际经验出发,建立言语交际的立体研究模型来分析说服类言语交际。以需要和需要的满足状态分别作为解读说服的起点和终点,揭示语言应用的本源。以话语形式表达核心——说服类交际意图的实现为线索,辨析说服类话语形式和说服类交际意图连接的机制、原则与途径。有效构建说服类言语交际的话语形式并进行分类。[88]

李京育从告知类言语交际实际经验出发,系统阐释了告知类交际意图的实现过程。该文从整体视角出发连贯地解释了告知类交际意图的实现过程,在其过程中落实了"以言行事"的言语行为理论,建立了告知者"告知交际意图→[实现原则→实现条件→实现途径]→话语形式"的动态转换模式图示。[89]

3.3.7.4 交际意图的类别

任何事物和概念都可以依据不同的分类方法进行不同的分类,交际意图的分类方法同样多种多样。

张德禄提出了一个四层次的交际意图模型:第一层次交际意图,从主观上讲,它指交际话语要取得的直接结果;从客观上讲,指话语的言语功能。第二层次交际意图,为适应和满足社会文化中的习俗、常规、价值观、人生观和道德观的要求而按惯例行事。第三层次交际意图,是与当时的情景、语境相联系,与言语功能有较直接的因果关系的交际意图。第四层次交际意图,是交际者的最终交际意图。[12]

李军华指出,根据交际意图的内容,交际意图可以分为信息意图和动机意图;根据交际意图的表达方式,交际意图可以分为直接意图和间接意图;根据交际意图表达的隐含性,交际意图可以分为显性意图和隐含意图;根据交际意图在交际过程中的先后,交际意图可以分为始发意图与继生意图等类型。[13]

张结根讨论了七种交际意图分类方法:①根据话语功能及话语意义与交际意图的远近或听话人根据话语形式推理说话人交际意图所需努力的大小,可以将交际意图分为直接(或显性)意图和间接(或隐性)意图。②根据动态变化,可以区分初始意图和衍生意图。③可以根据交际意图在整个交际意图系统中的层次和重要性,将其分为总意图和子意图。④可以根据交际一方的交际意图与另一方意图的关系,将交际意图分为竞争型意图、友好型意图、合作型意图和冲突型意图。⑤可以根据交际参与者的角色将交际意图分为发话人意图和回话人意图。⑥可以根据交际者是代表本人立场还是社会组织立场,将交际意图分为个人意图和组织意图。⑦可以根据韩礼德的语言三大功能勾画的语言交际行为描述图,将交际意图分为人际意图、概念意图和语篇意图。[70]

综上所述,在言语行为分类方面的研究成果比较丰硕,这些成果对交际意图层次网络构建研究具有重要参考价值,但是目前的研究存在如下不足:①目前的言语行为研究都是去语境化的,没考虑语境因素的影响,没考虑如何识别语境中的具体交际意图,因而交际意图层次网络构建就难以开展研究。②目前相关研究的主要兴趣在于构建言语行为的第一层次,并未全面挖掘言语行为的所有类别,没有构建出完整的言语行为层次网络,过于抽象的类别不能满足交际意图识别的需要。③目前相关研究运用的都是演绎式分类方法,这种方法很难保证分类的详尽性。总之,目前还没有构建出满足人机自然交互意图识别需要的交际意图层次网络,因此亟须开展相关研究。

4 交际意图的知识表示

4.1 交际意图的知识表示概述

知识是智能的基础,人类智能往往依赖有意或无意运用已知的知识。与此相似,人工智能系统需要获取并运用知识。这里首先就要解决一个问题:怎么表示知识? 如果要对交际意图进行存储和处理,首先就要解决交际意图的知识表示的问题。

知识表示是为描述世界所做的一组约定,是知识的符号化、形式化或模型化。[90]各种不同的知识表示方法,是各种不同的形式化的知识模型。从计算机科学的角度来看,知识表示是研究计算机表示知识的可行性、有效性的一般方法,是把人类知识表示成机器能处理的数据结构和系统控制结构的策略。知识表示的研究既要考虑知识的表示与存储,又要考虑知识的使用。知识表示是知识工程的关键技术之一,主要研究用什么样的方法将解决问题所需的知识存储在计算机中,并便于计算机处理。

人工智能早期的知识表示方法主要有:谓词逻辑、霍恩子句和霍恩逻辑、语义网络、框架、描述逻辑等。随着语义网的提出,这些知识表示方法存在着明显的不足,为了满足面向语义网的知识表示需要,W3C 提出了新的标准语言来描述 web 的各种信息。互联网时代的语义网知识表示框架主要有 RDF 和 RDFS,OWL 和 OWL2 Fragments,语义 Markup 表示语言(主要包括 JSON-LD、RDFa 和 HTML5 MicroData)。

4.1.1 交际意图的认知结构

交际意图是发话人发起言语交际行为的目的。一般来说,任何言语交际行为都是有交际意图的。发话者有某种需要想满足,会形成交际意图并通过语言将其表达出来,以求得受话者理解他的意图,从而满足他的需要。交际意图的认知结构主要由六部分组成:

$$发话人+[意向]+受话人+[意向内容]+时间+空间$$

其中,时间就是说话时间,空间就是交际现场,这样时间、空间、发话人、受话人在具体语境中是非常明确的,因而这里不再展开讨论。下面主要讨论意向和意向内容。

这里的"意向"表明交际意图的总的需要类别,表明发话人通过言语行为作用受话人的方式,即发话人想运用言语交际行为对说话人做什么,也就是"以言行事"中的具体行什么类别的事。"意向"决定了交际意图的性质。前面我们讨论的言语行为的分类实际上就是对这一方面的深入研究。

这里的"意向内容"是"以言行事"中行事的具体内容,不同"意向"间的"意向内容"有很大的区别,如"谢谢你的帮助!"表达的是"致谢"意向,其"意向内容"是感谢受话人的帮助;而"命令你马上出发。"表达的是"命令"意向,其"意向内容"是让受话人马上出发。就是相同的"意向"也有可能具有完全不同的"意向内容",如同是"祝贺"意向,但"祝你生日快乐!"的"意向内容"是"生日快乐";而"祝你新年快乐!"的"意向内容"是"新年快乐"。

言语交际行为过程中有这样的现象:如果话语形式标识不是把某个交际意图的整个认知结构表现出来,那么表现的那部分一定是意向内容。尽管意向内容是靠意向属性才有意义的,但只出现意向属性却无法完成言语交际的任务。如只说意向内容"立刻出发"就可以完成"我命令你立刻出发"这一交际任务,但只说"命令"或"我命令你"却不行。

4.1.2 本体论上看交际意图

本体是为了知识的共享、重用而建立的概念模型的明确的形式化规范说明,是知识表示的顶层设计。笔者在拙著《AI 视野下动态语境构建研究》中提出:"从相对静止的视角来看世界,世界可以表示为各种实体的知识:实体及其存在状态;从绝对运动的视角来看世界,事件可以表示为各种事件的知识:事件参与实体的状态在时间流中的变化。"[91]97世界知识可以看成实体知识和事件知识的集合。

从本体论上看,交际意图应该表示为事件知识。从发话人的视角来看,交际意图是发话人对即将实施的言语行为的规划,包含实施的具体过程及欲达到的目的,涉及实体状态在时间流中的变化,因而肯定只能描述为事件知识。从构成来看,交际意图的构成与事件的构成完全相同,都包括时间、空间、事件参与者、事件参与者间的作用关系。

但交际意图又是一类特殊的事件。首先,在交际意图中,事件参与者间的作用关系比较特殊,发话人作用受话人的方式是"以言行事",发话人通过言语行为作用于受话人,通过"语力"来实现自己的目的,这不同于通过物理力量来实现作用的其他事件,其作用方式具有特殊性:语言交流意向中的某一种,如请求、祝愿、告知等。其次,在交际意图中,事件参与者是特定的:言语行为的发话人、受话人,发话人总是把信息传达给受话人,但信息内容难以预料、造成的交际效果不明确、造成的反应不一样,发话人和受话人都是高等智能体,具有较强的语言交流能力。再者,在交际意图中,事件的时间是非常明确的,如果非特别说明,那么参照事件就是发话人的说话时间。最后,在交际意图中,事件的地点也是已知的,就是言语交际行为的现场,这是处于交际现场的交际双方非常明确的语境信息。

4.1.3 交际意图的动态图表示

既然交际意图的形式化表示只能表示为事件知识,那么我们得首先介绍一下有关事件知识表示的背景知识。

事件是指实体状态在时间流中的变化。事件虽然用了词或短语来表示,但其所指对象仍然是那一段视频流,即包括那一段时间内的所有变化过程。我们采用基于的对象快照模型来表示事件,事件就是事件发生时段的事件快照的集合。[91]因而,形式上,事件 e 可以表示为:

$$e = \{ e_{t_i} \}$$

这里 e_{t_i} 表示事件对象 e 在时间点 t_i 的一个快照,一个快照就是该事件对象的一个状态,包含该事件对象的所有特征,并且这些状态可能在时间流中发生变化。

事件快照是事件过程中某一时刻的状态。形式上,在事件过程中时间点 t_i 的一个事件快照可表示为 es_{t_i},事件快照可以表示为一个三元组:

$$es_{t_i} = (O_{t_i} , V_{t_i} , A_{t_i})$$

其中，O_{ti} 表示在事件过程时间点 t_i 事件的参与对象；V_{ti} 表示在事件过程时间点 t_i 事件发生的场所及其特征等；A_{ti} 表示在事件过程时间点 t_i 事件的参与对象间的广义作用关系。

这样只要描写每一个有意义的事件快照，就可以非常详细地描写一个事件的整个过程。这样的描写过程如图 4-1 所示：

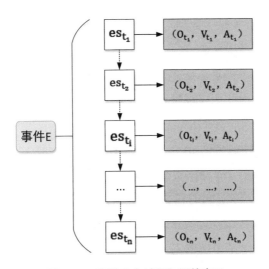

图 4-1 事件动态过程知识的表示

"图"作为离散数学和计算机科学中基本的数据结构，可以有效地表示存在多种关联的数据以及内部具有一般性结构的数据。具有固定节点、固定边的图为静态图，但静态图无法描述现实世界时刻变化中的真实情况，因而需要将静态图进一步扩展到动态图。

首先我们给出静态图的定义：我们按照传统的方式，将不含时序信息的（静态）图数据记为有序对：

$$G=(V,E)$$

并且称之为静态图，亦记为 G_i（这里的 i 是编号）。其中的 V 表示顶点（vertices 或 node）的集合，E 表示边（edges 或 links）的集合。这里 E 中的一个元素 e 是 V 中两个元素 u、v 组成的二元组，即 e=(u, v)。在有向图中我们称这里的 u 为源顶点，v 为目标顶点。

相应的，我们把知识表示为三元组（s, p, o）的有限集合：每个三元组代表一个陈述句,其中 s 是主语,p 是谓语,o 是宾语;(s,p,o)表示资源 s 与资源 o 之间具有联系 p,或表示资源 s 具有属性 p 且取值为 o,如(张三,妻子,王丽)、(张三,年龄,29)。这样我们就可以把知识用静态图表示出来了。

动态图(dynamic graph)是指会随时间发生变化的图。动态图的更新形式可分为以下两类:①图结构更新,指随着时间推移,图数据中的节点和边会被插入和删除,从而导致图数据的结构发生变化;②图内容更新,指随着时间推移,图数据中的节点和边所关联的数据对象的内容或属性会发生改变,从而导致图数据的内容发生变化。[92]

在时间域[1,n]上的动态图是一个数据图序列,即动态图可以被描述为一系列图快照的集合,因而我们可以把动态图定义为:

$$G_D^{[1,n]} = (G_1, G_2, \cdots, G_n)$$

其中每一个图快照 G_i(1≤i≤n)是一张静态图。

通过上面的讨论,我们可以知道,交际意图可以用动态图来实现形式化表示。我们只需要将交际意图的相关知识按时间进行索引,把在每一个时间戳上的知识用静态图表示出来,这就完成了一个图快照的表示,而这样完成一系列图快照,也就完成了整个动态图的表示。

对于动态演化图,相对应地,我们将其记为:

$$G(t) = (V(t), E(t))$$

这里的 t 表示时序信息,$V(t)$ 和 $E(t)$ 则分别表示了具有时序信息的顶点和边。动态图中的时序信息 t 表示的是该结构或者属性数值的生存周期,可以用非重合时间区间的集合来描述:$t=(t_s, t_e)$,t_s 是该结构或者属性数值出现的时间点,t_e 是该结构或者属性数值消失的时间点。因而在动态图中,节点 $V=\{(v, t_s, t_e)\}$,t_s 是节点出现的时间点,t_e 是节点消失的时间点,$t_s \leq t_e$;边 $E=\{(u, v, t_s, t_e)\}$,其中 $u, v \in V$,t_s 是边出现的时间点,t_e 是边消失的时间点,$t_s \leq t_e$。

为了能用动态图来表示知识,我们必须把三元组扩充为四元组(t, s, p, o),这里的 t 表示该知识的生存周期,或称之为有效周期,同样的可以用非重合时间区间的集合来描述:$t=(t_s, t_e)$,t_s 是该知识出现的时间点,t_e 是该知识失效的时间点。

动态图中在指定时刻存在的数据所组成的静态图,表示动态演化图在该时刻的瞬时状态,称为该动态图在该时刻的快照。为简便起见,我们将动态图

$G(t)$关于t_i时刻所对应存在的静态图 G_{t_i}，简记为 G_i。

快照操作指的是指定时刻 t，从动态演化图中获得 t 时刻对应静态图的操作。该操作中根据图快照的定义，从动态演化图的所有数据中选取符合时间条件的部分，之后剔除时序信息。

图更新是时间区间内动态图发生的更改所组成的集合。例如，某时刻增加某个节点，另一时刻又增加了一条边。这些图更新操作根据更改对象的不同，可以分为顶点更新和边更新。而根据操作行为的区别，还可以分为添加、删除、附属数据更改等(见图 4-2)。

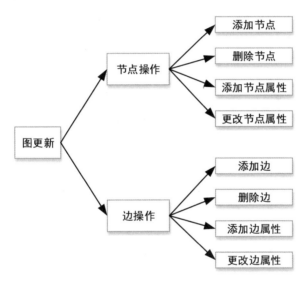

图 4-2 图更新操作行为

虽然总体上交际意图可以用动态图来实现形式化表示，但由于不同类别的交际意图的具体表示还是有不少的差别，所以根据交际意图的具体类别来具体讨论其详细的形式化表示，这样会更好。下面我们将分别讨论请求类、断言类、表情类、宣告类交际意图的知识表示。

4.2　请求类交际意图的知识表示

4.2.1　请求类交际意图

请求类交际意图是发话人请求受话人实施某种具体行为。这是"从言语交际的实际出发,从满足需求的种类这个角度来界定请求类交际意图,即请求他人实施某种具体行为。我们试图做到真正从'人'出发,找到说话的真正动因。并不是从命题内容和言外之力的差别比较中得出的分类条件。"[86] 33

如"你马上开车来接我。"所传达的就是请求类交际意图:发话人请求受话人马上开车来接发话人。

又如"你回到宁波了吗?"所传达的就是请求类交际意图:发话人请求受话人回答,受话人已经回到宁波还是没有回到宁波。

请求类言语交际是人使用话语形式实现请求交际意图的过程,请求类言语交际的核心是实现请求类交际意图。请求类交际意图的产生过程为:发话者由于某种刺激产生"请求他人实施某种具体行为"的需求,当此需求可以用语言形式满足时,便产生了"请求他人实施某种具体行为"的交际意图,即请求类交际意图。

4.2.2　请求类交际意图的认知结构

交际意图的认知结构由六部分组成:发话人+[意向]+受话人+[意向内容]+时间+地点。请求类交际意图是发话人请求受话人实施某种具体行为。从该定义中可知:请求类交际意图中的"请求"意向是个常项;实施"请求"的施事是发话人,在具体语境中也是个常项;"请求"的受事是受话人,在具体语境中也是个常项;在请求类交际意图的实现过程中,请求他人实施的行为是多样的,如"开门""抬沙发""回答问题"等,请求他人实施某种具体行为是一个变项,是请求类交际意图信息的承载体。交际意图的性质是由意向决定的,而具体的交际意图内容则是由变项决定的。请求类交际意图的认知结构可以表示为:

发话人+请求+受话人+[实施行为 X]+时间+空间。

通过进一步分析,我们可以发现,请求类交际意图涉及两个事件:"请求"事件和"X"事件。其中"请求"事件的构成要素包括时间、空间、施事(发话人)、受事(受话人)、请求内容。"X"事件是"请求"事件的一个构成要素:请求内容。而"X"事件本身也有自己的构成要素,其中只有一点可以肯定,其施事是"受话人",其余则需要从分析话语中才能得知。另外,"X"事件肯定是一个未然事件,"X"事件的实施时间肯定在"请求"事件发生的时间之后,但具体时间不确定,需要从话语中得出。

通过分析,我们可以把请求类交际意图的认知结构进一步表示为图 4 - 3:

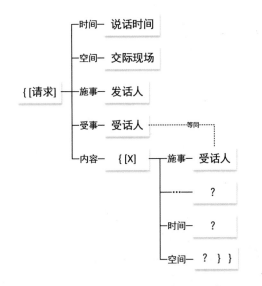

图 4‑3 请求类交际意图的认知结构

4.2.3 请求类交际意图的动态图表示

为了更加形象地展示动态图的变化,我们往往用动态图的系列快照来展示。本部分也采用动态图的系列快照来表示动态的知识。这里我们演示一下如何用动态图来表示请求类交际意图。

从上面我们对请求类交际意图的认知结构的分析可知如下内容。

说话时刻(t_1):发话人 A 发起了一个"请求"事件,该事件的"时间"为说话时刻,"空间"为交际现场,"施事"为发话人 A,"受事"为受话人 B,"请求内容"为某一事件 X。

事件 X 的完成时间(t_j):t_j要晚于说话时刻 t_i,即在说话时刻的若干时间之后,原请求事件的受话人 B 完成事件 X,事件 X 的"时间"为 t_j,"空间"需要从话语中或背景信息中才能得知,"施事"为受话人 B,"受事"需要从话语中才能得知,并且该受事的存在状态从 t_i 到 t_j 要发生改变,从知识表示的视角来看,就是该实体的(t_i,S,P,O_i)变化到了(t_j,S,P,O_j)。具体是什么状态发生改变需要从话语中才能推断出。

根据上面的分析,请求类交际意图可以用动态图 4 - 4 表示如下:

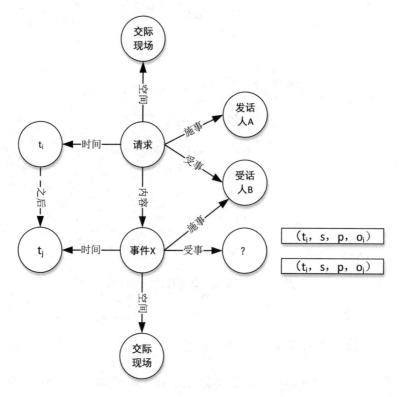

图 4 - 4 请求类交际意图的动态图表示

根据上面讨论的请求类交际意图的动态图表示方法,我们可以很方便地把具体的交际意图用动态图表示出来,如"请把电视机打开。"这个请求类交际意图就可以用图 4 - 5 表示如下:

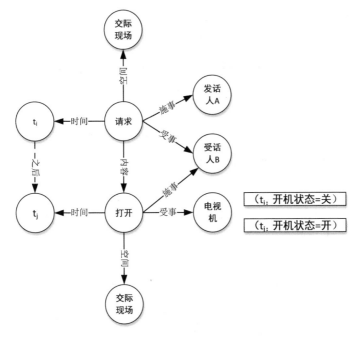

图 4‐5　请求类交际意图的动态图示例

4.3　告知类交际意图的知识表示

4.3.1　告知类交际意图

奥斯丁认为,言语行为就是"以言行事",即通过说话完成了一个行为,通过这一行为实现了某种目的。因而告知类言语行为可以初步定义为通过说话完成了一个告知的行为,通过告知行为实现了传达某种信息的目的。

告知是人类的需求之一,是人们重要的交际意图之一,也是语言表达的主要功能之一。笼统地说,告知是一种表述功能,人们在表述的同时传达了某种信息。人们可以叙述发生过的事情、现在正在发生的事情和将来要发生的事情,人们既可以表达对某个对象的判断,也可以描述某个对象的特征,更可以叙述任何的具体事件。

从动态的语用认知角度出发,告知言语行为可界定为在一定的语境下,告知者通过主观认知选择一定的话语形式表达自己的告知意图并将告知交际意图传达给被告知者的行为过程。

通过上面的分析,我们可以将告知类交际意图定义为发话者告知受话人某个信息。告知类交际意图形成及传达的整个过程可以解释为:告知者由于某种刺激产生了告知的意图,通过认知加工选择了最适合的话语,将想要表达的某个抽象的信息以话语的方式传达给听话者,并希望听话者能够最大程度上理解信息的这一动态过程。

经过分析可以发现,告知类交际意图具有以下几个特征:[89]

(1)其目的性是说话者向听话者传达一项信息,并且说话者保证所说的话语是真实的。

(2)其适切方向为词语要适合于世界,客观世界的状态预先存在,词语用于描写叙述客观世界的状态。

(3)其心理状态为相信。

(4)具体的告知命题内容是可变的,取决于所要告知的事实。

根据不同的语句功能,又可将告知类交际意图进一步细分为表判断的告知意图、表描写的告知意图、表叙述的告知意图,其具体图示如下:

告知判断的交际意图:告知[某个对象是什么]

告知描写的交际意图:告知[某个对象怎么样]

告知叙述的交际意图:告知[发生了什么]

4.3.2 告知类交际意图的认知结构

告知言语行为性质包含以下几个方面:说话者具备要告知听话者某项信息的意图;被传达的信息是具有真值意义的,至少说话者相信其具有真值意义;说话者通过主观认知加工选择最适合的话语形式;信息的传递具有方向性。

告知类交际意图指发话者告知受话人某条信息。从该定义中可知:告知类交际意图中的"告知"意向是个常项;实施"告知"的施事是发话人,在具体语境中也是个常项;"告知"的受事是受话人,在具体语境中也是个常项;在告知类交际意图的实现过程中,告知信息是多样的,人们可以告知发生过的事情、现在正在发生的事情和将来要发生的事情,人们既可以告知对某个对象的判断,也可以告知描述某个对象的特征,更可以告知任何的具体事件。告知信息是一个变项,是告知类交际意图信息的承载体。告知类交际意图的性质是由"告知"意向决定的,而具体的告知交际意图内容则是由变项(告知信息)决定的。告知类交际意图的认知结构可以表示为：

发话人(告知者)＋告知＋受话人(被告知者)＋告知信息＋时间＋空间

由于告知信息可以是表判断的信息,也可以是表描写的信息,也可以是表叙述的信息,因而告知类交际意图的认知结构还可以进一步细分为：

(1)表判断的告知类交际意图的认知结构。

在表判断的告知类交际意图中,告知信息为"S 是 P",因而表判断的告知类交际意图的认知结构表示为：

发话人(告知者)＋告知＋受话人(被告知者)＋告知信息(S,属于,P)＋时间＋空间

(2)表描写的告知类交际意图的认知结构。

在表描写的告知类交际意图中,告知信息为"S 怎么样",因而表描写的告知类交际意图的认知结构表示为：

发话人(告知者)＋告知＋受话人(被告知者)＋告知信息(S,属性名,属性值)＋时间＋空间

(3)表叙述的告知类交际意图的认知结构。

在表叙述的告知类交际意图中,告知信息为"发生了什么",也就是说告知信息是个事件,因而表描写的告知类交际意图的认知结构表示为：

发话人(告知者)＋告知＋受话人(被告知者)＋告知信息（事件 X）＋时间＋空间

4.3.3　告知类交际意图的动态图表示

由于告知类交际意图可以进一步细分为表判断的告知意图、表描写的告知意图、表叙述的告知意图三类,因而其动态图也得分开讨论。

(1)表判断的告知类交际意图的动态图表示。

在表判断的告知类交际意图中,告知信息为"S 是 P",也就是说,表判断的告知类交际意图只涉及一个事件。

说话时刻(t_i):发话人 A 发起了一个"告知"事件,该事件的"时间"为说话时刻,"空间"为交际现场,"施事"为发话人 A(告知者),"受事"为受话人 B(被告知者),"告知信息"是一个判断,即 S 是 P,我们可以把它表示为(S,属于,P)。

因而,我们可以将表判断的告知类交际意图用动态图 4－6 表示如下：

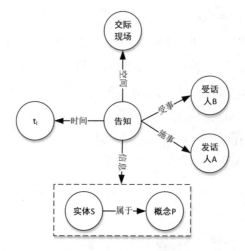

图 4-6 表判断的告知类交际意图的动态图表示

(2)表描写的告知类交际意图的动态图表示。

在表描写的告知类交际意图中,告知信息是"S 怎么样",也就是说,表描写的告知类交际意图只涉及一个事件。

说话时刻(t_i):发话人 A 发起了一个"告知"事件,该事件的"时间"为说话时刻,"空间"为交际现场,"施事"为发话人 A(告知者),"受事"为受话人 B(被告知者),"告知信息"(S 怎么样),为某实体的相关属性,一般表示为(S,属性,属性值)。

因而,我们可以将表描写的告知类交际意图用动态图 4-7 表示如下:

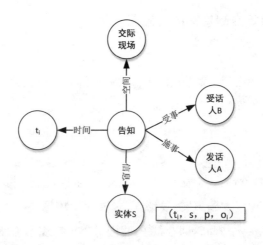

图 4-7 表描写的告知类意图的动态图表示

（3）表叙述的告知类交际意图的动态图表示。

在表叙述的告知类交际意图中，告知信息是"发生了什么"，也就是说，表叙述的告知类交际意图涉及两个事件。

说话时刻（t_i）：发话人 A 发起了一个"告知"事件，该事件的"时间"为说话时刻，"空间"为交际现场，"施事"为发话人 A（告知者），"受事"为受话人 B（被告知者），"告知信息"（告知事项），为某一事件 X。

事件 X 的完成时间（t_j）：事件 X 的"时间"为 t_j，t_j 要早于或晚于说话时刻 t_i，事件 X 的"空间""施事""受事"的具体信息需要从话语中才能得知。

因而，我们可以将表叙述的告知类交际意图用动态图 4-8 表示如下：

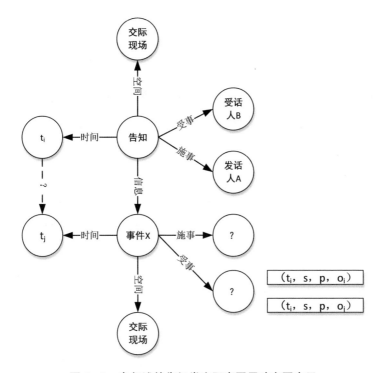

图 4-8　表叙述的告知类交际意图用动态图表示

4.4　承诺类交际意图的形式化表示

4.4.1　承诺类交际意图

奥斯丁指出承诺类言语行为的要点是说话人承诺某种行为。塞尔认为承诺类以言行事意图是说话人对未来的行为做不同程度的承诺。国内有关承诺类言语行为的介绍,基本采用了塞尔的界定,如许春燕将承诺类言语行为界定为"言语交际主体单方承诺或双方约定未来做某事"。[93]11这些界定都指向了承诺类言语行为最根本的属性,即一个说话者将来要做某事,这是承诺类言语行为的核心内涵。

因而,承诺类交际意图就是:在言语交际中,发话人向受话人单方承诺或发话人与受话人双方约定未来做某事。承诺类交际意图具备如下特征:

(1)承诺类交际意图在时间上是当下的交际,承诺的是将来实施的某种行为。承诺类交际意图中,谈论的都是将来要发生的行为,该事件或行为具有未然性。对比不同类型的交际意图就会发现,承诺类交际意图所承诺的行为事件是尚未发生、将来可能发生的,这一点和请求类交际意图是一致的。

(2)承诺类交际意图具有主观的意愿性,是主观意愿的一种表达。当说话人实施承诺行为时,主观上带有强烈意愿——将来要实施某种行为。如果不承诺,正常情况下该行为是不会发生的,这与告知类交际意图存在很大差异。

(3)承诺类交际意图的语言和世界的关系是从世界向语言,即先有词语实现它,使客观现实发生改变以适应话语。

(4)承诺类交际意图具有约束性。这一约束体现在发话人一旦承诺做某事,他就有责任和义务将来完成该行为。约束性的特征是其他类交际意图所不具备的。

承诺类交际意图还可以进一步细分为答应、保证、约定、发誓等下位交际意图:①答应。答应一般是回复他人请求时所做的承诺,如"好,我答应你,明天一定参加。"②保证。说话人为满足交际中的某种需求,多用于主动提出将来做某事的行为,如"不要打,我再也不玩游戏了。"③约定。约定是说话人和听话人对彼此的承诺,是典型的双向承诺。交际双方可能将来都会做同样的事情,如"明天晚上老地方不见不散。"也可能是双方以所做的事情作为交换,以达成约定,如

"好，就这么定了，你明天来我家，我炒几个好菜。"④发誓。发誓是语力最强的一个承诺意向，表明了说话人（承诺者）将来做某事的决心之强烈，如"我发誓，不报此仇，誓不为人。"

4.4.2 承诺类交际意图的认知结构

承诺类言语行为分布在人们生活的各个领域，表现为不计其数的具体的承诺。人们对这些具体的承诺类言语行为进行概括，会形成有关承诺类交际意图的经验图示，保存在人们的认知中。

承诺类交际意图就是：在言语交际中，发话人向受话人单方承诺或发话人与受话人双方约定未来做某事。从该定义中可知：承诺类交际意图中的"承诺"意向是个常项；实施"承诺"的施事是发话人，在具体语境中也是个常项；"承诺"的受事是受话人，在具体语境中也是个常项；在承诺类交际意图的实现过程中，承诺事项是多样的，如"明天不会再迟到""明天一定回来""对你的爱永远不变"等，承诺事项是一个变项，是承诺类交际意图信息的承载体。承诺类交际意图的性质是由"承诺"意向决定的，而具体的承诺交际意图内容则是由变项决定的。承诺类交际意图的认知结构可以表示为：

发话人（承诺者）＋承诺＋受话人（承诺对象）＋承诺事项＋时间＋空间

通过进一步分析，我们发现，承诺类交际意图有三种不同的类型。

（1）单向承诺：说话人是承诺者、听话人是承诺对象的承诺行为。这是最为普遍的一种类型，广泛存在于交际之中，如"老师，我明天再也不会迟到了。"

（2）双向承诺：说话人与听话人互为承诺者和承诺对象的承诺行为。这一类承诺主要存在于约定当中。在约定中，交际双方都承诺将来会做某事，承诺对彼此都具有约束力，如"明天晚上老地方见。"

（3）自我承诺：承诺者和承诺对象为同一个人，即说话人是承诺者，同时也是承诺对象的承诺行为，如"我有钱了，一定买辆宝马。"

通过进一步分析，我们可以发现，承诺类交际意图涉及两个事件："承诺"事件和承诺事项"X"事件。其中"承诺"事件的构成要素包括时间、空间、施事（发话人、承诺者）、受事（受话人、承诺对象）、承诺事项。"X"事件是"承诺"事件的一个构成要素：承诺事项。而"X"事件本身也有自己的构成要素，其中只有一点可以肯定，其施事是"发话人"，也就是"承诺者"，其余则需要从分析话语中才能得知。另外,"X"事件肯定是一个未然事件,"X"事件的实施时间肯定在"承诺"事件发生的时间之后,但具体时间不确定,需要从话语中得出。

通过分析,我们可以把发话人向受话人单方承诺的承诺类交际意图的认知结构进一步表示为图4-9。我们可以把发话人与受话人双方约定未来做某事的承诺类交际意图的认知结构进一步表示为图4-10。

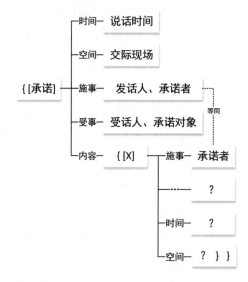

图4-9　发话人向受话人单方承诺的承诺类交际意图的认知结构

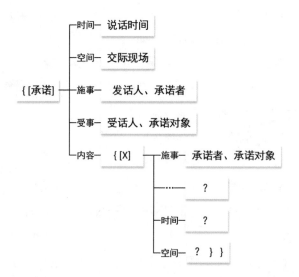

图4-10　发话人与受话人双方约定未来做某事的承诺类交际意图的认知结构

4.4.3　承诺类交际意图的动态图表示

通过对承诺类交际意图的认知结构的分析,我们可以对其动态图表示如下。

说话时刻(t_i):发话人 A 发起了一个"承诺"事件,该事件的"时间"为说话时刻,"空间"为交际现场,"施事"为发话人 A(承诺者),"受事"为受话人 B(承诺对象),"承诺内容"(承诺事项)为某一事件 X。

事件 X 的完成时间(t_j):t_j要晚于说话时刻 t_i,即在说话时刻的若干时间之后,原承诺事件的发话人 A,或交际双方 A 和 B,完成事件 X,事件 X 的"时间"为 t_j,"空间"需要从话语中或背景信息中才能得知,"施事"为发话人 A 或交际双方 A 和 B,"受事"需要从话语中才能得知。

承诺事项是承诺的具体内容,这些内容都是承诺将来要实施的行为。虽然承诺的事项是具体的,并且形式和数量都是不计其数的,但可以进一步概括为两大类:改变类和保持类。

(1)改变类。

在该承诺行为中,承诺者承诺该事件受事的存在状态从 t_i 到 t_j 要发生改变,从知识表示的视角来看,就是该实体的(t_i,S,P,O_i)变化到了(t_j,S,P,O_j),具体是什么状态发生改变需要从话语中才能推断出。如:"我保证下次数学一定考满分。"从话语中可以得知,这次数学考试成绩肯定不是满分,承诺者承诺下次数学考试成绩发生变化,要考满分。

(2)保持类。

在该承诺行为中,承诺者承诺通过自己的努力,确保某种状态不会随时间变化而发生改变,而是一直保持某种状态。如"纵使海枯石烂,我对你的爱永远不变。"在这里,承诺者承诺无论世界发生什么变化,他对承诺对象的爱永远都不会发生改变。

从前面的分析可知,由于承诺事件有单向承诺和双方约定两种(自我承诺可以看成比较特殊的单向承诺,即承诺对象为承诺者的单向承诺),而承诺行为也有改变类和保持类两大类,因而承诺类交际意图的动态图也需要进一步分为单向承诺+改变类、单向承诺+保持类、双方约定+改变类、双方约定+保持类四种情况来讨论。

（1）单向承诺＋改变类。

这里发话人的承诺言语行为是单向承诺（含自我承诺），而承诺内容是承诺者改变某种状态，改变的对象可以是其他实体，如"我保证把自行车修好。"改变的就是自行车的状态；改变的对象也可以是承诺者自身，如"我马上就到。"改变的就是承诺者自身的空间位置。总之，随着时间从 t_i 流逝到 t_j，承诺者会使某个或某些实体的状态发生改变，即该实体的 (t_i, S, P, O_i) 变化到了 (t_j, S, P, O_j)。我们可以将这一类承诺类交际意图用动态图 4－11 表示如下：

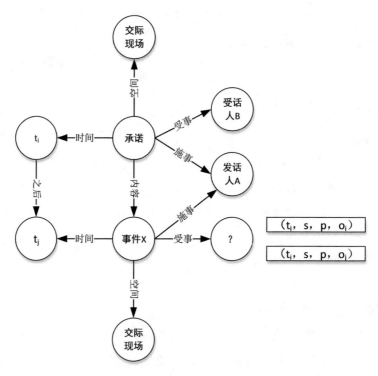

图 4－11　"单向承诺＋改变类"承诺类交际意图的动态图表示

（2）单向承诺＋保持类。

这里发话人的承诺言语行为是单向承诺（含自我承诺），而承诺内容是承诺者通过自己的努力，确保某种状态不会随时间变化而发生改变，而是一直保持某种状态。也就是说，随着时间从 t_i 流逝到 t_j，承诺者要确保某个或某些实体的状态不发生改变，即随着时间从 t_i 流逝到 t_j，确保某种存在状态不发生改变，即该

实体 t_i 的属性为 O_i，到了 t_j 时，其属性依然是 O_i。我们可以将这一类承诺类交际意图用动态图 4‒12 表示如下：

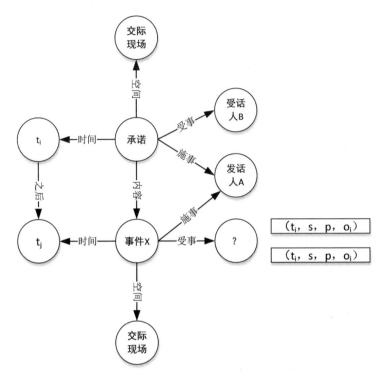

图 4‒12　"单向承诺＋保持类"承诺类交际意图的动态图表示

（3）双方约定＋改变类。

这里发话人的承诺言语行为是双方约定，说话人与听话人互为承诺者和承诺对象的承诺行为，承诺对彼此都具有约束力。承诺内容是交际双方都承诺将来做某事，既然是做某事，肯定会改变某些实体的存在状态。如"好的，明天晚上老地方见。"这里改变的存在状态是交际双方的空间位置。也就是说，随着时间从 t_i 流逝到 t_j，交际双方约定使某个或某些实体的状态发生改变，即该实体的 (t_i, S, P, O_i) 变化到了 (t_j, S, P, O_j)。我们可以将这一类承诺类交际意图用动态图 4‒13 表示如下：

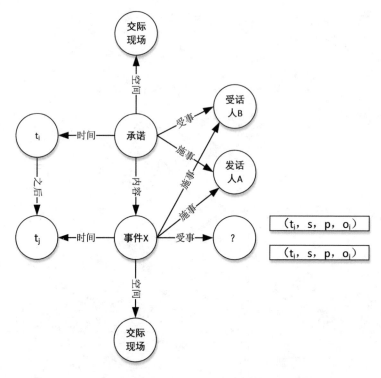

图 4‑13   "双方约定＋改变类"承诺类交际意图的动态图表示

（4）双方约定＋保持类。

这里发话人的承诺言语行为是双方约定，说话人与听话人互为承诺者和承诺对象的承诺行为。承诺内容是交际双方都承诺通过努力确保某种存在状态不会发生改变。也就是说，交际双方都承诺，随着时间从 t_i 流逝到 t_j，确保某种存在状态不发生改变，即该实体 t_i 的属性为 O_i，到了 t_j 时，其属性依然是 O_i。我们可以将这一类承诺类交际意图用动态图 4‑14 表示如下：

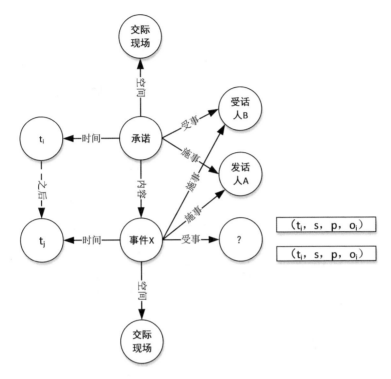

图 4‑14 "双方约定＋保持类"承诺类交际意图的动态图表示

4.5 表情类交际意图的知识表示

4.5.1 表情类交际意图

表情类言语行为是塞尔言语行为分类的重要组成部分,也有译为"表态"[94]"表达"的。塞尔按照言语行为实施目的、适切方向和所表达的心理状态构建了言语行为类别体系。其中,表情类言语行为是"施事行为目的在于针对命题内容所表述的事件或者状态真诚地表示某种心理状态"。[75]15

表情类交际意图就是表情类言语行为实施的起因,也是该类言语行为实施的目的。因而,表情类交际意图就是:在言语交际中,发话人向受话人表达某种感情的交际意图。表情类交际意图具备如下特征:

(1)表情类交际意图是声明发话者感觉的意图。它们可以是由发话者做的某事引起,也可以是由受话者做的某事引起,但是他们都是关于发话者的经历,在实施表情言语行为的时候,发话者使得话语适从世界(感觉)。

(2)表情类交际意图的适切方向是说话人的话语同其内心世界相适切。请求类交际意图是词语改变世界,告知类交际意图是词语适切世界(外部世界),表情类交际意图是词语适切世界(心理世界)。[95]

(3)表情类交际意图的本质是主观性。这主要体现在不同的社会行为价值评判体系决定了表情言语行为的恰当与否,如日本文化中对于道歉的认知在英语文化中就不完全适用,跨文化对比使得表情类交际意图的主观性特点尤为突出。[96]

由于在言语交际中需要表达的感情种类非常繁多,学者们对表情类交际意图的内部分类众说纷纭。到目前为止,表情类交际意图究竟包括哪些子类,尚未取得比较一致的看法,不过,大家都认为,感谢、道歉、同情、祝贺、问候、称赞、抱怨和哭诉,都是比较典型的表情类交际意图。

4.5.2　表情类交际意图的认知结构

表情类交际意图是发话人在交际中对某种情形反应时的意图,是为了表达自己的情感和情绪,包括道歉、抱怨、感谢、祝贺、同情、责备、问候、吹嘘和告别等。

表情类交际意图就是在言语交际中,发话人向受话人表达某种感情的交际意图。从该定义中可知:表情类交际意图中的"表情"意向是个常项;实施"表情"的施事是发话人,在具体语境中也是个常项;"表情"的对象或受事是受话人,在具体语境中也是个常项;在表情类交际意图的实现过程中,表达的感情是多种多样的,如道歉、同情、感谢、祝贺、抱怨等,因而"表达的感情内容"是一个变项,是表情类交际意图信息的承载体。表情类交际意图的性质是由"表情"意向决定的,而具体表达的感情则是由变项决定的。表情类交际意图的认知结构可以表示为:

发话人(表情者)+表情+受话人(表情对象)+表达的感情内容+时间+空间

由于在言语交际中需要表达的感情种类非常繁多,本著述无法罗列出所有的感情种类,也就无法将所有的表情类交际意图细分类别一一展示出来。因篇幅有限,本部分就选取致谢、致歉、祝贺三类来进行讨论。

(1)致谢交际意图的认知结构。

致谢言语行为是表达致谢者致谢情感的施事行为。表达这种致谢情感的原因是受谢者实施了一种能让致谢者受益的行为,这种行为激发了致谢者的致谢情感部分,促使致谢者表达情感的动机。致谢言语行为的真正目的是表达致谢之情。

致谢类交际意图的产生过程可以理解为致谢者受到别人的帮助、恩惠、方便等,打破了原有关系的平衡,致谢者需要向对方加以安慰或者是补偿,从而产生了感谢别人的动机。感谢"别人实施了某种行为"的需求,并且在此需求可以用语言形式满足时,就产生了"感谢受谢者实施行为 X"的交际意图。[87]

通过上面的分析,我们可以把致谢交际意图定义为发话者向受话人表达致谢之情的意图。其认知结构可以表示为:

发话人(致谢者)＋感谢＋受话人(受谢者)＋致谢原因(事件 X)＋时间＋空间

在具体的言语交际中,由于语境的存在,言语中很多构成要素都可以省略,如"谢谢!"就只有致谢意向,其余的构成要素全要依赖语境的补充。而"谢谢你!"就只有致谢意向和受谢者,其余的构成要素则可以从语境中得到补充。也有时候只出现致谢原因,如"您这么忙还开车送我。"根据常识,很容易判断这类话语是表达致谢情感的,因而甚至连致谢意向也没有出现。当然其他的构成要素就更容易从语境中获得了,所以也没有在话语中出现。但无论致谢交际意图的这些构成要素有没有在话语中出现,人们心智中的致谢交际意图的认知结构是不变的。

致谢者是为了表达感激之情而与受谢者进行言语交际,如果不存在某人的帮助或者提供的便利,或者即使致谢者接受了帮助或便利,但是在感情上对提供便利者没有好感而是厌恶感,也不可能引发致谢言语交际行为。也就是说,没有人会无缘无故地向他人表示感谢,如果有人向受谢者表达了感谢之情,那肯定是受谢者在此之前一定实施过使致谢者受益的行为。也就可以肯定,致谢原因(事件 X)肯定发生在致谢事件之前,并且该行为的施事是受谢者。

通过进一步分析,我们可以发现,致谢类交际意图涉及两个事件:"致谢"事件和致谢原因"X"事件。其中"致谢"事件的构成要素包括时间、空间、施事(发话人、致谢者）、受事（受话人、受谢者）、致谢原因。"X"事件是"致谢"事件的一个构成要素：致谢原因。而"X"事件本身也有自己的构成要素，其中可以肯定的是，其施事是"受话人"，也就是"受谢者"，其实施时间肯定在"致谢"事件发生的时间之前，其余的构成要素则需要从分析话语中才能得知。

通过分析，我们可以把致谢类交际意图的认知结构进一步表示为图 4‑15：

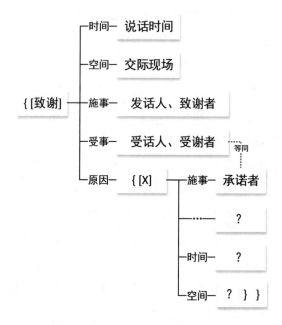

图 4‑15　致谢类交际意图的认知结构

（2）致歉交际意图的认知结构。

致歉类言语行为是在交际主体 A、B 之间，A 由于冒犯、歉疚等原因而引发的向 B 表达歉意的补偿性言语行为，进而恢复 A 与 B 之间的和谐关系（A 是致歉方，B 是受歉方）。[97]致歉类言语行为的真正目的是表达致歉之情。致歉言语行为在具体实施过程中体现着弥补受歉方的补偿需要、平复致歉方的不安心理、修复双方的人际关系三种功能。

致歉言语行为的性质是引发性和补偿性，它的产生是有原因的，是冒犯行为引起的、歉疚心理触发的。冒犯行为的发生打破了交际双方人际关系原本的相对平衡，使交际双方原本存在的相对稳定的人际关系发生变化。冒犯行为的发生,使冒犯方(致歉方)产生平复心理上不安的需要,使受冒犯方(受歉方)产生某种补偿的需要,双方的人际关系有被修复的需要,这些需要促使冒犯方(受歉方)产生致歉的动机,形成致歉意图。

致歉类交际意图就是发话人向受话人表达歉意的意图。致歉意图是致歉言语行为的核心,是致歉言语行为的出发点,也是致歉言语行为的回归点。我们认为只有致歉方的致歉意图被受歉方完全理解和接受,并且受歉方表示了对致歉方的谅解,致歉言语行为才是完全成功的。如果受歉方没有理解致歉意图,或者理解了致歉方的意图却因为致歉并未使自己满意而不能谅解致歉方,那么我们认为这个致歉言语行为是失败的或者是不完全成功的。

致歉类交际意图的认知结构可以表示为:

发话人(致歉方)＋致歉＋受话人(受歉方)＋致歉原因(冒犯事件 X)＋时间＋空间

在致歉言语交际中,我们可以很清晰地分析出致歉类交际意图的认知结构,如"对不起,我来晚了。"此例中,致歉方使用致歉标志语"对不起"表达了致歉意图的意向部分,同时也表达了致歉意图的致歉原因:"我来晚了",致歉类交际意图的认知结构的其余构成要素我们可以从语境中获得。我们知道,致歉意向和致歉原因是交际意图中两个不同成分,所以它们可以易位,此例还能调整语序,表达为"我来晚了,对不起。"

在具体的言语交际中,由于语境的存在,在言语中该认知结构中的很多构成要素都可以省略,如:

A:对不起!

B:没关系。

此例中,致歉方(A)仅使用标志语"对不起"表达了致歉意向,从受歉方(B)的应答看,这是一次成功的致歉交际行为。受歉方之所以对致歉方的致歉给予谅解,因为他(她)是从致歉交际的整体角度分析并理解致歉方的致歉言语行为,在双方共知的情境中,受歉方知道致歉方因为什么致歉,即知道致歉原因。所以,我们说在致歉意图的实现过程中,如果致歉原因是双方共知的信息,那么在落实致歉交际意图的言语表达上允许只表达致歉意向部分。

同样的,在致歉意图的实现过程中,如果受歉方可以非常容易地从话语中推断出是致歉言语交际,那么不用表达致歉意向,也可以实现致歉交际意图的传达。如"我来晚了。"此例中,致歉方只表达了致歉意图中的致歉原因部分,并没有表达致歉意向部分。

通过进一步分析,我们可以发现致歉类交际意图首先由冒犯事件 X 引起,导致发话人发起致歉事件,也就是说,致歉类交际意图涉及两个事件:"致歉"事件和致歉原因"X"事件。其中"致歉"事件的构成要素包括时间、空间、施事(发话人、致歉方)、受事(受话人、受歉方)、致歉原因。冒犯事件 X 是"致歉"事件的一个构成要素:致歉原因。而"X"事件本身也有自己的构成要素,其中可以肯定的是,其施事是发话人(致歉方),其受事是受话人(受歉方),其实施时间肯定在"致歉"事件发生的时间之前,其余的构成要素则需要从语境中才能得知。

通过分析,我们可以把致谢类交际意图的认知结构进一步表示为图 4 – 16:

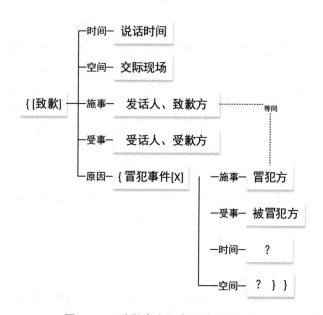

图 4 – 16 致歉类交际意图的认知结构

(3)祝贺交际意图的认知结构。

汉语里"祝贺"被解释为"庆贺",即"为共同的喜事表示庆祝或向有喜事的人道喜"。祝贺是人们日常交际中频繁使用的一种礼仪性言语行为,是调节人际关系的一种常见的言语行为,是人们言语交际能力的一个方面,具有广泛的社会意义。

祝贺类言语行为是在交际主体 A、B 之间,因 B 有喜事,A 向 B 表达贺喜的言语行为。祝贺类言语行为的实施有两个基本条件:①喜庆条件。因为"祝贺"是"道喜",所祝贺之事必须具有"喜庆"色彩,即是"喜事";②关涉条件。祝贺是"向有喜事的人道喜","喜事"必须属于"祝贺"的对象,"喜事"必须与受贺人相关。对祝贺类言语行为来说,这两个条件是不可少的,否则祝贺行为会发生变化。

要特别注意,祝贺与祝愿不同。祝愿是对未发生的事情赋予基于受体来说美好的憧憬及由衷希望,例如对一对情侣可以祝愿他们"早日走入婚姻的殿堂";祝贺则是对已经发生的事情表达主体善意的态度和积极向上的祝词或者采取某种激励对方的行为,如对刚结婚的夫妻祝贺他们"新婚快乐"。两者之间的主要区别在于它们的行为诱因(喜事)是否已经发生。

祝贺类言语行为的产生是有原因的,它是因某种诱因触发的。在交际主体 A、B 之间一直保持着和谐友好的人际关系,随着 B 身上发生了喜事,即值得道贺的事情,A 心理上产生前往道贺的需要,以便于促进双方的友谊,这些需要将促使 A 产生祝贺的动机,形成祝贺意图。

祝贺类交际意图就是因为受话人有喜事,发话人为维护两者的关系,向受话人表达道贺的意图。在祝贺类交际意图中,核心要素主要有:①祝贺人,即祝贺行为的发出者;②受贺人,即祝贺行为的接受者;③祝贺原因,即祝贺行为的诱因(受贺人的喜事)。因此,我们可以把祝贺类交际意图的认知结构进一步表示为:

发话人(祝贺人)+祝贺+受话人(受贺人)+祝贺原因(喜事 X)+时间+空间

在祝贺言语交际中,我们可以很清晰地分析出祝贺类交际意图的认知结构,如"祝贺你考上了研究生。"此例中,祝贺人使用祝贺标志语"祝贺"表达了祝贺意图的意向部分,同时也表达了祝贺意图的祝贺原因:受话人"考上了研究生",祝贺类交际意图的认知结构的其余构成要素我们可以从语境中获得。

在具体的言语交际中,由于语境的存在,在言语中祝贺类交际意图的认知结构中的很多构成要素都可以省略,如:"恭喜!"此例中,祝贺人仅使用标志语"恭喜"表达了祝贺意向,这是由于在交际双方共知的情境中,受贺人非常清楚祝贺人为什么表示祝贺,即知道祝贺原因。所以,在祝贺意图的实现过程中,如果祝贺原因是双方共知的信息,那么在落实祝贺交际意图的言语表达上允许只表达祝贺意向部分。但如果没有表达祝贺意向,仅陈述原因,是不能清楚地向受话人表达祝贺意图的。

通过进一步分析,我们可以发现祝贺类交际意图首先由喜事 X 这一事件引起,从而促使发话人发起祝贺事件,也就是说,祝贺类交际意图涉及两个事件:"祝贺"事件和祝贺原因"X"事件。其中"祝贺"事件的构成要素包括时间、空间、施事(发话人、祝贺人)、受事(受话人、受贺人)、祝贺原因。喜事 X 是"祝贺"事件的一个构成要素:祝贺原因。而喜事 X 本身也有自己的构成要素,其中可以肯定的是,喜事 X 的发生时间肯定在"祝贺"事件的时间之前,该事件与受话人相关,但受话人在该事件中的具体角色则需要从语境中才能得知。

通过分析,我们可以把祝贺类交际意图的认知结构进一步表示为图 4‑17:

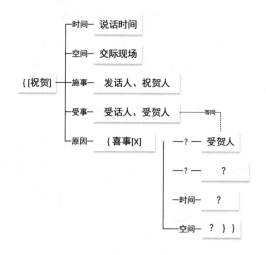

图 4‑17　祝贺类交际意图的认知结构

4.5.3　表情类交际意图的动态图表示

(1)致谢类交际意图的动态图表示。

前面我们把致谢类交际意图定义为发话者向受话人表达致谢之情的意图。把其认知结构表示为:发话人(致谢者)+感谢+受话人(受谢者)+致谢原因(事件 X)+时间+空间。通过进一步分析可知:

事件 X 的完成时间(t_i):事件 X 的"施事"为受话人(受谢者),发话人(致谢者)为该事件的受益者。事件 X 的其他构成要素要从具体话语及语境中才能得知。

说话时刻(t_j)：说话时刻 t_j 要晚于事件 X 的完成时间 t_i，也就是发话人 A 在事件 X 的若干时间之后，发起了一个"致谢"事件，该事件的"时间"为说话时刻，"空间"为交际现场，"施事"为发话人 A（致谢者），"受事"为受话人 B（受谢者），"致谢原因"为事件 X。

通过分析，我们可以把致谢类交际意图的动态图表示为图 4-18：

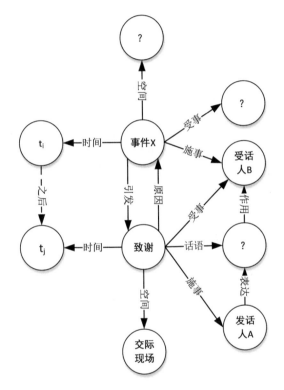

图 4-18　致谢类交际意图的动态图表示

（2）致歉类交际意图的动态图表示。

通过前面的分析可以知道，致歉类交际意图就是发话人向受话人表达歉意的意图，其认知结构可以表示为：发话人（致歉方）＋致歉＋受话人（受歉方）＋致歉原因（冒犯事件 X）＋时间＋空间。通过进一步分析可知：

冒犯事件 X 的完成时间（t_i）：冒犯事件 X 的"施事"为发话人（冒犯方），"受事"为受话人（被冒犯方），也就是该事件的受损者。冒犯事件 X 的其他构成要素要从具体话语及语境中才能得知。

说话时刻(t_j)：说话时刻 t_j 要晚于冒犯事件 X 的完成时间 t_i，也就是发话人 A 在实施冒犯事件 X 的若干时间之后，发起了一个"致歉"事件，该事件的"时间"为说话时刻，"空间"为交际现场，"施事"为发话人 A(致歉方)，"受事"为受话人 B(受歉方)，施事通过话语作用(致歉)于受事，"致歉原因"为冒犯事件 X。

这样，我们可以把致歉类交际意图的动态图表示为图 4 - 19：

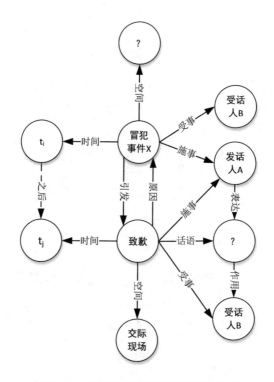

图 4 - 19   致歉类交际意图的动态图表示

(3)祝贺类交际意图的动态图表示。

通过前面的分析可知，祝贺类交际意图就是因为受话人有喜事，发话人为维护两者的关系，向受话人表达道贺的意图。其交际意图的认知结构进一步表示为：发话人(祝贺人)＋祝贺＋受话人(受贺人)＋祝贺原因(喜事 X)＋时间＋空间。通过进一步分析可知：

喜事 X 的发生时间(t_i)：根据关涉条件，"喜事"必须属于"祝贺"的对象，"喜事"必须与受贺人相关。但喜事 X 的其他构成要素要从具体话语及语境中才能得知。

说话时刻（t_j）：说话时刻 t_j 要晚于喜事 X 的发生时间 t_i，也就是发话人 A 在喜事 X 的若干时间之后，发起了一个"祝贺"事件，该事件的"时间"为说话时刻，"空间"为交际现场，"施事"为发话人 A（祝贺人），"受事"为受话人 B（受贺人），"祝贺原因"为喜事 X。

通过分析，我们可以把祝贺类交际意图的动态图表示为图 4-20：

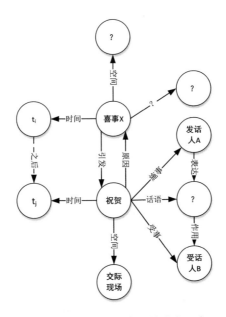

图 4-20　祝贺类交际意图的动态图表示

4.6　宣告类交际意图的知识表示

4.6.1　宣告类交际意图

宣告类言语行为是通过说话使世界发生变化。它的言外之意是使客观现实与所表达的命题内容一致。因而，这一类型的适从向明显地使客观世界符合所说的话语。宣告类言语行为使客观现实按照所说的话语发生的变化是即刻的、瞬息之间的，在说话的同时，这种变化便随之发生了。

宣告类言语行为的"适切条件"为：①命题内容条件是说话人言及某种未来即将存在的事态；②准备条件是说话人具备促使世界发生变化的能力；③诚意条

件是说话人意欲做这一动作;④根本条件是说话人主动执行这一动作,而且对自己所说的话不能反悔。[98]

塞尔认为,宣告类言语行为是特殊的言语行为,通常是具有特别权威的人在机构体制范围内所执行的言语活动,通常是一种机构性的言语行为。何自然指出,一种宣告行为成功地实施,就会造成命题内容和现实之间存在一致性:如果我成功地实施委任你为主席的行为,那么你就是主席;如果我成功地实施宣告战争状态的行为,那么战争就爆发了。[99]他还指出,为做到有效地做出宣告,我们必须考虑语言外的一切因素。只是靠说话人的语言能力来实施宣告类的言语行为是不够的;说话人的语言能力之外,还要考虑作为宣告人所处的特殊地位,即语言外因素。正是这种因素使说话人有资格实施宣告类的言语行为。也就是说,说话者必须具备实施这一行为的能力和权力,否则这些言语活动就只是谎言或废话。

通过分析,我们认为宣告类言语行为就是有相应权力的发话人通过宣告某个事态的存在而使这个事态得以存在的言语行为,其目的是通过说出话语而使世界发生变化。它的言外之意是使客观现实与所表达的命题内容一致,包括提名、任命、辞职、解雇、宣布、宣告、逐出、命名等。

宣告类交际意图的产生过程可以理解为,某机构决定推动某事件的发生,于是推选能代表机构的权威人士来宣告这一事件发生,从而产生了宣告动机。在恰当的时机用语言形式实现时,就产生了"宣告"的交际意图。

通过上面的分析,我们可以把宣告类交际意图定义为拥有特殊权力的发话者向受话人宣告某事而使这个事态得以存在的意图。

4.6.2 宣告类交际意图的认知结构

宣告类交际意图就是拥有特殊权力的发话者向受话人宣告某事而使这个事态得以存在的意图。在宣告类交际意图中,核心要素主要有:①宣告人,即宣告行为的发出者;②受告人,即宣告行为的接受者;③宣告内容,即被宣告的某事,也是即将存在的那个事件。因此,我们可以把宣告类交际意图的认知结构表示为:

发话人(宣告人)+宣告+受话人(受告人)+宣告内容(事件 X)+时间+空间

在宣告言语交际中,我们可以很清晰地分析出宣告类交际意图的认知结构,如"我宣布,XX 大会开幕!"此例中,宣告人使用宣告标志语"宣布"表达了宣告意图的意向部分,同时也表达了宣告意图的宣告内容:"XX 大会开幕!",宣告类交际意图认知结构的其余构成要素我们可以从语境中获得。

在具体的言语交际中,由于语境的存在,宣告类交际意图的认知结构中的宣告意向可以省略,如:在婚礼进行中,新娘子说"我愿意!"此例中,由于有婚礼这样的语境存在,新娘子虽没有明确表达宣告意向,但所有的受话人都能从宣告内容"我愿意!"中轻易地推断出这是在表达宣告意图。但如果没有宣告内容,只有宣告意向,如"我宣布!"是无法清楚地向受话人表达宣告意图的。在宣告类交际意图中,宣告内容是必不可少的。

通过进一步分析,我们可以发现,宣告类交际意图首先是由即将存在的事件 X 而引发的,从而导致发话人发起宣告事件,也就是说,宣告类交际意图涉及两个事件:"宣告"事件和宣告内容事件 X。其中"宣告"事件的构成要素包括时间、空间、施事(发话人、宣告人)、受事(受话人、受告人)、宣告内容。宣告内容事件 X 是"宣告"事件的一个构成要素:宣告内容。事件 X 本身也有自己的构成要素,其中可以肯定的是,事件 X 的发生时间紧接着宣告事件的时间,几乎在说话的同时,事件 X 便随之发生了。事件 X 的发生空间也就是交际现场。只是该事件的其他构成要素需要从具体宣布内容中才能得知。

通过分析,我们可以把宣告类交际意图的认知结构进一步表示为图 4-21:

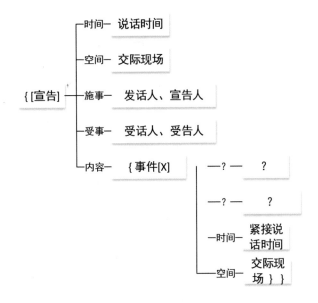

图 4-21 宣告类交际意图的认知结构

4.6.3 宣告类交际意图的动态图表示

通过前面的分析可知,宣告类交际意图就是拥有特殊权力的发话者向受话人宣告某事而使这个事态得以存在的意图。其交际意图的认知结构进一步表示为:发话人(宣告人)＋宣告＋受话人(受告人)＋宣告内容(事件 X)＋时间＋空间。通过进一步分析可知:

说话时刻(t_i):发话人发起了一个"宣告"事件,该事件的"时间"为说话时刻,"空间"为交际现场,"施事"为发话人 A(宣告人),"受事"为受话人 B(受告人),"宣告内容"为某事件 X。

事件 X 的发生时间(t_j):t_j紧接着说话时刻 t_i,几乎是发话人说完话的同时。事件 X 的发生空间也是交际现场。事件 X 的其他构成要素要从具体的宣告内容中才能得知。

通过分析,我们可以把宣告类交际意图的动态图表示为图 4‑22:

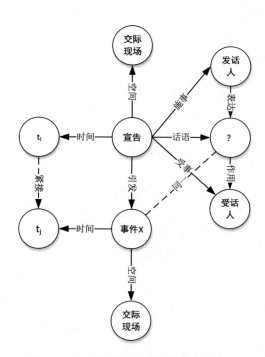

图 4‑22 宣告类交际意图的动态图表示

5 交际意图的传达过程

5.1 表达语境构建

交际意图是交际者心灵机制中关于交际实践的一种承诺,是"打算"通过交际行为达到某种目的的心理状态。交际意图是概念化思维活动的结果,具有内隐性,交际者心中的交际意图不能被交际对象直接感知,需要通过交际者通过一定的方式呈现于外部世界,并且该结果还要能被交际对象通过各种感官渠道接收,才能开始真正意义上的交际。

在交际意图的传达过程中,发话人总是首先有了某种交际意图,然后想通过言语交际来实现这个目的,并期望受话人能通过一些语用规则从言语交际行为中来识别这个意图。

那么交际意图是怎样传达的呢? 以勒韦(W. J. M. Levelt)为代表的心理语言学家们认为,从交际意图的形成到言语的生成过程是一个由四个阶段连接起来的线性过程:首先是把意图转化为要传递的信息;其次是把信息形成为言语计划;再次是执行言语计划;最后是对即将出声的言语进行自我监察。[100]

本书从语用学视角出发,认为发话人要传达交际意图需经过表达语境构建、言语行动规划、非言语行动规划、言语交际行为实施这几个子过程。交际意图传达的整个过程可以用图 5-1 表示如下:

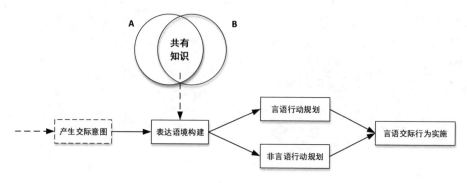

图 5 - 1　交际意图的传达过程

5.1.1　表达语境

语言是人类重要的交际工具,但语言的交际功能却只有在合适的语境中才能圆满地实现。在言语交际中,如果离开语境,仅仅只通过言语形式本身,那么发话人往往不能恰当地表达自己的意图,而受话人也往往不能准确理解说话人的真正意图。

虽然中外语言学家高度重视语境,也从各个角度对语境进行了深入研究,并取得了丰硕的成果。但究竟应该如何给语境下一个恰当的定义,到目前为止,国内外语言学界尚无一致的意见。

在众多关于语境的定义中,本书最赞成徐默凡对语境下的定义:"语境是一次交际中,发话者为了使受话者理解一段主体话语所传递的真正意义而试图激活的交际双方共有的相关知识命题,这些命题最终表现为帮助主体话语形成意义的预设命题、帮助主体话语补充意义的补充命题以及帮助主体话语推导言外之意的前提命题这样三种形式。"[101]54本书在此基础上也尝试给出语境的定义:语境是为了实现交际意图的传释而试图激活的交际双方共有的知识。语境又可以分为表达语境和理解语境。

在言语交际中,发话人必须为受话人提供识解话语的语境线索,帮助听话人构建理解话语所需的认知语境。受话人能否理解话语,关键在于当前话语和现实语境能否为受话人的理解提供足够的推理依据。因此,发话人构建表达语境的目的之一是为受话人提供识解话语和语用推理的基础和依据,帮助受话人找到双方共享的语境知识。高明的发话者在交际中会根据表达的需要,创设种种语境,为自己的表达提供自由开放的空间,实施既定的语用策略,以完成既定的交际任务。

总之,表达语境是在言语交际中,发话者为了使受话者理解一段主体话语所传递的真正意义(交际意图)而试图激活的交际双方共有的相关知识命题。或更加简洁地说,表达语境是在言语交际中,发话者为了传达交际意图而试图激活的交际双方共有的相关知识命题。

根据表达语境的知识来源,我们可以把表达语境进一步细分为上下文语境、现场语境和背景语境。这些知识如果来源于上下文,就称为上下文语境;如果来源于交际现场,就称为现场语境;如果来源于交际双方的长时记忆,就称为背景语境。

表达语境构建的本质是:确定哪些知识是受话人和自己一样也是知道的,这样在交际中共有的知识就可以不说,以便于发话人"尽可能说得更少",只要提供一定的"线索"让受话人调用这些共有知识即可。根据表达语境的知识来源,表达语境可以进一步细分为现场语境、上下文语境和背景语境,因而表达语境构建可以分成现场语境构建、上下文语境构建和背景语境构建三部分。

5.1.2 现场语境构建

这里的"现场语境"是指在言语交际中,发话人为了成功实现交际意图的传达而激活的来源于交际现场的交际双方共有的相关知识命题,是在交际现场交际双方能直接感知(视觉、听觉、味觉、嗅觉、触觉)到的相关信息形成的知识命题。也就是发话人将他认为是交际双方能从交际现场直接感知到的相关存在物的信息,通过知识表示后,并登记在发话人的工作记忆中的过程。

现场语境究竟包括哪些内容呢?从发话人现场认知的角度来看,现场语境主要包括言语交际时间、空间、发话人、受话人这些要素。在言语交际中,发话人通过自身的感觉器官来感知现场的物理世界,收集现场的相关信息,然后对这些信息进行模式识别,识别出言语交际空间中的实体,如人和物,并且识别出这些实体间的关系,从而弄明白目前所处的场景(如超市、加油站、厨房等),识别场景中正在发生的各种事件。发话人一边对外在的物理世界进行认知分析,一边将相应的分析结果表示成知识命题,登录在自己的工作记忆中,开始构建现场语境,为交际意图的传达做好准备。

（1）时间。

言语交际时间就是现场言语交际事件发生的时刻，它是影响交际意图传达的重要因素。因为不同的时刻对于人们来说意义不同，如早上8点该上班，晚上10点该睡觉。

时间可以分成年代、季节、月份、星期以及一天的具体时刻等几个层次。一般情况下，我们往往不知道言语交际事件的具体时刻，除非在交际现场有明确的计时工具告知我们。但在其他的时间层次上，人们则比较容易感知到。如在"天"这个层次，人们很容易根据自身的生活规律以及外在的生活环境的表现来识别是清晨、上午、中午、下午、晚上还是深夜。在"星期"这个层次，人们很容易根据自身的生活、工作规律来识别是星期几。在"月份"这个层次，人们一般凭借自己的记忆，先前查看过，据此推算出来现在应该是几月。在"季节"这个层次，人们往往依据生活环境中的温度、植物的生长情况、人们的衣着等来判断的。如果知道现在是几月，那就可以更加明确现在所在的季节了。在"年"这个层次，每年进入新年时人们都会举行相应的庆祝活动，人们由此知道进入新的一年了，此后的一年中都知道今年是哪一年了。

（2）空间。

言语交际空间可大可小，大可至不同的国家、地区，小可到具体广场、一间房内、一辆车内。作为交际空间，至少能够容纳下交际主体。交际空间对交际意图的传达具有较强的约束力。如女儿在家中对妈妈说"我饿了"是想吃饭了，而女儿在大街的肉饼铺前对妈妈说"我饿了"则是想买肉饼吃。

言语交际空间实质上也是一种实体，可称为空间实体，其认知结构如其他实体一样，也可以从静态和动态两个角度来分析。

◇静态视角：从结构视角来看，每个空间实体都有自身的结构，都是由若干部件构成的，如医院就由门诊楼、医技楼、住院楼等构成，大学就由教学楼、图书馆、实验室、学生宿舍等构成。这些部件与空间存在空间关系，即在空间的具体位置；这些部件之间也存在空间关系。

从属性视角来看，每个空间实体有自身的属性，如空间实体的形状、大小、位置等，还有空间的天气、温度、湿度、噪音大小、采光、通风等。

另外，言语交际空间还具有社会属性，如其社会功能和常见的社会角色。不过这些知识在背景知识库中，会立即被激活，属于背景语境的构建。

◇动态视角:首先是言语交际空间自身的变化。虽然广义上说,一切事物无时无刻不在运动,但在言语交际行为发生的生命周期中,有很多的空间并没有发生明显可感知的变化,人们往往认为这些空间是静止的,虽然只是相对静止,如在校园聊天,交际双方都认为校园是没有变化的。但有时人们的交际空间就在可感知的明显运动中,如在行驶中的汽车里交流,这时交际空间的运动性也是现场语境的重要构成内容。

另外,虽然言语交际空间自身被视为是相对静止的,在这个相对静止的"舞台"上还同时"上演"着其他事件,甚至是多个事件。如在河边散步聊天,就会发现身边发生着多个事件:有人放风筝,有人钓鱼,有人洗衣,等等。如果发话人的话语与其中的某个事件相关联,那该事件就是推理发话人交际意图的重要线索。

(3)受话人。

言语交际行为最终需要经过受话人的解读才能实现交际意图的传达,受话人的相关信息是发话人在构建语境时考虑的重中之重。同样的交际意图因为受话人的不同,其具体的传达方式就会大不相同。受话人的相关信息可以从静态、动态两个角度来分析。

◇静态视角:从静态视角来看,受话人可以从结构、属性、关系三个角度来进一步分析。

从结构上来看,受话人会被视为是由若干部件构成的。发话人一见受话人就会扫视一下受话人,看看各部分是否正常,如果有任何异常,如受伤,都会引起发话人的高度关注。

从属性上来看,受话人可以看成若干属性集合。如其生理属性主要有性别、年龄、健康状况、生命状态、精力状态等。其心理属性主要有意识状态、情绪、态度、注意力是否集中等。其社会属性主要包括职业、经济状况。

从关系上来看,受话人存在大量与其他实体的关系。如受话人与发话人的关系,如社会角色关系。现实生活中的人都是多种社会角色的集合体。由于交际对象不同,交际场合的不同,而成为不同的角色。又如空间关系,包括拓扑关系、方位关系、距离关系。受话人与物品的关系,如所有权关系,受话人是否具有交际现场相关物品的所有权;空间关系,受话人与相关物品的空间位置。

◇动态视角:从动态视角来看,受话人在进行一些行为。如①体态事件。它是由人体发出的具有表情达意功能的图像性符号,是人们在长期交际中形成的一种约定俗成的自然符号。体态事件又可以进一步细分为表情事件、手势事件和体姿事件。表情事件有皱眉、挑眉、吐舌头、舔嘴唇等,手势事件有举手、搔头、拍胸脯、拍屁股、握手等,体姿事件有伸懒腰、转身、哈腰、鞠躬、磕头、下跪等。②交际伴随事件。交际伴随事件是指在实施言语交际行为的同一时刻,受话人在实施的其他行为,如说话的同时在开车,或在炒菜,或在打毛衣,或在看电视,或在散步,等等。

(4)发话人。

发话人在现场语境构建时,自己的相关信息是自我意识的结果。发话人的相关信息同样可以从静态、动态两个视角来描述。

◇静态视角:发话人可以从结构、属性、关系三个角度来进一步分析。

从结构上来看,发话人的相关信息主要是对自身身体的认知信息,主要是身体的各部分是否正常,自身各构件的相对位置。

从属性上来看,发话人对自身的各种属性状态的认知,比如对自己的性别、身高、胖瘦等生理属性的认知,又如当时的情绪状态如何,对某个对象的态度怎样,自己想干什么等。

从关系上来看,首先是发话人与受话人的关系,包括发话人与受话人的社会角色关系、空间关系、情感距离。其次是发话人与物品的关系,包括发话人与物品的所有权关系、空间关系。

◇动态视角:发话人在进行一些行为。如体态事件,发话人可以通过自身的肢体活动状态的认识感知到的体态事件,同样可以细分为表情事件、手势事件和体姿事件。再如交际伴随事件,发话人在言语交际的同时,可能也在实施其他行为,如开车、散步、喝酒等这些交际伴随事件。

是不是言语交际现场中的一切存在要素都会成为现场语境的内容呢? 答案是否定的。首先这些言语交际现场存在要素要能被发话人感知到。如 A 与 B 在家中聊天,突然家中的液化气因管线老化发生了泄漏,但刚开始 A 与 B 都没有发现,直到 A 闻到很浓的气味时,才开始问 B:"你闻到了一股怪味吗?"最后两人找到了问题所在并排除了危险。这个例子告诉我们,没有感知到就肯定不会有相关的知识进入工作记忆中,这时这个言语交际现场中的因素是不会进入发话人的现场语境的。其次,这些言语交际现场存在要素要能被发话人和受话人感知到。也就是说,发话人还会注意到一个观察视角的问题。如果发话人觉得,从受话人的视角无法感知到的信息,是不能算作现场语境的。如,A正在公司里大肆批评老板,这时站在A对面的B看见公司老板从A的背后走过来,就赶紧打断A的话,突然大声表扬起老板,并不断使眼色。在这个例子中,B知道从A的视角肯定是看不见老板来了,"老板来了"是不能作为双方共有的相关知识命题的,于是B才拼命使眼色,希望A回头看看,不要再说老板的坏话了。

另外,还有一种情况,一般情况下,如果没有特殊情况,发话人会假定受话人是一个正常的人,并以此来推断受话人是否能感知到交际现场所存在的各种要素。发话人感知到某种现象后就会推断,如"受话人应该看到了""受话人应该听到了""受话人应该闻到了""受话人应该触摸到了""受话人应该尝到了",但这种假定有时不一定正确,如,

A:好香啊!

B:我感冒了,鼻子不通。

在这里,A假定B是正常的,把交际现场的香味作为双方共有的相关知识命题,并在此基础上开展言语交流,没想到这一假定是错误的。

5.1.3　上下文语境构建

上下文语境是指主体话语的前言和后语。发话人在思考准备"说什么"的时候,这里准备表达的话语就是主体话语。如果发话人还只是刚刚与受话人相遇,还没有开始交流,那就没有前言,但需要考虑后语。如果准备在后语中详细表达,那当前话语中就不必细说。如果发话人已经与受话人经过一定的言语交流,那在思考准备进一步"说什么"的时候,就必须考虑其前言和后语。如果前言中说过某条信息,那在主体话语中就不必再说。如某学生A向老师B请教,由于首先说明了自己想报考研究生,所以A接着问B"我该如何准备?"在这里,A在准备进一步询问前就构建了上下文语境,把"自己想报考研究生"的信息作为交际双方共知的知识,也就是构建了上下文语境,A认为B在理解自己的进一步询问时肯定调用该条知识,因而不必再重复了。果然B听到A的"该如何准备?",调用了该条知识,推理出A肯定是在问如何准备考研。

因为上文讨论过,表达语境构建的本质是:确定哪些知识是受话人和自己同样知道的,这样在交际中共有的知识就可以不说,以便于发话人"尽可能说得更少",只要提供一定的"线索"让受话人调用这些共有知识即可。因而上下文语

境构建的实质就是确定哪些信息是在"前言"中刚刚交流过,哪些信息是准备在"后语"中细说,因而在主体话语中可以不必详说,或甚至不说。

妻子 A:今天下班了多买点菜。

丈夫 B:好的。

妻子 A:今天女儿回家,买点五花肉,我好做她最喜欢吃的红烧肉。哦,还买点黄鸭叫。

在这里,妻子 A 准备把具体买什么菜的信息放在"后语"中细说,因而开始只说"多买点菜",而在接下来的话语中详细说明了"多买点菜"的原因,以及必须要买的五花肉和黄鸭叫这两种菜。

发话人将主体话语的上下文知识激活,并登记在自己的工作记忆中,为后续的言语行动规划、非言语行动规划的信息加工过程做好准备。至此,发话人就完成了表达语境的上下文语境构建。

上下文语境构建好后,发话人往往会在后续的话语中需要谈及此知识时用某种指称方式来调用这条知识,常用的方式是"指示代词(这、那)+知识类别(人、地方、事)",如"这件事""那件事"等。如:

A:这件事千万不能说出去。

B:你说过什么吗? 我好像记得你什么也没说过。

在这个例子中,A 用"这件事"来指上下文语境中的前面刚刚所说的那件需要保密的事情,而 B 则是用否定自己的上下文语境中存在那件需要保密的事情的方式,来证明自己早就忘得一干二净了,从而告知 A 他绝对会保密。

5.1.4 背景语境构建

从前面给出的表达语境的定义可知,表达语境是在言语交际中,发话者为了传达交际意图而试图激活的交际双方共有的相关知识命题。因而背景语境就是在言语交际中,发话者为了传达交际意图而试图激活的交际双方共有的来源于交际双方的长时记忆的相关知识命题。也就是说,只要这些激活的知识来源于交际双方的长时记忆,那就是属于背景语境。

由于交际双方的长时记忆中的知识不仅数量巨大,而且还非常庞杂。本文首先根据背景语境的知识信息的社会性,即这些知识信息是全社会都应知道的,还是仅仅只是言语交际双方才知道的,把背景知识分为社会知识和个人信息。

然后,根据社会知识的普及性,把社会知识进一步细分为常识和专业知识两部分;根据个人信息的来源,把个人信息进一步细分为发话人信息和受话人信息两部分。

(1) 社会知识。

◇常识。也就是普通知识,即一个生活在社会中的心智健全的人所应该具备的基本知识。人类常识不仅浩如烟海,而且如果不深入挖掘往往很难意识到这些知识的存在。但我们的言语交际就是建立在常识的基础上,主要依靠常识的推理来实现意义的理解。

◇专业知识。当交际双方谈论的是专业话题时,肯定需要调用相关的专业知识才能顺利完成沟通。专业知识由各领域的专业知识组成,可以分别构建相应的分领域专业知识库,根据讨论的专业领域来激活调用相关专业知识。但如果这些知识不属于交际双方熟知的专业领域,那这些知识就不能作为背景语境。

(2) 个人信息。

◇受话人信息。受话人信息主要包括:①基本信息。基本信息是指保存在长时记忆中的受话人的方方面面的信息,如相貌、年龄、职业、学历、工作单位等等。②偏好信息。在对受话人比较了解的基础上才知道受话人的特殊偏好信息,如有的人酷爱下围棋,有的人嗜酒如命,有的人离不开咖啡,等等。也包括价值观,有的人特别节俭,有的人特别好学,有的人是工作狂,等等。③交流经历。人们在日常交际中,总是把过去的交流经历作为双方共享的知识,在言语交流时直接调用,而不会重复提及。④对发话人的了解情况。受话人对发话人的相关信息的掌握情况。

◇发话人信息。这里是指,保存在长时记忆中的有关发话人自己的相关信息。这些信息主要包括:①基本信息。发话人的方方面面的信息,如自己的年龄、民族、职业、职称、学历、身高等等。②偏好信息。发话人的特殊偏好信息。③关系信息。包括两个方面:一个是与受话人的社会关系,如血缘关系、家庭关系、朋友关系、同事关系等;另一个是发话人与物品的关系,自己拥有哪些物品。

背景语境构建的实质是发话人确定拟传达的交际意图所涉及的知识中哪些是交际双方长时记忆中共有的知识。发话人构建背景语境就是在思考:如果该知识是常识,那受话人就应该像"我"(发话人)一样知道,因而可以激活作为背景语境。如果该知识是专业知识,并且是"我"(发话人)和受话人熟悉的专业领域,那受话人就应该像"我"（发话人）一样知道，因而可以激活作为背景语境。如果不是交际双方熟悉的专业领域，就不能作为背景语境。如果该知识是受话人的个人信息，那受话人自己应该知道，因而可以激活作为背景语境。如果该知识是发话人自己的个人信息，那就要看受话人对发话人是否非常熟悉，如果非常熟悉，则可以作为背景语境；如果不熟悉，就不可以作为背景语境。

发话人将拟传达的交际意图所涉及的、又是交际双方共有的背景知识激活，并登记在自己的工作记忆中，为后续的言语行动规划、非言语行动规划的信息加工过程做好准备。至此，发话人就完成了表达语境的背景语境构建。

在言语交际中，发话人常常调用大量的相关知识来构建背景语境，然后仅简要地向受话人交代一下"推理线索"，从而使自己的表达变得非常简洁。如：

丈夫 A 刚发动车，就对坐在副驾驶的妻子 B 说："没油了。"妻子 B 回答："好的，先去加油站。"

在这里，丈夫 A 刚发动车，就发现油不多了，于是就想先去加油站加油，然后再回家，他想把这个交际意图告诉妻子 B，他调用了"正在开车"的知识构建了现场语境，认为 B 一定知道他想说的是"车快没汽油了"；而且还调用"车没汽油了，就要去加油""加油就要到加油站""加完油了就回家"等常识构建了背景语境，希望 B 能推理出自己的交际意图。当然，从 B 的反馈中可以得知，A 成功地实现了交际意图的传达。

5.2　言语行动规划

交际意图的出现是一种心理活动，这种活动在形成心理语码以后，构成了言语的触媒，使说话人意欲表达，从而产生言语动机"决定说不说"，交际意图则是提供其内容，即"决定说什么"。而言语行动规划的内容就是"决定怎么说"。言语行动规划可以进一步细分为交际策略权衡、交际意图言语化、表达内容句法化三个子过程。

5.2.1　交际策略权衡

发话人形成交际意图以后，就需要进行新的信息加工，思考具体应该说什么来传达交际意图。发话人的交际意图只是需要达到的目标，而实现这种目标的方式很多,甚至不一定需要进行言语交际。如为了表示对某人的感谢,感谢者就可以在被谢者的面前放下礼物就走,也能让被谢者明白这是在表达对他的谢意。

交际策略权衡就是对可能实现交际意图的各种交际方式进行比较,"计算"在当前语境下,哪一种交际策略可能最为有效。即在当前语境下,采用哪种交际策略最有可能实现交际意图。

(1) 言语交际与非言语交际。

根据交际中是否使用了语言,我们常把交际分为言语交际和非言语交际两种。非言语交际是指通过非言语范畴的方法来传达信息的过程,包括使用语言和文字以外的一切传达信息的方式。人们主要的交际方式毫无疑问是言语交际,但语言并不是唯一的交流手段。

言语交际可以表达非常复杂的意义,是我们日常交流和沟通必不可少的工具,也是人类最基本、最重要的一种生存能力。当然我们在进行言语交际时,实际上一定伴随着非言语交际,如面部表情、身体姿态、空间距离等。

但有时发话人由于难为情,或者与受话人关系不是很和谐,也常常采用非言语交际来实现自己的目的。发话人在交际策略权衡时第一个需要进行考虑的是选择言语交际还是非言语交际。

(2) 交际意图明示与交际意图暗示。

当发话人选定了运用言语交际来传达交际意图时,他又得进一步权衡:是采用交际意图明示的方式,还是交际意图暗示的方式来传达交际意图。交际意图明示就是直接通过话语来表达交际意图;而交际意图暗示则是间接地通过话语来表达交际意图,受话人需要经过复杂的语用推理才能推理出发话人的交际意图。

采用交际意图明示的方式进行交流,往往直接高效,简单明了。但有时太过直接,不给受话人留下思考的空间,会引起受话人的不适,甚至是反感,结果导致交际失败。日常生活中,出于某些原因,人们常常避免坦率地说出自己想说的话,而是通过间接的方式表达,即采用交际意图暗示的方式进行交流。

只要发话人进行言语交际,必然要做出语用策略和语言形式的选择,而如何选择取决于具体的语境。在什么场合说什么话,在具体的社会中有着明确的社会心理规约。这种规约是在语言使用过程的发展中积淀下来的一系列人际交往准则。

采用交际意图暗示的方式进行交流,可以使人们维持礼貌交往,可以有效实现"委婉""礼貌""间接"等交际目的;可以弥补直接表达的缺陷,避免对受话人造成伤害,通过拐弯抹角的方式表达出说话人的意图,保持语言交流的畅通,维持人与人之间的正常交往;也可以使语言表达更加丰富多彩,满足了在日常生活中,人们对复杂、幽默、富有变化的语言表达方式的需要。因而,人们日常交往时经常采用交际意图暗示的方式进行交流。

发话人需要根据具体的语境来选择,如果根据社会交际规范,在当前语境下,需要直接明了的表达效果,那就选择采用交际意图明示的方式进行交流;反之,如果根据社会交际规范,在当前语境下,需要间接、委婉、礼貌、幽默等表达效果,则选择采用交际意图暗示的方式进行交流。正是因为如此,所以人们常用"今天好热!"来暗示受话人"应该打开空调",从而实现自己的请求意图。

(3)系列言语行为规划。

发话人在交际策略权衡时还需要考虑的是:为了实现交际意图,是否将交际意图的实现,切分成若干子目标,通过合理安排这些子目标的实施顺序,逐步实现这些子目标,从而最终实现总目标。

其中,预示序列规划就是常见的系列言语行为规划的内容之一。预示序列是发话人在以言行事之前用于探听虚实的一类话语。发话人使用这类话语的主要动机是考察有无向受话人实施某一言语行为的可能性。即发话人实施某一言语行为,能否从受话人那里得到期待的反应。如人们在实施"邀请"言语行为前,往往探听受话人有没有时间;人们在实施"请求"言语行为前,往往探听受话人是否有帮忙的意愿。

有些社会行为有着固有的"脚本",如"在商店买衣服"往往由挑选衣服、试穿衣服、砍价、付款等流程构成,因而发话人如果进行系列言语行为规划准备与商店老板交流,毫无疑问也会遵循上述的事件逻辑。

在很多情况下,发话人在进行系列言语行为规划时有较大的选择自由。此时,发话人往往从受话人的交际心理出发,选择自己的子目标,并设置好这些子目标的先后顺序,这些子目标间往往形成"手段—目的"链:前一目标是后一目标的手段,后一目标是前一目标的目的;但这里的"后一目标"又是"再下一个目标"的手段,直到最终目标的实现。然后发话人选择自己认为最好的实现子目标的方式,在头脑中推演这些言语行为的可行性,有时甚至与他人商讨自己的言语行为规划方案的可行性。如：

A遇到了困难，准备向一个不经常联系的老同学B借钱，考虑到直接向B借钱的成功率不高，而且万一自己直接开口了，而对方又不愿意，这样会使两人都处于一种尴尬的境地，于是A想到：可以先请B一起小聚一下，喝点小酒，聊聊大学生活，提升双方的友谊，然后可以乘着酒精作用的良好氛围，诉说自己的困难，试探对方是否愿意施以援手。如果对方愿意帮忙，就开口借钱，否则，就不提此事了。

在此例中，A的总交际意图，也就是总的交际目标是向B借钱。但考虑到与B不是非常"铁哥们"的那种关系，不便直接开口。于是，A规划了"邀请B聚会""请B喝酒""回忆美好的大学生活，激发B的同学之情""透露自己目前的困境"这一系列言语行为，来了解B是否愿意帮忙。如果B有心帮忙，发话人才提借钱的事。很明显，该规划方案是非常恰当的，完全符合社会交际规范，可以有效地避免尴尬的局面。

（4）言语行为优选。

当发话人选定了采用交际意图暗示的方式进行交流，那他又需要比较可以实施的不同言语行为的可能语境效果。

林波还提出了"预设意义"的概念来讨论发话人的言语行为优选过程。他指出，交际意图的传递和言语行为的产出是受具体的交际语境（包括互有认知环境）的选择的。[102]如一位推销员要向顾客推销一种新的鞋油，他可以有数种语用策略：

（a）请问您要不要买鞋油？（这是我们的新产品……）

（b）这是我们公司的新产品，（质量比一般的鞋油要好得多了……）

（c）这位先生的皮鞋很名贵的吧？（要是再用上这种新产品鞋油就……）

（d）先生，让我为您做个实验吧，（您再看这种新式鞋油跟传统鞋油会有什么不一样……）

所有这些，无论这位推销员最终是否实施于语用行为，只要他考虑到了，就会产生预设意义：使对方相信这种鞋油值得购买，以最终实现他的推销意图。因此，他必须对这些言语行为所带来的效果做出预测和判断，从而来做出最佳语用选择，以达到其语用效果。

这种语用选择过程有时不费努力就可完成，如在（a）中，说者直示其意，但似乎不足以较大程度地调整对方的认知环境,并使其相信这种鞋油是值得买的。有时交际人会煞费苦心地设计某种推理性很强的言行来传递其意图,如(c),说者采取面子和奉承等语用策略来吸引对方,从而调整对方的心理认知,"诱导"对方买货,这种推销术往往很有效。有时在双方共有知识需要很大调整时,采用某种带有很强预设性的间接言语行为,比直截了当的做法更有说服力,如(d),此时,这位推销员的交际意图已产生了一种特定的预设意义:他要顾客通过当场试验得出这种鞋油确实与众不同的结论;同时,由于一开始并未直言其意,他不太会使对方因产生反感而拒绝听他的进一步介绍。所以他觉得这种推销策略效果最佳。

从上面的分析可知,言语行为优选是发话人在说话前在观念上进行的"计算"。发话人根据当前的具体语境,包括受话人的特点、与自己的社会关系(也就是交际角色)、具体的交际情景等,来预测实现自己交际意图的关键所在,并根据以往的经验,对各种可能实施的言语行为的语境效果进行评估。最后选择语境效果最好的那个言语行为作为准备实施的言语行为。

(5) 会话与独白。

发话人在交际策略权衡时还需要考虑是和别人对话还是自己一个人独白。

如果决定采用对话的方式来进行沟通,所需要解决的问题是如何使参与会话的人用他们的话语互相配合,以达到交际的目的。会话的过程牵涉到怎样开始一段会话,怎样轮流说话,怎样结束一段会话。要开始一段会话,发话人必须引起另一方的注意,而且还要表示进行会话的意图,因此就产生一个召唤—回答序列。在这个召唤—回答序列当中,召唤者必须首先提出会话的主题。结束一段会话则较为复杂,因为会话双方必须互相协调想法,使会话得以结束。一般来说,一方往往会采用一种结束前的陈述,如"嗯,那么好吧""以后多联系""有空了一起聚聚"等等,以表示谈得差不多了,可以结束了。另外一方就会提出尚未讨论的话题,或同意结束会话。如果 B 希望谈另外一个话题,而 A 又不想谈下去,就会坚持他结束前的陈述,如说"对不起,我还有别的事儿""对不起,我得走了",等等。会话的核心部分是怎样轮流说话。轮流部分有一些基本的要求,如每一方都有机会说话,每次只能有一个人说话,说话的间歇不能太长,讲话的次序和分量不做事先决定。

而如果采用独白的形式进行沟通,则主要需要考虑如何安排语篇的结构,需要考虑如何展开自己的语篇,如是先总后分还是先分后总,是并列结构还是线性结构等。以讲故事为例,一个故事必须先有背景,如时间和地点,然后还要有情节,每个情节还有各种可能性。人们讲故事,还要考虑是顺叙、倒叙还是插叙。

又如,在描述一个空间时,人们总是按照参观的路线来描写,把内容、次序、关系都结合成一体,而且对描写的层面也有一致的处理,如只谈到房间,而很少谈到房间里面有什么家具和陈设。参观的路线总是从前门开始,而且总是采取一条最经济的路线。如果路线边上只有一间房间,人们是不会"进去"的,因此描写的方法总是"在左边有一间小睡房",等等。可是如果房间是主线,人们就会"穿堂入室",其描写方法就是"往前面走,再往右拐,就是客厅",等等。

5.2.2 交际意图言语化

(1) 交际意图的认知结构。

在交际意图产生后、话语形成前,大脑对交际意图有一个分析过程。交际意图中潜藏着普遍心理构成要素,它们可看作是此过程中大脑以表达交际意图为目的的信息分析框架,言语化后的话语不管其种类与形式如何,无不限定在此框架之内,或者说,任何话语形式朝构成要素方向的心理转换(即分析话语产生的要素来源)都落在这个框架内。

每一个言语行为都会传递一个意图信息结构。语言交际活动涉及的各种各样的交际意图按功能总体上可分为请求类、告知类、承诺类、表情类、宣告类五类,而每一类又可以继续细分。但对事物的研究需要层层深入,正如对分子的进一步分析使我们明白了分子由原子组成。同样,要研究交际意图对语言交际的作用,就必须对它们进行分解分析。

对交际意图分解分析是可能的,因为交际意图是大脑对各种因素进行加工的结果,找到这些因素就可以了解意图的认知结构。而且人类在形成某一交际意图后、传递该交际意图前,发话人往往会对交际意图所涉及的各种因素、意图传递的出发点、效果等有意识或无意识地进行考虑,以顺利产出某一适当的话语。因此,分解分析交际意图,了解其认知结构是非常有意义的。

本著述在第四章讨论过交际意图的认知结构,认为交际意图的认知结构主要由六部分组成:

发话人+[意向]+受话人+[意向内容]+时间+地点

其中,"意向"表明交际意图的总的需要类别,表明发话人通过言语行为作用受话人的方式,即发话人想运用言语交际行为对说话人做什么,也就是"以言行事"中的具体行什么类别的事。"意向内容"是"以言行事"中行事的具体内容,不同"意向"间的"意向内容"有很大的区别,如"谢谢你的帮助!"表达的是"致谢"意向,其"意向内容"是感谢受话人的帮助。

下面我们具体谈论一下请求类、告知类、承诺类、表情类、宣告类交际意图的认知结构:

◇请求类交际意图的认知结构

请求类交际意图是发话人请求受话人实施某种具体行为。如"你马上开车来接我。"所传达的就是请求类交际意图:发话人请求受话人马上开车来接发话人。

发话人在接受刺激并产生请求类交际意图时,他的大脑总会有意识或无意识地对如下因素进行加工:发话人向谁请求,请求什么,什么时间,什么地点,请求的原因是什么。从这些分析中不难看出,这些因素实际上形成了请求类交际意图的普遍构成要素:请求者、请求意向行为、被请求者、请求内容、请求事件的时间、请求事件的地点、请求原因。其中,请求内容为事件 X,该事件的行为主体是受话人,其余的信息需要从具体请求内容中才能得知。因此,我们可以将请求类交际意图的认知结构用公式表示如下:

请求类交际意图＝请求者(发话人)＋请求意向＋被请求者(受话人)＋请求内容＋时间＋地点＋原因

其中,请求内容＝行为主体(受话人)＋行为 X＋时间＋地点＋方式。

◇告知类交际意图的认知结构

告知类交际意图是发话者告知受话人某条信息。如"由于天气原因,飞机推迟两小时起飞。"所传达的就是告知类交际意图:告知各位乘客飞机起飞推迟了。

发话人在接受刺激并产生告知类交际意图时,他的大脑总会有意识或无意识地对如下因素进行加工:发话人告知谁,告知什么信息,什么时间,什么地点,告知原因。而这些因素实际上形成了告知类交际意图的普遍构成要素:告知者、告知意向行为、被告知者、告知信息、告知事件的时间、告知事件的地点、告知原因。其中告知信息可以分成两类:一类是判断,一类是事件。因此,我们可以将告知类交际意图的认知结构用公式表示如下：

告知类交际意图＝告知者(发话人)＋告知意向＋被告知者(受话人)＋告知信息＋时间＋地点＋原因

其中,告知信息＝事件 X,或告知信息＝实体 S 的属性 Y 是什么。

◇承诺类交际意图的认知结构

承诺类交际意图就是在言语交际中,发话人向受话人单方承诺或发话人与受话人双方约定未来做某事。如"我明天一定参加。"所传达的就是承诺类交际意图:承诺明天参加。

发话人在接受刺激并产生承诺类交际意图时,他的大脑总会有意识或无意识地对如下因素进行加工:谁向谁承诺,承诺什么,什么时间,什么地点,如何承诺的。而这些因素实际上形成了承诺类交际意图的普遍构成要素:承诺者、承诺意向行为、承诺对象、承诺事项、承诺事件的时间、承诺事件的地点、承诺的方式。因此,我们可以将承诺类交际意图的认知结构用公式表示如下:

承诺类交际意图＝承诺者(发话人)＋承诺意向行为＋承诺对象(受话人)＋承诺事项＋承诺事件的时间＋承诺事件的地点＋承诺方式

其中,承诺事项＝行为主体(发话人,或发话人和受话人)＋行为 X＋时间＋地点＋方式。

◇表情类交际意图的认知结构

表情类交际意图是发话人在交际中对某种情形反应时的意图,是为了表达自己的情感和情绪,包括:道歉、抱怨、感谢、祝贺、同情、责备、问候、吹嘘和告别等。如"我来晚了。"所传达的就是致歉交际意图。

由于在言语交际中需要表达的感情种类非常繁多,表情类交际意图的种类很多,并且不同类别的表情类交际意图之间的差别也很大,这里选取致谢交际意图为代表进行分析。

致谢交际意图是指发话者向受话人表达致谢之情的意图。发话人在接受刺激并产生致谢交际意图时,他的大脑总会有意识或无意识地对如下因素进行加工:谁感谢谁,感谢什么,什么时间,什么地点。而这些因素实际上形成了致谢交际意图的普遍构成要素:致谢者、致谢意向行为、受谢者、致谢原因、致谢事件的时间、致谢事件的地点、致谢方式。其中致谢原因是受话人曾经做过的某件事。因此,我们可以将致谢交际意图的认知结构用公式表示如下:

致谢交际意图＝致谢者(发话人)＋致谢意向行为＋受谢者(受话人)＋致谢原因(事件 X)＋致谢事件的时间＋致谢事件的地点＋致谢方式

其中,致谢原因＝行为主体(受话人)＋事件 X＋时间＋地点＋方式

◇宣告类交际意图的认知结构

宣告类交际意图是指拥有特殊权力的发话者向受话人宣告某事而使这个事态得以存在的意图。如,毛主席于 1949 年 10 月 1 日在天安门城楼上向全世界庄严宣告"中华人民共和国成立了!"

拥有特殊权力的发话人在接受刺激,并产生宣告类交际意图时,他的大脑总会有意识或无意识地对如下因素进行加工:向谁宣告,宣告什么,什么时间,什么地点。而这些因素实际上形成了宣告交际意图的普遍构成要素:宣告人、宣告意向行为、受告人、宣告内容、宣告事件的时间、宣告事件的地点。因此,我们可以将宣告类交际意图的认知结构用公式表示如下:

宣告类交际意图＝宣告人(发话人)＋宣告意向行为＋受告人(受话人)＋宣告内容＋宣告事件的时间＋宣告事件的地点

其中,宣告内容为事件 X。

(2) 交际意图构成要素的言语化。

交际意图控制与指导话语的产生,其中意图认知结构起主导作用。交际意图的传递过程就是在交际意图的控制和指导下说出话语的过程。

发话人在形成了交际意图之后,需要决定"说什么"来传达自己的交际意图。这一过程就是交际意图构成要素的言语化。按理说,交际意图的认知结构的所有信息都需要向受话人传达,但发话人考虑到受话人具有非常高的语言智能,拟传达的交际意图中那些"不言自明"的信息一概不说,因为受话人能够自己从语境中获得。那些"一点就懂"的信息也是"点到为止",只向受话人提供一定的"推理线索",让受话人通过相应的知识进行推理。不过发话人采取不同的语用策略,是交际意图明示还是交际意图暗示,其交际意图构成要素的言语化的情况也有所不同。

◇交际意图明示

发话人在采取交际意图明示语用策略时,往往以交际意图的认知结构为基础,考虑语境信息,来思考拟说话语。如祝贺交际意图的认知结构为:祝贺人(发话人)＋祝贺意向＋受贺人(受话人)＋祝贺原因＋时间＋地点,在思考祝贺交际

意图的言语化时,考虑到语境信息,祝贺类交际意图的认知结构中的很多构成要素都可以省略,如"我祝你生日快乐!"就省略了祝贺的时间、地点,因为由于语境的存在,这些不言自明;又如"生日快乐!"更是省略了祝贺人、受贺人,因为这些信息也可以从语境中获得,并且由于"生日快乐"是常用的祝贺语,祝贺意向也可以从这里推理出,因而也省略了;再如发话人在祝贺朋友生日时只说"祝贺",这里只表达祝贺意向,因为祝贺原因在这里也是双方共知的信息,也可以省略。

根据上面的分析可知,发话人在采取交际意图明示语用策略时,话语就是交际意图的部分构成要素的言语化。正因为如此,印四海指出:"说话时,根据意图基体考虑语境信息,排除双方互明的语境构成信息,同时考虑交际对象的正常认知能力,省略推理假设(也是意图基体某一或某些要素),将剩下的要素言语化,说出他必须说出的话语。"[103]25 他接着提出交际意图构成要素言语化的规律可以用下列公式来概括:

$$话语＝意图基体－语境构成信息－推理假设$$

但根据本著述对语境的定义,推理假设也是语境(包括现场语境、上下文语境、背景语境)的构成内容,是背景语境知识,因而本著述将交际意图构成要素言语化的规律概括成下列公式:

$$拟说话语＝交际意图的构成信息－语境构成信息$$

人们在交际中,真实的话语是在拟说话语基础上,常常考虑许多别的因素,如礼貌、话语效果、情感等。如拟说话语"开门",考虑到礼貌因素,最终真实的话语可能为"麻烦你开下门,好不好?"

◇交际意图暗示

发话人在采取交际意图暗示语用策略时,往往只提供与交际意图相关联的"线索",让受话人自己根据所提供的"线索"进行推理,最终得出发话人的交际意图。如:正在炒菜的妻子 A 对经过身边的丈夫 B 说"没油了。"丈夫 B 马上找出桶装油,给油壶添满了油。

在这个例子中,妻子 A 想要传达的交际意图是请求类交际意图:她请丈夫把油壶添满油。前面我们讨论过,请求类交际意图＝请求者(发话人)＋请求意向＋被请求者(受话人)＋请求内容＋时间＋地点＋原因,在该意图中,意图的意向是请求意向,请求者是妻子 A,被请求者是丈夫 B,请求内容是"给油壶添满油",时间是"现在"(说话的当时),地点是厨房。请求内容是事件"添油",该事件的行为主体是丈夫 B,该事件的时间也是"现在"(说话的当时),地点也是厨房。也就是,妻子 A 想传达的交际意图的内容包括上面的所有信息。

但妻子 A 之所以最终只说了句"没油了",是因为她深知:根据语境,她在向丈夫 B 说话,所以"请求者是她自己","被请求者是丈夫 B",不言自明,不需要啰嗦。同样,说话的时间就是请求的时间,说话的地点也就是请求的地点,这是常识,就是背景语境知识,肯定不要说明;根据现场语境,她正忙于炒菜,腾不出手,也没时间去添油,丈夫 B 肯定看到了,因而请求的原因也不用再说了。那就只剩下请求内容了,因此只要她表明这是一个请求意图,并告知请求内容,就可以完全表达清楚。

如何表达"请丈夫马上给油壶添油"呢? 妻子 A 选择的是告知言语行为。通过描述交际现场的存在现象或发生的事件,让受话人调用背景知识的常识行为知识——"在该种情形下应该如何做",通过语用推理得出发话人的交际意图。于是妻子 A 决定描述"灶台上的油壶里没油了"。她认为,当丈夫 B 听到该事件并看到她正忙于炒菜,应该会进行如下推理:妻子正忙于炒菜,还有菜没炒完,炒菜要放油,油壶没油了,炒下一道菜时会很麻烦,而"我"现在正好有空,应该帮妻子做好准备工作,以便她炒下一道菜,"我"应该立刻给油壶添满油。因而,"我"应该找到家中的桶装油,然后给油壶添满油。

那么,如何描述"灶台上的油壶里没油了"呢? 妻子 A 进一步考虑到:"油壶在灶台上"是现场语境,不用说明,因而只需说"油壶没油了"就可以。妻子 A 又进一步考虑到:在家中的厨房里,提到"油"的最佳关联是"食用油",并且是家中最常吃的那种植物油,如果要表达其他的"油"则必须特别说明,这也是背景知识,因而根本没必要说"没植物油",用"没油"来表达就可以了。自此,妻子 A 认为只需说"油壶没油了"就可以了。妻子 A 又意识到,油肯定装在油壶中,这是常识,也不用说明,因而只需说"没油了"就可以了。也许妻子 A 还会再从受话人的角度检查一下,看看自己给出的"线索"是不是完全足以让受话人推理出自己的交际意图,发现没问题后,最终决定只说"没油了"。

根据上面的分析可知,发话人在采取交际意图暗示语用策略时,交际意图构成要素言语化往往有两种方式:

一种是以该言语行为的意图的构成信息为基础,省略语境要素,将剩下的要素言语化,组成他必须说出的话语。但受话人需要根据话语经过语用推理才能得知发话人的交际意图。

还有一种则采用另一种言语行为来间接实现交际意图,拟说话语就以该间接言语行为的意图的构成信息为基础,省略语境要素,将剩下的要素言语化,组成他必须说出的话语。

5.2.3 表达内容语序安排

当发话人考虑好"说什么"以后,他就要考虑"如何说"这个问题。表达内容语序安排就是要解决表达内容的线性化问题:决定先说什么,后说什么,等等。在表达内容语序安排中主要需要考虑主题、自然顺序、信息焦点、语用等因素。

(1)主题。

汉语是典型的主题突出型语言,中国人在会话中自觉或不自觉地突出主题。正因为汉语是主题突出的语言,因而汉语除了具备与其他语言一样的主谓语法关系外,它还包括主题和述题成分。主题是听、说双方所谈论的话题,它常位于句首;述题是话题的具体内容,是新信息。另外,主题省略也是汉语的特征之一,主题不像主语那样与句中动词存在必选关系,主题贯穿整个对话中,是对话中的焦点,是话语中心。

等发话人已经选择了他要表达的信息,以后他就会采取各种手段来吸引受话人的注意。发话人往往会把指称主题化,把信息所涉及的指称标识为话语的主题。如果说话人想告诉别人一些他妹妹的消息,他会说:"小雪考上了研究生。"在这里,"小雪"是主题,说话人请听话人把"考上了研究生"这个信息存放在其工作记忆中"小雪"的地址里。这可以表示为:如果目标是让听话人把信息放进 X 的地址里,那么就赋予 X 以主题的地位。

这就是话语的主题结构。句子的主题结构牵涉到三个方面的问题:

①主语和谓语的问题。主语是说话人所要说的东西及陈述的对象。谓语是对主语的陈述,说明主语是什么或者干什么。从语言使用的心理过程来看,主语是储存在记忆中的主体。如"小雪有一辆车"是储存在记忆里一件关于小雪的事实,而"那辆车是小雪的",却是一件关于车的事实。

②已知信息和新信息的问题。一般是已知信息在前,新信息在后,如"小雪考上了研究生"。这里"小雪"是已知信息。但在会话时,次序往往有可能发生改变,如:

A：谁考上了研究生？

B：小雪考上了研究生。

这里"小雪"是新信息。要恰当地使用已知信息和新信息，发话人必须估量受话人有哪些信息是已知的，有哪些是未知的。人们在对话时，仿佛在心里把对方的信息编成一本词典，不断把新的信息加进去。到编制句子的时候，人们就会查阅词典，看看有哪些信息已经储存在词典里，然后决定在主题结构里安排已知信息和新信息。

③框架和嵌入的问题。框架和嵌入规定了话语的结构和内容。如发话人准备应用表处置的把字句时，就肯定需要调用把字句的句法框架：施事＋把＋受事＋怎样处置，然后根据自己的表达需要，把相应的内容嵌入其中就可以了。

主题化前置在汉语中引起的语序变化更为常见。如：

那场大火多亏消防队来得快。

这里，"那场大火"是主题，所以被放置在句子的最前面。主题不仅对单句的语序安排有很大的影响，还会对语篇的顺序结构产生影响。在语篇连续表达中，语序还往往受到具体语境中语篇连贯性的支配。因为在语篇汇总时，话语不是杂乱无章地从一个话题跳到另一个话题，而总是以某一个话题的连贯性原则为规律合理地展开。如：

司徒雷登是一个在中国出生的美国人……，颇能迷惑一部分中国人，因此被马歇尔看中。（毛泽东《别了，司徒雷登》）

这篇文章以"司徒雷登"为叙述角度（主题），所以画线部分不宜改成"因此马歇尔看中了他。"

（2）自然顺序。

发话人在说话前，都要考虑对表达信息进行排列和安排。表达信息的不同排列会产生不同的表达效果，如：

a.小雪结婚了，然后怀孕了。

b.小雪怀孕了，然后结婚了。

这里 a、b 两句的命题都是一样的，但不同的排列使这两句表达意义相去甚远。

在安排表达信息的语序时，一般需要遵循自然次序原则，即按照信息内容的自然次序来安排要表达的信息。就事件结构而言，事件的发生时间是它的自然的次序。除非说话人特别说明，交谈者都假定对方所提及的次序是时间次序。

该原则体现在语言上表现为语言形象性(iconicity)。时间指示和空间指示是语言选择锚定于物理世界的两种最明显的方式,世界是时间和空间的合一,语言作为反映世界的一面镜子自然映照着时间和空间两个基本的概念,语言选择中的线性顺序安排与客观世界的时空匹配,表现出形象性语序。

◇时间顺序

汉语句中的信息语序排列都与它们在概念世界里所表示的事件的时间顺序相同。如果改变顺序,则要么意思有变,要么逻辑不通。时间顺序原则在汉语中有很高的解释价值,管辖着大多数可以定出的句法范畴的语序表现,因此可以把它看成一条总的句法限制。如:

我骑车上街买菜。

这里"骑车上街买菜"说明是先骑车,然后再上街,上街后再买菜,符合客观世界中事件的发生时间顺序。反过来,"买菜上街骑车"则不合逻辑。

◇空间顺序

从很多方面来看,空间概念是人类思维的核心。自然界中基本的相对空间位置有上下、前后、左右、里外和远近等。一般而言,空间事物的描写顺序受人的基于身体经验的认知的制约和影响,而且多以人的视觉感知为基础。这种感知自然反映在语言成分的排列次序,即语序上面。就空间顺序而言,汉语基本上呈现出"上—下""大—小""近—远"和"整体—部分"等顺序。如:

石像的整个姿态应该怎样,面目应该怎样,小到一个手指应该怎样,细到一根头发应该怎样,他都想好了。(叶圣陶)

在这里,作者采用了"由大空间到小空间"的顺序来安排语序:整个姿态—面目—手指—头发。

在线性空间中,说话人在提取路径信息时,往往选择最短的和最容易走的路线到达目的地。也就是说人们在说话时都遵循这种从起点到终点的空间连接路线,如"小雪从北京飞到宁波了。"

这一"由近到远"的顺序还可以进一步引申到概念空间中。只要有可能,就选择那个和当前的节点有直接联系(最近)的节点作为下一个描述的节点。如当发话人要列举他的亲戚时,只要有可能的话,他会把和最后提到的那个人有直接关系的人作为下一个描述的人,从"我"到"父母",到"叔父",到"叔母",到"堂兄弟",而不会从"父母"直接到"堂兄弟"。

（3）信息焦点。

言语行为实际上是信息传递过程：每句话就是一个信息片段，在每个片段内部或多个片段之间，都可以分出已知和未知两种信息。已知信息指出现过的，或根据语境可以推断的成分；未知信息也称新信息，指言语活动中尚未出现，或者难以根据语境断定的成分。由于受话人必须以已知信息为基础才能了解新信息，否则交际就无法进行，所以一般情况下，已知信息在新信息之前出现，形成由已知向未知过渡分布的趋势。这种分布按交际价值的大小线性排列，最后一个信息片段往往是新信息中最重要的部分，即信息中心。信息中心通常放在句尾，也称为句尾焦点。利奇指出："从信息角度看，句尾是最重要的。句尾在信息结构中具有强调功能。"[104]88 如：

a. 来客人了。

b. 客人来了。

a 句中，由于"客人来"是新信息，这里的客人对于受话人来说就是新信息，因而不知道"客人"是谁，要通过现场语境才能得知。而在 b 句中，"客人"是已知信息，受话人知道"客人"是谁，得知的新信息是这些客人"来了"。

（4）语用。

汉语句子中各成分的语序既有规律的一面，也有灵活的一面。一方面，由于受到语法规则的制约，一些共现项的语序受到了某些规则的制约，如一般是"主语＋谓语＋宾语"；但另一方面，共现项的语序又能违反这个规律，同样的共现项有不同的排列顺序，产生了不同的语序结构，这是它灵活性的一面。如"我吃饭了。"又可以说成"饭我吃了。""我，饭吃了。"其实，语序灵活性的表现受到各种语用因素的影响。

话语意义与语序有着密不可分的关系。这样的语序表达的是这样的话语意义，那样的语序表达的就可能是那样的话语意义。一旦选定了某种语序，必定是要强调什么或突出什么。如：

a."你放着吧，祥林嫂！"四婶慌忙大声说。（鲁迅《祝福》）

b."祥林嫂，你放着吧！"四婶慌忙大声说。

a 句表现出四婶怕祥林嫂的卑贱身份玷污了祭祀的神器，侮辱了神灵的急迫心情，如换成 b 句的说法，就体现不出四婶的急迫心情，与后面的"慌忙大声说"也不相协调。

不同的语境说不同的话,不同的话适用于不同的语境,不同的语序在具体语境中的表达效果往往也大有不同。由于语序具有灵活性,就使表达有了相应的选择性,有时甚至有了可以超越常规的选择的可能。如:

a. 她一手提着竹篮,内有一个破碗,空的。(鲁迅《祝福》)

b. 她一手提着竹篮,内有一个空的破碗。

a 句中"空的"两个字放在后边,凸显出祥林嫂命运的悲惨,连这么一个"破碗"都是"空的",她还会有什么呢? 同时也透露出作者对她的无限的同情。如果换用 b 句,就变成一种客观的陈述,表现不出作者强烈的爱憎情感。

5.3 非言语行动规划

5.3.1 非言语行为在言语交际中的作用

非言语交际是指通过非言语范畴的方法来传达信息的过程,包括使用语言和文字以外的一切传达信息的方式,如身势行为、手势行为、目光语行为、交谈时的身体距离、沉默语行为、声音、语调、音量、绘画、图像、衣着打扮和人体姿态等。

其实人际间的交流是通过两种形式进行的——言语行为和非言语行为。非言语行为也是交际中极重要的一种形式,正如戴维·阿伯克龙比(David Abercrombie)所指出的"我们用发音器官说话,但我们用整个身体交谈"。[105][99]

在言语交际中,有时候人们的非言语行为是无意识的,至少是自发的、未经演练的;有时候人们又会有意识地做出一些非言语行为来传达特定信息。不管非言语行为是自发产生还是有意为之,都会在言语交际中起到重要的作用。言语行为是建筑社会交往的基石,但非言语行为也是不可或缺的交际形式,它在人类交往过程中具有言语行为所不可替代的作用,两者相辅相成,共同完成交际过程,从而实现交际的最终目的。

(1)为交际意图的传达提供信息。

发话人的非言语行为是现场语境的重要组成部分,发话人的手势、目光焦点为话语中的词语的具体指称意义的确定提供线索。发话人的外表,如外貌、妆容、发型、服饰等,也可直接影响到交际角色的选择,譬如身着职业装(医生、警察等)。

（2）可以透露真实感情信息。

同口头语言相比，非言语行为的真实性要更高一些。"言不由衷"对于人类来说并非难事，但没有经过相关专门训练的人做出与自己真实想法相悖的非言语行为，却不是件容易的事。例如，在交谈过程中，一个人总对另一个人说"您讲得太好了，太有启发性了"，但另一方脸上流露出不屑的表情并摆出防御性姿势，这说明他的真实情感是负面的、否定的。

（3）控制和影响交际过程。

在交际中，一方注视他人的方式、不对等触摸行为的发起、面部表情的数量、动作的放松程度以及使用非言语行为的灵活性等，都能反映谁在交际活动中拥有支配权和处在强势地位。如在"劝告"活动中，恰当地使用非言语行为能够增强说服力，这样的非言语行为策略包括：增加注视对方的时间长度，多微笑、多点头，更多地使用手势，更丰富的面部表情，正对对方的身体朝向，更近的距离，主动触摸对方，语速比平时略快、音量稍高、停顿更短，等等。另外，非言语行为主要是身体动作和副语言构成了结束交际活动的主要机制。

尽管非言语行为传输的信息量极大，但我们也要清醒地认识到，非言语行为只能在一定的语境中才能表达明确的含义，而且一种非言语行为只有与言语行为或其他非言语行为配合，才能提供明确的信息。换句话说，交际的主要意图要通过言语手段来实现，而非言语行为则为交际的顺利进行提供必要的交际情景和强化、补充手段。

5.3.2　非言语行为的类别

非言语行为包含下面几种：身体动作/身势行为、触摸、外表与饰品、副语言、空间语、时间语、环境因素。[106]

（1）身体动作/身势行为。

身体动作通常包括手势、头、躯干和四肢的动作，面部表情，眼部行为和姿势，它们可以划分为：①符号性行为，指的是能直接翻译成"言词"的行为，可以完全取代"言词"而不改变其含义。如在汉文化中"点头"表示"是"而"摇头"表示"不"。但同一种"符号性行为"在不同文化中往往代表不同的含义，如在印度"摇头"表示"是"。②说明性行为，指的是伴随"说话"过程，用来解释说明所说的"言词"的行为。例如，强调某些词语或句子的手势，或是用手指向说话者提及的物品,等等。③调校性行为,指的是用来控制交谈内容和过程的行为。最常见的这类行为是交谈过程中的点头和目光交流。调校性行为大多都是无意识的,而且是难以抑制的,但是人们往往对他人发出的"调校性"信号十分敏感。④情感展示性行为,指的是揭示当事人感情、情绪的行为,可能是有意的,也可能是无意的,但在大多数情况下是无意的。⑤适应性行为,指的是原本为了满足生理或情感需求而产生的行为,随着时间的推移演变成下意识的习惯。

(2)触摸。

触摸行为有多种:轻拍、拳打、抚摸、摇晃、亲吻、拥抱等,根据触摸行为传达的信息将它分为:功能性——职业性触摸,社交性——礼貌性触摸,友谊性——温暖性触摸,爱情——亲密性触摸等。

(3)外表与饰品。

外表指的是在传播过程中相对不变的东西,包括身高、体重、体型、头发、肤色、体味等;饰品包括香水、衣服、口红、眼镜、假发及其他发饰、假睫毛、眼线以及全部美容用品等。

(4)副语言。

副语言指的是说话的言语内容之外的声音要素。换言之,副语言指的是"怎么说"而非"说什么",如音高控制、节奏控制以及发声强度、音高和速度等。

(5)空间语。

空间语研究的是人们对空间的使用和认知,空间包括领地和个人空间。人类的领地常被界定为一个人或一群人同某个地方的持续联系;而个人空间则被认为是一个环绕并跟随每个人的、能够扩大或缩小的"气泡"。这个"气泡"的大小会受到环境、交流各方的关系以及每个人的年龄、性别、社会地位和文化背景等因素的影响。

(6)时间语。

时间语研究的是人们对时间的认知、理解、构造和反应。人们对时间的认知通常有生理的、心理的和文化的三个层次:生理反应由人体内的生物钟决定;人们对时间的心理认知可以分为过去导向型、时间线导向型、现在导向型和未来导向型四类。人们对于时间文化层面的认知集中于不同文化中的个体如何看待时间以及某种特定文化使用时间的模式。

(7)环境因素。

环境因素指的是影响人类关系但并非人类关系的因素,包括家具、建筑风格、内部装修、灯光、气味、颜色、温度、噪音等。

5.3.3 非言语行为的优选

其实,人们在很小的时候就会选择恰当的非言语行为来达到自己的表达目的,如小孩一边在地上打滚,一边哭着喊"我要买玩具! 要买玩具!"长大后,我们对非言语行为的选择更是"炉火纯青",如为了表示对他人的友好,我们脸上立马堆满笑容,大步流星主动迎上去,伸出双手去握手,甚至来个大大的拥抱,配合着语言"想死你了!",对方不想被感动都难。甚至,因为表达需要,我们会在完全不同的两种表情中进行高难度的切换,如在一个视频中,一个身着职业装的小姐姐,因家中有伤心事正在伤心流泪,但一听到电话铃响起,知道有工作业务来了,立马抹掉眼泪,在一瞬间整理好表情,脸上立马绽放出灿烂的笑容,拿起电话用非常温柔的声音问道:"请问有什么可以帮您?"

由于言语交际非常频繁,一般情况下,不会那么费心地选择自己的非言语行为,而且也没必要。发话人往往根据以往的经验和习惯来选择自己的非言语行为,表现为似乎未经思索就非常熟练、自然地表现出来了。

但如果拟实施的言语交际行为对发话人具有非凡的意义,如求职面试、相亲、表白、求婚等,那发话人不仅会认真考虑自己的言语规划——准备说什么,往往还会仔细考虑、选择自己的非言语行为——准备怎样表现。如根据自己的交际目的,选择什么样的面部表情、手势、身体姿态、交谈距离、衣着等。发话人甚至会在实施前反复演练。

限于篇幅,这里不展开讨论具体的非言语行为选择细节。我们只讨论非言语行为选择中的两种总体策略:和谐与冲突。

(1)和谐。

通常,我们在进行言语交际时,非言语行为会与言语行为所传递的信息保持一致,亦即达到和谐,这样交际才能顺利地进行下去。例如,当中国人说"我已经吃饱了"时,常常很自然地用手拍拍自己的肚子。又如说"太感谢了"时,往往会身体前倾,甚至是鞠躬。

相伴随的所有非言语行为都应与言语行为传递的信息保持一致。由于与言语行为相伴随的非言语行为往往不止一种,如当一个人非常惊奇地说"是吗!"

时,相伴随的非言语行为可能有:双目瞪大,嘴微微张开的状态,脸部表情暂时凝固,头部或上身略微前倾,音调发生骤变,等等。这些非言语行为中的某一非言语行为背离了与言语保持和谐的原则,交际对方就可能对所接受到的言语信息产生怀疑,或感到迷惑不解。所以,在进行非言语行为的优选时要保持非言语行为与言语行为的和谐,还应保证每一非言语渠道所传递的信息彼此间不发生冲突,并最终与言语信息协调起来,这样才能取得最佳的表达效果。

(2)冲突。

虽然在日常交际中,我们通常会保持非言语行为与言语的和谐一致,但这也并不是说非言语行为与言语的冲突只会对交际产生负面影响。实际上,我们时常会有意识地利用两者的冲突关系以获得某种特殊的交际效果,如开玩笑、讥讽、说反话等。此时这些特殊交际效果的获得就往往需要"不和谐"的非言语行为与言语相搭配,包含正面意义的语句,配以愉悦的面部表情会给人一种积极、真诚的感觉,甚至会表现出某种自豪感;而用愉悦的面部表情去搭配包含负面意义的语句,则会被看作是极不真诚的。同样,用含有正面意义的语句与愤怒的面部表情相搭配,就能获得"讥讽"的效果。

交际者经过语言行为规划和非言语行为规划后,就形成一个比较完整的交际行为规划。如教师要教四岁儿童"水"这个词,首先需要考虑到交际对象的文化背景、受教育程度、语言能力、认知能力等语境信息,然后选择适当的语言行为及非言语行为。教师要考虑到交际对象为四岁儿童,其语言理解能力比较弱,因而不能照本宣科地说"水是透明无色无味的液体",而要选择用实体的杯子里的水,或选择把交际对象的手放在水龙头下面,让学生体验从水龙头喷涌而出的凉凉的液体,同时,在旁边反复念叨"水"这个字,这样学生通过自身感受和体验,理解了这种流动的无色的凉凉的液体为"水",教师也就能成功地实现自己的交际意图。

5.4 言语行为实施

5.4.1 发音

我们一旦把思想组织为言语计划后,这些信息就必须从大脑传递到言语系统里的肌肉,以执行必须的动作,产生所要说的声音。

(1)发音肌肉的三个系统。

言语的流利发音需要大量的肌肉协调活动,这些肌肉分布在三个系统里:呼吸系统、喉部系统和声道系统。①呼吸系统调节从肺部输往声道的气流。这是通过靠近肋骨架的几根肌肉来完成的。它们起着提高和扩大肋骨架的作用。②喉部系统由声带组成,它在喉咙里有两条肌肉组织,可以进行震动。这个系统负责产生清音和浊音。在喉区附近和里面的肌肉通过操纵声带的长度、厚度和拉力来产生变化。③声道系统包括喉部以上的各种器官:舌、齿、颚、软腭。这些器官通过操纵口腔的大小和形状对言语产生重要的作用。

(2)言语的肌动控制。

言语的肌动控制从大脑的肌动命令开始,我们在编制话语的言语计划时,负责言语产生的大脑结构就向呼吸、喉部和声道系统的肌肉发出信息。一般认为对言语肌肉的肌动命令都是一些要发音器官移动到某一位置的命令。肌动命令可以设想为一些指定声道的一系列目标位置的命令。

任何声音的声道形状经常会和周围声音的形状相适应。当声音一个一个地发生时,它们都可以达到目标。当声音接连发出时,它们所在的语音环境瞬时发生变化,发音器官在准备发下一个音时,它们还没有到达预定的位置,这时发音器官要达到一系列快速变化的目标时有距离,特别是涉及相抵触的动作时,就会发生发音低于目标的情况。这时就会发生"语流音变现象"。

(3)言语计划和言语产生周期。

很多研究都指出我们是在交替地制订言语计划和执行言语计划。我们在说话中间需要停顿的一个基本原因是,制订言语计划对认知有较高的要求,而且很难一次就制订整段话语,我们需要时间来制订下一步的言语计划。虽然制订计划有较高要求,但计划一旦制订以后,执行起来却轻而易举。

我们往往意识不到发音器官的活动。肯珀和霍恩坎普(Kempen & Hoenkamp)提出一个"递增处理"的概念:我们可以把一个句子看成一系列单位,那么我们在说出 X 单位以前要计划好 X 单位。[107]子句、短语、词、音节、语数都可以是发音器官处理的单位。我们在言语的不同阶段都有可能把他们作为处理单位,言语产生的单位部分取决于处理特定信息所需的资源量。从递增处理的角度看,我们的言语不经过一些并行处理,很难达到流利。流利的言语间歇都是比较短的,这就说明并行模型的递增处理更有说服力。

(4)发音程序的编制和执行。

弗罗姆金认为编制发音程序有六个重要步骤[108]:

生成一个要传递的意义。首先产生一个拟准备传递的意义。但由于对概念信息的形式所知不多,很难规定意义是什么样子的,以及怎样组成的。

把信息映像到句子结构。对信息建立一个句子的轮廓。语义特征或这些特征群能够在以后映现到这些结构里。这个阶段会产生词语语义的替换和融合,词和短语也可以互换。

在句子表征的基础上生成语调轮廓。词汇选择之前还必须赋予语调轮廓,因为在句法上决定的主重音、语调轮廓和词汇重音都是互相独立的,而且处于不同的节奏层次。

从词汇里选择词语。现在信息已经表示为句子结构,并已规定好语义和句法特征,句子重音和短语重音。在语义特征和句法范畴的基础上,就必须选择好词语。在这个阶段会发生组合形式的互换和声音互换,也会发生词和语素的移动。

规定语音。语音规定至此才做出,需要使用到拼音规则,产生充分规定好的音节作为输出。这个阶段会发生语音的调节,以及简单和复杂的声音省略。

生成言语的肌动命令。把捆绑好的语音特征映现为肌动命令,传递到声道的肌肉以便产生所要说的话语。"绕口令"失误的现象就在这个阶段发生。

5.4.2 自我监察

人们在说话出现失误以后,往往会马上纠正这些失误,这说明言语行为存在自我检查,检查的结果是改正,所以可以称之为自我监察。言语行为的自我监察包括三个部分:首先是我们发现失误以后,自行打断说话;其次是我们通常说一些表示正在编辑的插入语;最后是纠正话语。

(1)自行打断。

人们发现自己的表达失误以后,会自行打断自己的说话。发现失误后自我打断的时间取决于两种互相抗衡的力量。一方面我们有一种马上纠正失误的强烈要求。另一方面,我们又想说完正在说的词语,其结果是大多数的打断都是在失误后的第一个词的边界。如"应该放在左手边,哦,不,是你的右手边。"

（2）编辑语。

人们发现自己的表达失误，自行打断自己的说话以后，就会说一些表示正在进行编辑的插入语，如"哦""呃，对不起""我的意思是……"等。编辑语的使用告诉了我们说话人在做什么。

如"我记得是昨天夜里，呃，十一点半，来的。"，这里的"呃"表明说话人的停顿是试图回忆更加准确的时间，以修正前面的内容。

又如"我也想考研，我是说，毕业以后"，这里的"我是说"表明说话人意识到前面的话语会使人误以为他也想现在考研，所以马上进行了修正。

（3）自我纠正。

经过自我打断和编辑语以后，就是自我纠正。勒维尔特提出了三种类型的纠正[100]：

即时纠正。说话人回溯到一个有问题的词，然后用正确的词来代替，如："老王去北京，呃，上海，开会去了。"

提前回溯。说话人回溯到失误前的某一点，如："老王去北京，呃，去上海，开会去了。"

重新开始。说话人放弃了原来的句子结构，重新再来，如："老王去北京开会去了，哦，是到上海开学术会议。"

6 交际意图识别过程

6.1 对言语交际事件的感知

从前面的讨论中我们知道,在言语交际实施前,当发话人产生了交际意图后,会首先进行表达语境构建,然后开始规划言语交际行为和非言语交际行为,当这一切准备好后,发话人就要实施言语交际行为来传达交际意图了。在言语交际中,受话人又是如何识别发话人的交际意图的? 本书认为,交际意图识别过程一般要经过如下一些子过程:①感知言语交际事件;②构建理解语境;③解析话语的字面意义;④如果是意图明示句,则进行交际意图抽取;如果是意图暗示句,则需要进行语用推理。整个交际意图识别过程可以用图 6-1 表示如下。当然受话人识别出交际意图后,还会进一步做出相应的反应行为,由于本章旨在研究简单的言语交际行为的交际意图识别,因而暂不讨论连续多轮的言语交互行为,对于后续的反应行为暂不研究。

图 6-1 交际意图识别过程

本章我们将详细讨论感知言语交际事件、构建理解语境、解析话语的字面意义这三个子过程,而"交际意图抽取"将在第 7 章讨论,"语用推理"放在第 8 章讨论。

6.1.1 言语交际事件

交际意图识别就是理解发话人的话语含义及其意图。那受话人是如何理解出发话人的交际意图的？有人用合作原则的四条准则来解释，有人用关联理论的明示—推理模式来解释，也有人用语言形象性原则等来解释。这些解释都有其合理性的一面，但交际意图识别不是一个封闭在语言内的自治结构系统，而是一个受多种因素制约的、复杂的索解过程，是一个多质的动态全息的开放系统，其研究不能局限于语言的自治结构之中。

交际意图识别是听话者在说话者传递信息的基础上，联系语境推导出说话者的话语含义以及交际意图的过程。交际意图识别的一端连接的是说话者的话语符号，一端连接的是语境，构成反映与被反映的关系，还有一端连接的是推理结果，使交际成为可能。交际意图识别是一个并非处于静态的单质的封闭系统，而是一个不断接受多种异质因素介入的开放系统，是一个涉及语言本身、认知、文化、社会等多因素、多维度的动态过程。

在交际意图识别过程中，受话人所依据的绝不仅仅是发话人的话语、副语言等，而是整个言语交际事件，包括言语交际事件的方方面面。在言语交际中，受话人明明看到（或听到）发话人在与自己进行言语沟通，那么受话人只能采用动态的视角，而绝不会采用静态的视角，来认知当前的情形，即在受话人眼中，当前所发生的言语交际行为就是正在发生的一个言语交际事件。

正因为人们是通过言语交际事件图式来认知言语交际行为的，所以我们可以通过分析言语交际事件来获得受话人眼中的言语交际行为。言语交际事件的基本要素包括：话语、时间、空间、参与者（发话人、受话人）、言语作用，其构成可以用图 6-2 表示。

但言语交际事件的感知方式虽然主要是视觉和听觉，但实际上视觉、听觉、嗅觉、味觉和触觉都参与到了言语交际事件的感知中。

由于话语是言语交际事件中最明显的构成要素，加之人们在研究言语交际时，都一直将研究重点放在话语上，因而，本著述就不详细讨论了。下面我们主要讨论言语交际事件的其他要素。

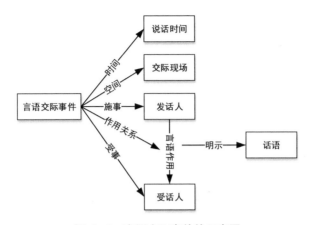

图 6－2   言语交际事件的示意图

6.1.2   言语交际事件的参与者

（1）发话人。

发话人是言语交际事件的施事，无疑是言语交际事件最重要的因素，任何特定的言语行为，都是一种信息交流，都离不开发出言语的主体——发话人。在言语交际中，是发话人创设了交际意图，因而发话人是受话人构建理解语境的决定性要件。一切话语意义的理解必须以此为起点，首先从发话人这里开始。

在言语交际事件中，发话人是一个具体的存在。受话人会采用如图 6－3 所示的认知结构来认知发话人，人的相关信息可以从动态和静态两个角度来分析，静态的角度又分孤立视角和联系视角两种。

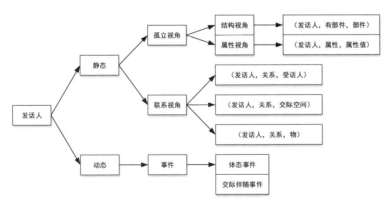

图 6－3   "人"的认知结构示意图

　　从结构视角来看,发话人由头、颈、躯干、四肢构成,而各部分又由相应的部件构成。受话人一见发话人就会从结构视角扫视一下发话人,看看各部分是否正常,如果有任何异常,如受伤,都会引起受话人的高度关注。

　　从属性视角来看,发话人可以看成若干属性的集合。如其生理属性主要有性别、年龄、健康状况、生命状态、精力状态等。其心理属性主要有意识状态、情绪、态度、注意力是否集中等。其社会属性主要包括职业、经济状况。

　　从联系视角来看,发话人与其他实体存在许多关系。其中主要有:

　　发话人与受话人的关系。①社会角色关系。社会角色是指社会规定的用于表现社会地位的模式行为。也就是说,社会角色指的是人所占有的一定社会位置,即在群体结构或社会关系中的某个地位相关联的行为模式。它预定了处于该位置的人言语交际行为的基本准则,角色对语言交际有制约性,话语的选择随着角色的改变而做适当的调整,如不能以"警察—罪犯"的角色对领导说话。现实生活中的人都是多种社会角色的集合体,会因为由于交际对象不同,而成为不同的角色。随着现实时间、空间与交往对象等因素的变化,在话语交际时,人们必须相应地改变心理参考系,选择恰当的社会角色参与交际。②空间关系。两者的空间关系可用两者的拓扑关系、方位关系、距离关系来描述,详见本书前面所讨论的空间关系的章节。发话人是拒人千里之外,还是与受话人近距离接触,甚至是躺在受话人怀里,其意义不言自明。

　　发话人与物品的关系。①所有权关系。这里所说的发话人与相关物品的关系主要是指发话人是否具有交际现场相关物品的所有权,这直接影响交际意义的推理。如母亲听到女儿在家里说"妈,我渴了。",明白女儿的交际意图是要妈妈帮她拿杯喝的;母亲听到女儿在街上的冷饮店前说"妈,我渴了。",明白女儿的交际意图是要妈妈帮她买杯喝的。因为家中的饮料是有所有权的,无须购买,而街上冷饮店的饮料需要购买获得所有权后才能喝。②空间关系。发话人与相关物品的空间位置是否相同,不同的位置调用的常识是不同的,如母亲看到女儿望着桌上的蛋糕说"妈,我想吃蛋糕。",明白女儿的交际意图是要妈妈允许她吃桌上的蛋糕;如果家中没有蛋糕,母亲听到女儿在家里说"妈,我想吃蛋糕。",知道女儿的交际意图是要妈妈帮她从外面买蛋糕。

　　从动态视角来看,发话人在进行一些行为。如①体态事件。它由人体发出的具有表情达意功能的图像性符号构成,是人们在长期的交际中形成的一种约定俗成的自然符号。体态事件又可以进一步细分为表情事件、手势事件和体姿事件。表情事件有皱眉、挑眉、吐舌头、舔嘴唇等；手势事件有举手、搔头、拍胸脯、拍屁股、握手等；体姿事件有伸懒腰、转身、哈腰、鞠躬、磕头、下跪等。②交际伴随事件。交际伴随事件是指在实施言语交际行为的同一时刻，发话人在实施的其他行为，如说话的同时在开车，或在炒菜、打毛衣、看电视、散步等。

（2）受话人。

受话人是支配言语行为的重要因素，也是说话人组织话语、选择表达方式与手段，以实现自己的交际意图时必须考虑的因素。不过，在言语交际事件的感知中，受话人相关信息是自我意识的结果。

受话人与发话人的认知结构完全一样，同样可以从静态、动态两个视角来描述受话人的相关信息。

从结构视角来看，受话人对自身身体的认知，如身体的各部分是否正常，自身各构件的相对位置等。

从属性视角来看，受话人对自身的各种属性状态的认知，比如自己当时的情绪状态如何，对某个对象的态度怎样，自己想干什么等。

从联系视角来看，首先是受话人与发话人的关系，包括受话人与发话人的社会角色关系、空间关系、情感距离。其次是受话人与物品的关系，包括受话人与物品的所有权关系、空间关系。

从动态视角来看，受话人在进行一些行为。如①体态事件。受话人可以通过自身的肢体活动状态的认识感知到的体态事件，同样可以细分为表情事件、手势事件和体姿事件。②交际伴随事件。受话人在言语交际的同时，可能也在实施其他行为，如开车、散步、喝酒等这些交际伴随事件。

6.1.3　言语交际事件的作用关系

辩证唯物主义告诉我们，世界上的物质是普遍联系的，世界上的每一个事物或现象都同其他事物或现象相互联系着，没有绝对孤立的东西。任何事物的运动都是内部结构要素之间或与周围其他事物的相互作用导致的。广义作用关系 A_{t_i} 表示在事件过程时间点 t_i 事件的主要参与对象间或参与对象内的影响关系。这种广义作用关系，也被称为"动作要素"或"事体"，是指事件中主要参与对象间的作用方式，典型的如"张三打李四"。其实作用存在于一切事物的内部或相互之间,如"苹果红了"就是苹果自身内部的作用。

在言语交际中,"言语",也就是"以言行事",就是人与人之间最主要的作用方式。在言语交际中,发话人总是怀着一定的目的(即交际意图),采用恰当的交际策略,通过一定的话语去影响受话人,希望受话人做出他所期盼的反应。如发话人表达"邀请"的交际意图,则希望受话人能接受邀请。

常见的言语交际方式有面对面交流、书信来往、电话、短信、QQ 软件、邮件、微信、钉钉、朋友圈、微博、抖音等,也包括报纸、杂志、广播、会议、文件等。这些言语交际方式也可以从不同的角度对其进行分类:

(1)面对面沟通和非面对面沟通。

根据是否当面交流可以把言语交际方式分为面对面沟通与非面对面沟通。面对面沟通的优点是真实,反馈信息及时,沟通深入,便于消除误会,沟通效率高;其缺点是无记录以致后期难以查证,多人沟通时效率可能较低,一旦陷入僵局回旋余地较小。非面对面沟通的优点是能突破时空的阻碍,沟通便利;其缺点是难以传达微妙的情感,特别复杂的问题不容易说清楚,容易引起误会。

(2)书面沟通和口头沟通。

根据信息媒介可以把言语交际方式分为书面沟通和口头沟通。书面沟通就是用书面形式进行的信息沟通,比如信件、文件等。口头沟通就是运用口头表达所进行的信息沟通,比如谈话、演讲、聊天等。书面沟通的优点是有证据,可以长期保存,描述周密,逻辑性和条理比较清晰;其缺点是耗费的时间多,而且需要保管相关证据。口头沟通的优点是信息传递快,沟通灵活,约束少,反馈及时;其缺点是容易忘记沟通内容,沟通过程和结果没有证据。

(3)同步沟通和异步沟通。

根据交流时间是否延迟可以把言语交际方式分为同步沟通和异步沟通。同步沟通如面谈、电话、微信等,优点是能即时、有效沟通信息,沟通效率较高;其缺点是需要交际双方在交际当时都有时间。异步沟通如书信、邮件等,优点是能打破时间和空间的限制,其缺点是传递信息不及时,容易忽略。

(4)单向沟通和双向沟通。

根据交流信息的传递方式可以把言语交际方式分为单向沟通和双向沟通。单向沟通是在沟通过程中,只有发话人发送信息,受话人只接收信息。单向沟通的优点是信息传递速度快,意见统一,时间进度易于控制;其缺点是没有信息反馈,观点可能会片面,士气不高。双向沟通是在沟通过程中,发话人和受话人经常要互换角色,发话人把信息发送给受话人,受话人接收到信息后,要以发话人的身份反馈信息,直到沟通完成。双向沟通的优点是参与度高,反馈信息及时;其缺点是如果交流对象多,观点难以统一,会浪费时间和精力。

(5)正式沟通和非正式沟通。

根据言语交际的正式程度可以分为正式沟通和非正式沟通。正式沟通的优点是比较严肃,约束力强,沟通效果好;其缺点是沟通速度慢,方式刻板,参与者沟通压力大。非正式沟通的优点是形式多样,沟通速度快,畅所欲言,沟通压力小;其缺点是话语内容无人见证,执行约束力不强。

一般我们在感知言语作用方式时,会把交流时的态度、情绪以及交流目的等看得更重,然后结合具体交流方式,把言语作用关系描述为"温柔地低声说道""心平气和地当面交流""严厉地批评""大声呵斥"等。

6.1.4　言语交际事件的时空背景

6.1.4.1　时间

言语交际时间就是现场言语交际事件发生的时刻,它是解读话语意义的重要因素。如早上 8 点父亲对躺在被窝里玩手机的儿子说:"现在什么时候了?",这时父亲的交际意图是催促儿子起床吃饭;而晚上 11 点父亲对躺在被窝里玩手机的儿子说:"现在什么时候了?",此时父亲的交际意图是催促儿子早点睡觉。也就是,"什么时间该干什么事",或者说"什么时间人们往往干什么事",这是影响交际意图推理的一个非常重要的因素,我们可以称之为时间意义。

一切交际都是在一定的时间内进行的,因此,一切交际话语中都会有时间因素的介入,无论是口语文际,还是书面交际。时间可以分成年代、季节、月份、星期以及一天的具体时刻等几个层次。

6.1.4.2　空间

言语交际空间可大可小,大可至不同的国家、地区,小可到具体广场、一间房内、一辆车内。作为交际空间,至少能够容纳下交际主体。交际空间对人们的言语行为具有一定的约束力。同样的交际对象,往往为了不同交际目的,而选择不同的交际空间。如人们常把饭馆酒店作为聊天的好场所,因为它适宜于比较随意的角色关系间的交际;把公园、剧院、舞厅视为恋人或夫妻加深感情的理想去处,因为它适宜于亲密角色关系间的交际;而多把办公室看成谈工作的地方,因为办公室多带一种较为正式的商讨型的角色关系色彩。

空间实质上也是一种实体,可称为空间实体,其认知结构如其他实体一样。

(1)言语交际空间结构。

从结构视角来看,每个空间实体都有自身的结构,都是由若干部件构成的,如医院就由门诊楼、医技楼、住院楼等构成,大学就由教学楼、图书馆、实验室、学生宿舍等构成。这些部件与空间存在空间关系,即在空间的具体位置;这些部件之间也存在空间关系。

(2)言语交际空间的物理属性。

从属性视角来看,每个空间实体有自身的属性,如空间实体的形状、大小、位置等,还有空间的天气、温度、湿度、噪音大小、采光、通风等。

(3)言语交际空间的社会属性。

言语交际所在的空间不仅仅具有物理属性,往往还是人们社会活动的重要载体,因而还具备社会属性:①社会功能。很多空间实体就是为了实现特定的社会功能而建造出来的,如医院、学校、超市等,自然该空间的社会功能属性是其最重要的属性,如医院有治病防治、保障人民健康的社会功能,超市有提供消费者购物便利、满足消费者购物需求的社会功能等。另外,空间还有可能获得临时功能,如教室常常被临时作为会议室,操场常常被临时作为露天电影场。②社会角色。正因为很多空间实体就是为了实现特定的社会功能而建造出来的,为了实现这些社会功能,就必须配备相应的人员,而这些人员由于各自承担不同的社会分工,于是形成了各种各样的社会角色,如医院就有医生、护士、病人等社会角色。社会角色所规定的角色权利、角色义务、角色规范是推断发话人交际意图的重要依据。例如,"护士"这个社会角色,一方面她有权力要求病人服从她的安排,什么时候打针,什么时候吃药,病人必须服从;另一方面,别人也有权要求她表现出护士角色应有的行为,如及时送药、按时打针、认真护理、爱护病人等。所有角色无不具有特殊的权利与义务。长期的社会生活使各种角色形成了一整套各具特色的行为模式,这就要求承担特定角色的人学会特定的待人处世的方法,否则就会被认为没有很好地完成这一角色。

(4)言语交际空间的动态事件。

　　言语交际空间作为言语交际事件的空间因素,不仅具有各种静态的属性,而且还有各种动态的因素。

　　首先是言语交际空间自身的变化。虽然广义上说,一切事物无时无刻不在运动,但在言语交际行为发生的生命周期中,有很多空间并没有发生明显可感知的变化,人们往往认为这些空间是静止的,虽然只是相对静止,如在校园聊天,交际双方都认为校园是没变化的。但有时人们的交际空间就在可感知的明显运动中,如在行驶中的汽车里交流,这时交际空间的运动性也是现场语境的重要构成内容。

　　另外,虽然言语交际空间自身被视为相对静止的,在这个相对静止的"舞台"上还同时"发生"着其他事件,甚至是多个事件。如在河边散步聊天,就会发现身边发生着多个事件:有人放风筝,有人钓鱼,有人洗衣,等等。如果发话人的话语与其中的某个事件相关联,那该事件就是推理发话人交际意图的重要线索。

6.2　理解语境构建

6.2.1　理解语境构建概述

　　话语意义的理解要依赖于具体的语境,语境中的话语受语境制约。只有在具体的语境中,人们才能准确地理解话语意义。话语理解实质上是受话者运用智力因素主动构建理解语境,推导意义和交际意图的过程。

　　受话者构建理解语境是为了消除话语的多义性和模糊性。自然语言具有多义性与模糊性,但具体的语境可以消除话语意义的多义性与模糊性,也就是说语境对话语理解有制约和解释功能。

　　受话者构建理解语境是为了推导话语的隐含意义。在交际中,出于某种考虑,发话者有时不用直接明了的话语形式来传达自己的意思,而是话中有话,顾左右而言他,意图的传递与话面意思发生偏离时,话语的意义和说话人的意图是隐含的,必须结合特定语境进行智力推理,才能准确理解话语的隐含意义和说话人的真实意图。

　　理解语境不同于表达语境。我们从下面这个例子来了解两者的区别。《雷雨》中有一段对话,由于交际双方所构建的语境不同,造成了周萍对父亲周朴园

问话的误解,虚惊了一场:

　　周朴园:我听人说你现在做了一件很对不起自己的事情。

　　周　萍:(惊)什——什么?

　　周朴园:(走到周萍的面前)你知道你现在做的事是对不起你父亲的么? 并且——对不起你母亲的么?

　　周　萍:(失措)爸爸。

　　周朴园:(仁慈地)你是我的长子,我不愿当着人谈这件事。(稍停)(严厉地)我听说我在外边的时候,你这两年来在家里很不规矩。

　　周　萍:(更惊恐)爸,没有的事,没有。

　　周朴园:一个人敢做,就要敢当。

　　周　萍:(失色)爸!

　　周朴园:公司的人说你总是在跳舞场里鬼混,尤其是这两三个月,喝酒、赌钱,整夜地不回家。

　　周　萍:哦(放下心)您说的是——

　　周朴园:这些事是真的么?(半晌)说实话!

　　周　萍:真的,爸爸。(红了脸)

　　周朴园所说的"你现在做了一件很对不起自己的事情",是以他所构建的表达语境("公司的人说你总是在跳舞场里鬼混,尤其是这两三个月,喝酒、赌钱,整夜地不回家")为前提的。但周萍在理解该话语时所构建的理解语境却是自己与后母的不正当关系,所以造成了误解。

　　从上面的分析可知,理解语境与表达语境的构建主体不同,理解语境的构建主体是受话人,而表达语境的构建主体是发话人;理解语境与表达语境的构建目的不同,理解语境的构建目的是理解发话人的话语的意义,而表达语境的构建目的是成功传达交际意图。但两者都是由各自的构建主体认为是交际双方共有的相关知识命题构成的。

　　总之,理解语境是在言语交际中,受话者为了理解发话者的一段主体话语所传递的真正意义(交际意图)而激活的交际双方共有的相关知识命题。

　　根据这些知识的来源,我们把理解语境细分成上下文语境、现场语境和背景语境。如果这些知识来源于目标话语所在的前言和后语,则称之为上下文语境;如果这些知识来源于言语交际现场,则称之为现场语境;如果这些知识来源于受话者的长时记忆,则称之为背景语境。因而理解语境构建可以分为现场语境构建、上下文语境构建和背景语境构建。

6.2.2 现场语境构建

这里的"现场语境"是指在言语交际中,受话者为了理解发话者的一段主体话语所传递的真正意义(交际意图)而激活的来源于交际现场的交际双方共有的相关知识命题,是在交际现场能直接感知(视觉、听觉、味觉、嗅觉、触觉)到的相关信息形成的知识命题。要特别注意的是,主体话语应有的组成部分不是现场语境的构成内容,由现场信息激发而从记忆深处调用的相关知识也不是现场语境,而是背景语境的构成内容。

现场语境究竟包括哪些内容呢? 从受话人现场认知的角度来看,现场语境主要包括言语交际时间、空间、发话人、受话人、言语作用方式这些要素。详见拙著《AI 视野下动态语境构建研究》。

在言语交际中,受话人通过自身的感觉器官来感知现场的物理世界,收集现场的相关信息,然后对这些信息进行模式识别,识别出言语交际空间中的实体,如人和物,并且识别出这些实体间的关系,从而弄明白目前所处的场景(如超市、加油站、厨房等),识别场景中正在发生的各种事件。受话人一边对外在的物理世界进行认知分析,一边将相应的分析结果表示成知识命题,登录在自己的工作记忆中,以便于进行语用推理,理解发话人话语的真实意义。

现场语境的构建过程大体包括实体识别、实体关系识别、场景识别、行为识别几个过程,整个过程可以用图 6-4 表示。现场语境的构建过程就是:依次将阶段性识别成果登记在工作记忆中,并根据后续的识别结果,以恰当的知识表示方式(比如说动态图)将这些信息整合起来,在工作记忆中构建相应的图。

6.2.2.1 实体识别

在交际中,受话人首先会识别出言语交际现场的各种实体:人、物、空间实体。如当受话人进入厨房,根据自己的感知器官,主要是眼睛,捕捉到的相关信息,如画面,然后提取相应的特征,如形状、颜色、纹理、大小等,搜索实体模型库进行匹配,将实体从画面中切割出来,顺利地识别出了橱柜、抽油烟机、灶、锅、砧板、碗、水槽等实体。一般情况下,只要感知器官没有问题,加上光线充足,在能够看清楚的情况下,识别这些实体可以说是不费吹灰之力。当然如果有实体被

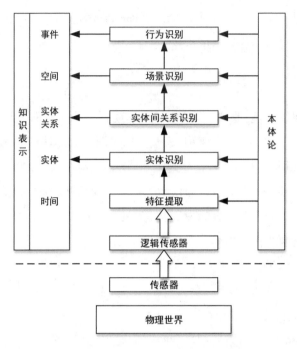

图 6-4 现场语境的构建过程示意图

其他实体遮挡,受话人也不能发现存在该实体,这也就是我们经常在找所需的东西时常会发生的事情。这一过程实际上就只需要扫一眼所需要的时间,但的确存在这一过程。如果交际现场存在我们不熟悉,又容易混淆的实体时,如双胞胎姐妹,这一识别过程也会耗费非常多的精力。受话人识别出交际现场的实体后,会立刻把相应的识别结果保存在工作记忆中,也就是说,知道了交际现场存在哪些实体。在工作记忆中,人们会赋予每个实体相应的唯一身份"ID",以便后来的进一步处理,而不至于混淆这些实体。譬如,交际现场有两个相同的茶杯,当人们很清晰地知道各自的位置时,就不会轻易拿错。

6.2.2.2 实体关系识别

实体间存在着各种各样关系,包括静态关系和动态关系。这里所说的实体关系识别是在言语交际现场可以感知到的静态关系,也就是空间关系。至于实体间的动态关系放在后续的事件识别部分讨论。

实体间空间关系识别是后续的场景识别和事件识别的基础,其重要性不言而喻。实体间的空间关系主要包括拓扑关系、方位关系和距离关系,空间关系识别也就自然包括拓扑关系、方位关系和距离关系识别三部分。

(1)拓扑关系识别。

拓扑关系是指空间对象经过拓扑变换后始终保持不变的空间关系。空间关系的研究对象就是空间实体,也就是在物理世界占据一定空间的实体,这些实体可以被抽象成点、线、面、体,实体间拓扑关系也就可以被抽象成点、线、面、体间的关系。以面状空间实体为例,常见的拓扑关系主要包括分离(disjoint)、包含(contain)、内部(inside)、相接(meet)、等价(equal)、覆盖(cover)、覆盖于(coveredby)、相交(overlap)等。

所谓拓扑关系识别,就是对实体对象所占据的空间之间的拓扑关系进行分类,将两实体间的拓扑关系归为预先设定好的类别中的一种,然后输出该拓扑关系名。

识别目标实体间的拓扑关系后,就将相应的识别结果表示出来,然后登记在工作记忆中。实体间的拓扑关系可以表示为(实体对象1,拓扑关系,实体对象2),如"杨丽在厨房里"就可以表示为(杨丽,在里面,厨房)。

(2)方位关系识别。

方位关系是指实体间的方向位置关系。人们是通过参照物来确定目标物的位置或方向,是以参照物确立空间表达范围,由此形成参照系,参照系主要有三种类型:绝对参照系、相对参照系和内在参照系。

所谓方位关系识别,就是确定实体对象间的空间方向关系及位置关系。这时需要调用参照系的相关知识,如,如何识别绝对参照系的"东、南、西、北"等方向,如何识别相对参照系的"左、右、前、后、上、下"等方向,如何识别内在参照系的"前、后、侧、上、下"等方向。其中,内在参照的方向关系识别是比较困难的,要求能根据该参照物固有特征来识别其"前""后"等方向,这就需要调用在常识知识库中配备的每一个实体相应的方向辨认知识,譬如,如何识别汽车的车头、车尾。

识别目标实体间的方位关系后,就将相应的识别结果表示出来,然后登记在工作记忆中。实体间的方位关系可以表示为(实体对象1,方位关系,实体对象2),如"杨丽在抽油烟机的前面"就可以表示为(杨丽,前面,抽油烟机)。

(3)距离关系识别。

距离反映了空间实体之间的几何接近程度,有定量和定性两种表示方法,定量表示如"我家离学校 3.8 公里。",定性表示如"我家离学校很近。"

　　距离关系识别就是测量出实体间的空间距离。距离关系的描述需要三个要素:源点、参照点、距离值,我们在第五章提出按照(源点,距离值,参照点)格式来描述距离关系,如把"我家离学校 3.8 公里"描述为(我家,3.8 公里,学校),这一描述方法与其他知识的表示方法不一致,在构建动态图时将不能实现,因而需要做出修正。实际上,只有两实体间的拓扑关系是"相离"时,才需要测量距离,两实体间是其他拓扑关系时,距离为零,因而距离可以看成"相离"拓扑关系的一个属性,也就是说,把距离表示成(实体 1,相离,实体 2)和(相离,距离,距离值),这样我们可以把"我家离学校 3.8 公里"表示为(我家,相离,学校)和(相离,距离,3.8公里)。

　　除了空间关系以外,实体间还存在着许多其他的静态关系,如社会关系、所有权关系、原料关系等。但这些关系的识别需要从背景知识库中调用相关背景知识,如小李遇见老王时,小李也是先通过模式识别认出面前的人是老王,然后老王的相关信息从长时记忆中背景知识库里被激活,老王是自己学院的院长的知识被调入工作记忆,小李立刻意识到自己与老王的关系是下属与领导的关系,但这种关系的识别是依赖背景知识的,并非是现场感知直接得到的。这种从背景知识库调用相关知识的过程,无论有多短,哪怕只有一刹那,也只能视为背景语境的构建过程。

6.2.2.3　场景识别

　　场景识别,即根据场景图像中包含的内容为场景图像分配语义标签。与前面讨论的实体目标识别不同,场景识别任务更为复杂,不仅要考虑目标、背景、空间布局等信息,对图像中存在的各种依赖关系进行挖掘也十分重要。

　　人们首先识别场景内的实体,在此基础上,然后识别这些实体间的关系,接着查询相应的场景识别知识库,详细推敲近似场景间的细微区别性特征,如比较厨房与厨房电器销售展示柜台、厨房装修展示柜台的区别,然后最终确定当前场景的具体类别,将场景识别结果输出为一个语义标签,如图书馆、厨房、超市等。

6.2.2.4　行为识别

　　相对于静态图像中物体的识别研究,行为识别更加关注如何感知感兴趣的目标在图像序列中的时空运动变化。按照行为的复杂程度来划分,行为由简单到复杂可以分为姿态、单人行为、交互行为和群行为。按照行为复杂度,一般行为识别方法可以分为简单行为识别方法和复杂行为识别方法。受话人在构建现场语境时,主要需要识别发话人、受话人自身和交际现场其他实体的相关行为。

(1)发话人的行为识别。

受话人首先识别出发话人的相关体态行为,如表情事件(如使眼色)、手势事件(如抱拳)、体姿事件(如鞠躬),将相应的识别结果表示在图中;然后识别出发话人的交际伴随行为。

"体态语"是人体发出的具有表情达意功能的图像性符号,是人们在长期的交际中形成的一种约定俗成的自然符号。体态语以其立体的、可感的动态的表情动作、姿态构成一定的立体图像来传递信息,直接作用于人们的视觉器官,视觉器官将收集到的信息进行模式识别,与已有的认知结构来匹配,模式识别后得到的就是体态事件了。

交际伴随事件是指在实施言语交际行为的同一时刻,发话人在实施的其他行为,如说话的同时在开车,或在炒菜、打毛衣、看电视、散步,等等。

(2)受话人自身行为的识别。

在言语交际中,受话人没有镜子则无法直接观察自身,如无法看到自己的表情,只能依靠自身的机体感觉来感知,因而受话人在现场语境中以知识命题形式反映的相关信息是自我意识的结果。但另一方面,发话人对自身的心理活动,如思维、情感、意志等的认识又是直接的。

受话人虽无法直接观察到自身的各种体态行为,但仍可以通过自身的肢体活动状态的认识感知到,经过模式识别将其识别为具体的体态事件。受话人的体态事件同样可以细分为表情事件、手势事件和体姿事件。

受话人在言语交际的同时,可能也在实施其他行为,如开车、散步、喝酒等,因而同样也有交际伴随事件。受话人可以通过自身的肢体活动状态的认识感知到自身的交际伴随事件。

(3)其他实体的行为识别。

言语交际空间作为言语交际事件的空间因素,不仅具有各种静态的属性,而且还有各种动态的因素。

首先是言语交际空间自身的变化。虽然广义上说,一切事物无时无刻不在运动,但在言语交际行为发生的生命周期中,有很多空间并没有发生明显可感知的变化,人们往往认为这些空间是静止的,虽然只是相对静止,如在校园聊天,交际双方都认为校园是没变化的。但有时人们的交际空间就在可感知的明显运动中,如在行驶中的汽车里交流,这时交际空间的运动性也是现场语境的重要构成内容。

另外,虽然言语交际空间自身被视为是相对静止的,在这个相对静止的"舞台"上还同时"上演"着其他事件,甚至是多个事件。如在河边散步聊天,就会发现身边发生着多个事件:有人放风筝、有人钓鱼、有人洗衣等等。发话人通过观察这些实体的活动轨迹以及实体间的相互作用关系,根据自身的背景知识库中的各种事件的模板,就能很轻松地识别出这些事件,并用相应的知识表示方式表示这些行为,如"有个男孩在放风筝"。

6.2.3　上下文语境构建

上下文语境就是前言和后语。理解语境是在言语交际中,受话者为了理解发话者的一段主体话语所传递的真正意义(交际意图)而激活的交际双方共有的相关知识命题。那么语境构建的实质就是把理解交际意图所需的知识调入工作记忆中的过程。现场语境构建的实质就是把从交际现场获取的相关信息表示在工作记忆中。因而上下文语境构建的实质就是把从上下文语境中获得的相关信息整合进工作记忆中,主要包括语句意义的表示和知识整合两个环节。语句意义的表示就是把上下文语境中的相关语句的意义用恰当的方式表示出来,以便于进行进一步的处理;知识整合是指用恰当的知识表示方式表示出来的相关语句的意义整合进工作记忆中,与工作记忆中已有的知识信息整合成一个完整的整体。下面我们就详细讨论这两个环节。

6.2.3.1　上下文知识的表示

语义系统是人们对客观世界(包括自身活动)的一种总认识,或者说是一种对客观世界的常识。从相对静止的视角来看世界,世界可以表示为各种实体的知识:实体及其存在状态;从绝对运动的视角来看世界,事件可以表示为各种事件的知识:事件参与实体的状态在时间流中的变化。世界知识可以看成实体知识和事件知识的集合。

(1)实体知识的表示。

世界是物质的,物质的世界是由实体组成的。实体是可以感知的、相对独立的、相对静止的存在。实体是指客观存在并可相互区别的事物,它可以是具体的人、事、物,也可以是抽象的概念或联系。实体包括万物、时间、空间、构件。

实体知识可以从结构、属性、关系三个视角来分析。

① 结构视角:在现实世界中,人们往往把一个实体看成是由许多构件组成的,也就是说一切实体都可以分解为构件。实体的整体与其构件的区别与联系如表 6-1 所示:

表 6-1 实体的整体与其构件的区别与联系

区别	联系
含义不同。两者有严格的界限,在同一实体中,整体就是整体而不是构件,构件就是构件而不是整体,一个整体本身不能是自己的构件,两者不能混淆。 地位不同:整体居于主导地位,整体统率着构件,构件在事物的存在和发展过程中处于被支配的地位,构件服从和服务于整体。 功能不同:整体具有构件所不具备的功能;当构件以有序合理优化的结构形成整体时,整体功能大于局部功能之和;当构件以无序欠佳的结构形成整体时,整体功能小于构件功能之和	两者相互依存:整体是由构件构成的,离开了构件,整体就不复存在;构件是整体中的部分,离开了整体,构件就不成其为部分,就要丧失其功能。 两者相互影响:整体功能状态及其变化也会影响到部分,构件的功能及其变化甚至对整体的功能起决定作用

我们首先把构件分为生物构件和非生物构件。生物构件具有不可分离性,他们必须依附于实体整体;而非生物构件则是可分离的,可以脱离实体整体单独存在。

然后我们把生物构件进一步细分为植物构件和动物构件。植物构件如根、茎、叶、花、果,动物构件如头、躯干、四肢等。

还可以进一步细分为一般构件和专门构件,如"鸟"的专门构件有羽毛、翅膀、冠等;"鱼"的专门构件有鳃、鳞、鳍等。

一个实体的构件具有层次性。人们往往把一个实体分解为若干构件,而其构件又分解为更小的构件,而这些更小的构件又由更小的构件组成……直到人们觉得没有进一步分解的必要为止。

②属性视角:一切事物和存在都表现为一定的性状和数量,即表现为属性的集合。为了描述属性需要引进两个类:属性名和属性值。属性名描述属性的名称,如"性别"就是人的一个属性;属性值描述实体对象的某个属性的具体取值,如用"男"或"女"来表示人的"性别"属性的具体取值。

属性也必然对应着相应的属主,实体属性知识可以表示为:(属主,属性名,属性值),我们就可以用这样的格式来表示实体对象的相关属性了。

实体对象具有哪些属性呢? 目前还没有一个清晰的答案。但我们可以从生理、心理、社会、物理世界这四个角度来挖掘实体的属性知识。实体对象的属性及特征如表6-2所示:

表6-2 实体对象的属性及特征

生理属性	指有生命的实体对象的生理特点。生理属性又可以细分为生活习性、用途、生命状态、性别、年龄、身体功能部件、健康状况、感觉等。生活习性指生活环境(水栖、陆栖、双栖)、食物种类(草食、肉食、混合)、作息习惯(昼伏夜出、白天活动)等。用途针对动物而言包括观赏、食用、劳作等。生命状态包括活着和死亡两种状态。健康状况指实体对象是否健康,包括健壮、体弱、生病、受伤等。身体功能部件指参与者必须具有的身体的某种功能。感觉包括外部感觉和内部感觉。外部感觉指由于外界的刺激作用于感觉器官所感受到的,包括视觉、味觉、嗅觉、听觉、皮肤感觉;内部感觉指由于身体内部的刺激所引起的感受,包括饿、渴、恶心、疼痛等
心理属性	指人的心理特征。心理属性可以细分为信念、注意、意识、目标、态度、记忆、情绪等方面的属性。信念属于认知,指人们内心相信为真的事。注意指人们的注意力在哪里以及注意的方式,包括有意注意、无意注意、有意后注意。意识指人们做某件事是有意识的还是无意识的,包括有意识、无意识、下意识、潜意识。目标是人们想要达到的状态或希望保持的状态。态度指人们对其他的人或物的态度,包括喜欢、厌恶、同情、信任等。记忆指人对某些事记忆时间的长短,记忆的形式包括形象记忆、语词逻辑记忆、情绪记忆和运动记忆。情绪指由于外界的刺激产生的心情、心境等,包括自我情绪和对他情绪两种。自我情绪有高兴、悲伤、忧虑、害怕、吃惊等,对他情绪有感激、怨恨、敬佩等

（续表）

社会属性	指人们的社会状态。人都生活在一定社会中,必然具备相应的社会属性。社会属性又可以进一步细分为受教育程度、职业、职称、地位高低等。受教育程度可以分为小学、中学、大学、研究生等层次,获得学位可以分为学士、硕士、博士。职业指人所从事的职业类别。职称又可以分为不同系列,如高教系列就可分为助教、讲师、副教授、教授;图书系列分为助理馆员、馆员、副研究馆员、研究馆员。地位高低包括人的家庭地位、社会地位、学术地位的高低
物理属性	指物质不需要经过化学变化就表现出来的性质,如颜色、气味、状态、是否易融化、凝固、升华、挥发,还有些性质如熔点、沸点、硬度、导电性、导热性、延展性等,可以利用仪器测知。还有些性质需通过实验室获得数据经计算得知,如溶解性、密度等

③关系视角:世界是普遍联系的,实体间存在着各种各样的关系。按理来说,实体间关系包括静态关系和动态关系,但动态关系全部放到"事件"部分进行讨论,这里暂时只讨论静态关系。

如人与人之间就存在姻缘关系、血缘关系、地缘关系、业缘关系、事缘关系、情缘关系。其中每一个方面又可以具体细分下去。如人与团体的关系,人是否属于某个团体,若属于某个团体,在团体中担任什么角色,老板还是职员等。如人与物品的关系,包括是否具有所有权、使用权等。如物与物的关系,如钱包与牛皮间就有"成品与材料"的关系。

根据实体间关系的指向,我们可以把实体间关系进一步区分为输入关系和输出关系。

输入关系是指其他实体指向当前实体的各种关系。我们可以采用三元组:(实体1,关系,实体2)来表示实体间的关系,如(张三,有弟弟,张四)。可以看出,这里的"关系"是有方向的,是从前一对象指向后一对象。

输出关系是指目标实体指向其他实体的各种关系。在上例中,从"张三"这个节点来看,指向"张四"那个节点的"有弟弟"这个边就是"张三"这个节点的一个输出关系。

当然,实体间存在着各种各样的关系,一个实体也就有很多的输出关系。如一个人有父亲、有母亲,可能有妻子、有孩子等。

（2）事件知识的表示。

世界的运动是绝对的，静止是相对的。任何实体都可以是事件要素的构成元素，不构成事件要素的实体是不存在的。事件是随着时间变化的具体事实，事件是"实体状态在时间流中的变化"。

我们所面临的是一个时刻都在运动变化的世界，这个世界在我们的眼前就是一幅幅画面组成的视频流，人们为了理解和表达这个世界，就根据事件的相对独立性把这些川流不息的视频流分割成若干事件。如在汉语中，人们就把从洗锅、量米到饭熟停火的这一过程称之为"煮饭"。事件虽然用了词或短语来表示，但其所指对象仍然是那一段视频流，即包括那一段时间内的所有变化过程。我们采用对象快照模型来表示事件，事件就是事件发生时段的事件快照的集合。

形式上，一个事件可表示为 e，e 可以表示为：

$$e=\{\ e_{t_i}\ \}$$

这里 e_{t_i} 表示事件对象 e 在时间点 t_i 的一个快照，一个快照就是该事件对象的一个状态，包含该事件对象的所有特征，并且这些状态可能在时间流中发生变化。

事件快照是事件过程中某一时刻的状态。形式上，在事件过程中时间点 t_i 的一个事件快照可表示为 es_{t_i}，事件快照可以表示为一个三元组：

$$es_{t_i}=(O_{t_i}\ ,V_{t_i}\ ,A_{t_i}\ )$$

其中，O_{t_i} 表示在事件过程时间点 t_i 事件的参与对象；V_{t_i} 表示在事件过程时间点 t_i 事件发生的场所及其特征等；A_{t_i} 表示在事件过程时间点 t_i 事件的参与对象间的广义作用关系。

对事件动态过程进行描写的比较好的方式是分级描写。分级描写就是指，把一个大的事件动态过程根据人们的认知习惯分割成相应的数个组成事件，然后又把这些组成事件进一步细分为更小的组成事件，以此类推，直到人们认知习惯上不再进一步分割，然后对这些原子行动进行动态过程描述。这样，这些原子行动的快照的有序组合就实现了对整个事件动态过程的描写，当然也实现了对其所有组成事件的动态过程的描写。其实这种描写方式的最大好处就是把事件的语义表示成智能机器人所能理解的原子行动的集合，让智能机器人真正理解了事件的意义。

我们可以按照事件表达粒度的大小，把事件过程抽象成过程、子过程、阶段、原子行动四个表达层次来进行描述。原子行动为事件过程的最基本的表达单位,采用快照进行描写,具体如图6-5所示。

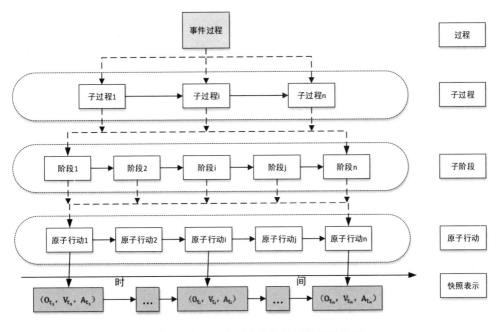

图6-5 事件动态过程分级描写模型结构图

"图"作为离散数学和计算机科学中基本的数据结构,可以有效地表示存在多种关联的数据以及内部具有一般性结构的数据。图中,每个顶点代表现实世界中的实体对象;两个不同顶点之间则可能会存在一条或多条边,由其代表不同实体之间存在的某种关系。近年来,"图"已被人们广泛用于刻画现实世界中各类实体间的复杂关系。

但传统的图论主要研究是固定节点、固定边的静态图,这种静态图在描述现实世界的真实情况时有着很大的不足,因为在现实世界中,实体对象间的关系却每时每刻都在发生变化。因而需要对传统的图论进行扩展,将静态图进一步扩展到动态图。

动态图(dynamic graph)是指会随时间发生变化的图。动态图的更新形式可分为以下两类:①图结构更新,随着时间推移,图数据中的节点和边会被插入和删除,从而导致图数据的结构发生变化;②图内容更新,随着时间推移,图数据中的节点和边所关联的数据对象的内容或属性会发生改变,从而导致图数据的内容发生变化。

在时间域[1,n]上的动态图是一个数据图序列，即动态图可以被描述为一系列图快照的集合，因而我们可以把动态图定义为：

$$G_D^{[1,n]} = (G_1, G_2, \cdots, G_n)$$

其中每一个图快照 $G_i (1 \leqslant i \leqslant n)$ 是一张静态图。

对应着动态图的表示，原来的静态知识表示的三元组必须扩展为动态知识表示的四元组(T,subject,predicate,object)，或者称之为(T,节点一,关系,节点二)，这里的 T 表示时间域，用来限定每一份知识存在的时间限制。详见拙著《AI 视野下动态语境构建研究》，这里不再赘述。

6.2.3.2　上下文知识的整合

上下文语境的动态构建的实质是将从上下文语境中获得到的相关知识，与工作记忆中已有的现场语境知识组合成一个有机的整体，即一个知识整合的过程。知识整合不是对知识的简单汇总，而是依据知识本体将获取到的知识组合成一个有机的整体。这个整合过程主要包括实体的整合和事件的整合。

（1）实体的整合。

实体的整合又包括实体确定、实体属性整合、实体关系整合三部分：

①实体确定：这是实体整合的第一步。我们往往用名词、代词来指称现实中的实体，当然如果在语境中该实体不言而明，有时也可能用省略的方式。实体确定就是要确定上下文中所谈论的实体到底是不是交际现场中的某个实体。

名词给出的是实体的类别，其具体指称意义取决于具体语境。如 A 站在车旁说"车坏了"，这里的"车"可以指称身旁的那台车，但 A 站在车旁说"车丢了"，这时的"车"肯定不是指身旁的那台车。

同样的，代词所指的实体取决于具体语境，在不同的话语中意义可能不同，如 A："我早告诉你了。"B："你什么时候告诉我的?"第一句的"你"是指 B 这个人，第二句的"你"却是指 A 这个人。同一句中的同样的代词意义也可能不同，如"你，你，还有你，来一下。"中的三个"你"分别指称现场中三个不同的人，需要根据发话人的现场姿态来确定他们的具体意义。

上下文中所谈论的实体与现场语境中的同类实体的关系有以下三种情况：

一对一。上下文中所谈论的实体就是现场语境中的实体，并且现场语境中的该类实体只有一个。如 A 前面曾对 B 说："你妈来了"，这时说"她带了一大包东西"。首先这里的"你妈"所指称的对象肯定是现实的实体；其次，由于 B 只有一个妈，这里的"妈"肯定是指 B 的妈。

一对多。上下文中所谈论的实体是现场语境中的实体，但现场语境中的这类实体有多个，需要其他知识才能确定具体所指对象。如老师在教室里对学生说："把书本放进课桌里"，在教室里"书本"和"课桌"都有很多，但根据常识学生们明白，老师说的"书本"是指学生自己的书本，老师说的"课桌"是指学生自己的课桌。

不相关。上下文中所谈论的实体与现场语境中的实体无关，如两人在校车上聊天，A 问 B："车买好了吗?"这里的"车"与现场语境中的校车没有任何联系，需要调用 A 与 B 过去谈论过"买车"方面的相关背景知识才能明白。

实体确定就是要弄清楚上下文中所谈论的实体，针对前面讨论的三种情况，实体确定首先要厘清话语中所谈论的实体是不是现场语境中的实体。如果不是，就需要在动态图中新增节点来表示该实体；如果是，还需进一步确定是现场语境中的哪个实体。如果现场语境中的该类实体只有唯一的一个，那就将该实体的相关信息整合在动态图表示该实体的节点上；如果现场语境中的该类实体有多个，还需进一步调用相关知识确定具体的实体，然后将该实体的相关信息整合在动态图表示该实体的节点上。

② 实体属性整合：确定好实体后，就可以进行实体属性的整合了。根据实体属性的易变性，实体属性整合又分为三种情况：

不易变的属性整合。有些实体属性是不易发生变化的，如"性别"，如果不动变性手术，一生都不会发生变化。进行这类属性的整合时，根本不用考虑谈及该属性的时间问题，直接将该属性值添加进该实体节点中就可以了。

规律性变化的属性整合。有些实体属性是规律性变化的，如"年龄"是每年增加一岁，如果知道某人某一年的年龄，那么就能推算出这个人今年的具体年龄。进行这类属性的整合时，可以根据规律直接推定当前的属性值，并且将该属性值添加进该实体节点中。

易变的属性整合。有些实体属性是极易发生变化的，在极短的时间内就可能发生很大的变化，如"心情"，过去某一时刻的心情很难推定现在的心情。这时进行这类属性的整合时，只能在该实体节点中标明该时段的属性值，无法推得当前的属性值。

③ 实体关系整合：根据实体间关系的易变性，实体关系整合又分为两种情况。

不变的实体关系整合。有些实体间关系是不会发生变化的，如血缘关系，如果 A 与 B 是"父子关系"，那么这种关系永远都不会发生改变。进行这类实体关系的整合时，根本不用考虑提及该实体关系的时间问题，直接在当前时间的两实体节点间添加一条表示该关系的边就可以了。

可变的实体关系整合。有些实体间关系是会随时间的变化而发生变化的，如空间关系，实体 A 与实体 B 在 t_1 时是某种空间关系，到 t_2 时又变成了另一种空间关系。进行这类实体关系的整合时，需要考虑该实体关系的存在时间，只能与该实体关系的存在时间所对应的动态图中，标明该实体关系，即在两实体间添加一条表示该关系的边。

（2）事件的整合。

事件的整合又包括事件确定、事件参与实体整合和事件关系整合三部分。

① 事件确定：弄清楚话语中所谈论的事件到底是不是现场语境中发生的事件。话语中所谈论的事件与现场语境中发生的事件的关系分为两种情况：

不相关。话语中所谈论的事件与现场语境中发生的事件没有关联，如多年未见的两位老同学坐在咖啡厅里聊天，谈及过去一起经历过的美好回忆。话语中所谈论的各种事件都是过去一起学习时的事件，与现场语境中发生的事件并不相关。这种情况下进行事件整合，就需要在动态图中新增节点、边来表示话语中所谈论的事件。

相关。话语中所谈论的事件就是现场语境中发生的事件，如 A 看见 B 狼吞虎咽，就对 B 说："慢慢吃!"这里话语中所提及的"吃"事件就是现场语境中发生的事件。这种情况下进行事件整合，需要将该事件的相关信息整合在表示该事件的动态图中。

② 事件参与实体整合：每一个事件都有一定的事件参与实体，事件参与实体整合就是在动态图中找到该事件的参与实体，并将相关信息整合进动态图中。如果该事件的参与实体在动态图中还没有相应的节点来表示，就需要新增相应的节点来表示该实体。

③ 事件关系整合：事件关系整合就是将事件间的关系厘清，并清晰地在动

态图中表示出来。事件关系整合主要包括三方面：

层次关系整合。层次关系也就是上下位关系，即逻辑学上的种属关系。如"煮饭"事件就包含"淘米"事件。层次关系整合就是弄清楚两事件间的层次关系，并在动态图中在两事件间标明其层次关系。

时间关系整合。事件间的时间关系可以简要地分成三类：之前、同时、之后。事件间的时间关系要详尽地分类的话，有13种：之前、之后、后接、前接、后叠、前叠、相同、之间、包含、起段、起于、止段、止于。可以根据需要来选择具体的类别。时间关系整合就是在动态图中在两事件间标明其时间关系。

逻辑关系整合。事件间的逻辑关系主要有：因果关系、条件关系、选择关系、目的关系、并列关系、跟随关系、递进关系、实例化等。逻辑关系整合就是在动态图中在两事件间标明其逻辑关系。

6.2.4 背景语境构建

理解语境是在言语交际中，受话者为了理解发话者的一段主体话语所传递的真正意义（交际意图）而激活的交际双方共有的相关知识命题。如果这些知识来源于受话者的长时记忆，则称之为背景语境。

根据背景语境的知识信息的社会性，即这些知识信息是全社会都应知道的，还是仅仅只是言语交际双方才知道的，把背景知识分为社会知识和个人信息。然后，根据社会知识的普及性，把社会知识进一步细分为常识和专业知识两部分；根据个人信息的来源，进一步把个人信息细分为发话人信息和受话人信息两部分。我们可以用图6-6把背景语境构成要素表示如下：

图6-6 背景语境的构成要素

背景语境的构建实质是受话者根据发话者给出的各种"线索"，激活交际双方共有的背景知识命题的过程。背景语境的动态构建主要包括如下三个方面。

6.2.4.1 根据现场语境信息调用背景知识

在言语交际中,受话人的理解语境构建系统都会根据现场语境取得的阶段性成果,激活、调用相应的背景知识。如在实体识别阶段,会根据识别出的各种实体(尤其是发话人)的相关信息,搜索个人背景知识库,从中获取相关的个人信息,如基本信息、偏好信息、交流经验、对发话人的了解情况。在实体关系识别阶段,会从背景知识库中获取相关的实体间关系的常识,尤其是发话人与受话人的社会关系。在场景识别阶段,会根据场景的名称,从背景知识库中获取相关的场景常识,如,一般情况下,该场合有哪些交际角色,各个交际角色有哪些权利与义务等。在行为识别阶段,会根据发话人的体态行为,从知识库中获取相关的体态行为常识,如微笑的意义,鞠躬的意义等;也会根据发话人的交际伴随行为,调用相关行为的常识,如某人在洗衣服,就会激活"洗衣"的相关常识:洗衣需要水,洗衣机需要电才能工作等。

6.2.4.2 根据话语信息调用背景知识

这里所说的根据话语信息调用背景知识,是指受话人在解读发话人的话语的字面意义时,就需要调用相关的背景知识。调用的背景知识可以分为语言知识和非语言知识。

(1)语言知识。

受话者如果听到用自己不熟悉的语言表达的话语,他无法获取相应的语言知识,也就无法解读话语的意义。即使运用的是自己熟悉的语言,但如果不知道相应的语言背景知识,话语理解也同样会有困难,如受话人如果不知道"小姐姐"的相关语言知识,那么听到"有个小姐姐过来了"时,就会有些困惑。

当然这里是指发话者、受话者共有的语言知识,而不是个人的语言知识,如一般人在通常情况下,是不会将"您"理解为"心上有你"的,但"5201314"的约定意义却是一般人都知道的。

理解话语时,需要获取话语中的每一个词的相关语言知识。既包括词汇意义,也包括语法意义,如词的类别,常见的组合方式等。

(2)非语言知识。

如果发话者在话语中明确激活了语言知识以外的背景知识,那么受话者也必须激活相应的背景知识才能解读出话语的字面意义,如"老地方见",受话者必须激活相应的背景解读出"老地方"的具体含义,就需要激活双方的交际经验,调用与发话人的交流经历,搜寻最近经常见面的地方,从而确定"老地方"的真正所指。

句中多义词的具体意义的推定,也需要进一步调用背景知识。如要推定"没油了"中的"油"的具体意义,除了前面调用的语言知识,如油是"动植物体内所含的液态脂肪或矿产的碳氢化合物的混合液体",还需要进一步确定具体是什么油,如到底是食用油还是汽油,这时就需要调用"油"的相关常识,也就是背景知识。

6.2.4.3 根据语用推理信息调用背景知识

当受话者根据当前语境得出发话者的话语的字面意义之后,如果字面意义不能直接表明交际意图,还需进一步调用相关背景知识构建语境,进行语用推理,直到得出发话者的交际意图为止。

人类运用语言"表达必定精简"。而当受话人感知了"表达必定精简"的话语时,"解读则要尽可能推知更多的信息"。[109]受话人解读要尽可能推知更多的信息,就要依靠补足和阐释。下面我们主要讨论隐喻意义推理、话语关联性推理、交际意图推理过程中对背景知识的调用情况。

(1)隐喻意义推理。

从心智哲学来看,隐喻是心智以一物(喻体)理解另一物(本体)的过程。而一个词可能有多重隐喻意义,如"猪"的隐喻意义就有胖、贪吃、肮脏、笨等多种可能的意义,并且带有"否定"的情感态度。在隐喻意义推理时,就需要从长时记忆的背景知识库中调用这些相关知识,然后根据语境中的其他相关信息,推断该词的最终意义。

(2)话语关联性推理。

受话者在理解话语时,会寻求话语间的关联性,我们把这一过程称为话语关联性推理。在话语关联性推理过程中,受话者会调用相关的背景知识来实现这种推理。如:

A:"别忘了明天老爸的生日。"

B:"蛋糕我早定好了。"

当 A 听到 B 的回答后,首先会寻找"蛋糕"与自己话语的相关性,会调用庆祝生日的相关常识:亲人们一起来到过生日的人那儿,为他唱生日歌,过生日的人许愿后,吹蜡烛,给大家分享蛋糕。于是 A 确定 B 所说的"蛋糕"肯定是"生日蛋糕"。然后还需进一步调用定制生日蛋糕的常识:来到蛋糕店,选定生日蛋糕款式,付款确认订单,蛋糕店制作蛋糕,订货人来取蛋糕。于是 A 推定 B 明天会取生日蛋糕,然后 B 会去给爸爸庆祝生日。

(3)交际意图推理。

当受话人得到足够的信息后,就会开始进行语用推理,推理发话人的交际意图。这时就需要调用交际意图推理的相关背景知识。

如 A 停下车,对路过的 B 说"没油了。"

B 经过一番认知加工,这时也构建了语境,明白了 A 所说的"没油了"的准确的字面意义是:A 的汽车没有汽油了。当然 B 明白这还不是 A 的最终意义,还需要进一步推理。于是 B 进一步调用相关背景知识构建更全面的语境,如汽车的常识、开车出行的常识等,其中重要的是一定会调用交际意图的推理知识,即发话人为什么对受话人说这句话,发话人的交际意图究竟是什么。

6.3 字面意义解析

在一般情况下,人们听到或看到一句话语时,往往一瞬间就知道该话语的字面意义,似乎根本不用思考,但仔细反思自己的字面意义的解析过程,就会发现实际上字面意义的解析过程包括了语音识别、实体识别、多义词消歧等过程。如果在字面意义的解析过程中遇到了困难,这些过程的存在就会显得更加清晰。

6.3.1 语音识别

在现代汉语中,存在大量的同音词,这些同音词严重地影响了语音识别。根据有关统计,《现代汉语词典》中的 51626 个词条有 11138 条词具有同音现象,占总数的 21.6%。其中,91.6% 的单音节词具有同音现象,双音节以上词 11.5% 具有同音现象(9.7% 是两字词同音,1.4% 是三字词同音,其余占 0.4%)。普通话中平均每个带调音节约对应 5.4 个汉字,如果不分声调,音节 yi 有 131 个同音字,ji 有 121 个,yu 有 115 个,xi 有 102 个,等等。[110]22

但是人们在一般情况下,在言语交际中并没有受到同音词的困扰,都能比较顺利地正确识别出话语,这是因为交际双方都拥有高度的语言智能,能运用各种知识轻易地实现语音识别。

6.3.1.1 词性知识

在现代汉语的句子中,词与词之间的修饰和被修饰关系是有一定规律的,不同词性之间组合的概率是不一样的,因此,在同音词辨析时,人们常常根据词性组合的可能性排出最有可能的顺序。如:

语音流:zhēn shì tài miào le。

在识别过程中,当识别出"真是太"时,"miào"虽有是"庙""妙""缪"等词的可能性,但因为"太"是程度副词,而"程度副词+形容词"是常见的一种词性组合方式,自然而然地得出结论:这里的"miào"只能是"妙"。这样也就成功地识别出整句的意思是:真是太妙了。

语音流:mǎi liǎng jīn。

在识别过程中,当识别出"买两"时,"jīn"虽有是"金""斤""今"等词的可能性,但因为"两"是数词,而"数词+量词"是常见的一种词性组合方式,由此可以排除"金""今"等词的可能性,这里的"jīn"只能是"斤"。这样也就成功地识别出整句的意思是:买两斤。

6.3.1.2 语义知识

有时候如果无法通过词性组合知识实现语音识别,那就得进一步调用其他知识来参与推理,如语义知识。语义知识反映的是生活经验,从来不出现在生活中的情形表现在语义上就是语义上不能组合。人们就常常运用语义组合知识来排除掉根本不可能的组合。如:

语音流:yǎn jīng shì lì hǎo。

在识别过程中,当识别出"眼睛"后,"shì lì"虽有"示例""视力""事例""势力"等词的可能性,但根据"眼睛"的语义组合知识,只有"视力"才能参与组合。这样也就成功地识别出整句的意思:眼睛视力好。

6.3.1.3 实体常识

通过词性组合知识,可以大概地限制一些同音词的选择范围,但是,对于很多词来说,仅以词性限制是不够的。而由于划分不可能精细到区分所有的同类词,有时还需要进一步结合相应实体的常识才能区分开。如:

语音流:Yì kē shù。

根据词性的组合知识,当识别到"Yì kē"时,仍有"一颗""一棵"的可能性,因为"颗"和"棵"都是个体量词,没有词性上的差别。于是继续向后进一步寻找区分的知识,而后面的"shù"有"术""数""树""竖"等词的可能性,调用"数量短语+名词"的组合知识,还发现有"数""树"符合要求。进一步调用相关实体的知识,"数"的量词是"个",而"树"的量词是"棵",自此成功地识别出整句的意思:一棵树。

6.3.1.4 语境知识

虽然根据上面讨论的各种知识,在一般情况下,已经可以很轻松地进行语音识别,但有时候,仍然会出现无法区分的情况,这时就需要进一步调用语境中的相关知识参与推理,才能成功实现语音识别。如:

语音流:Yì kē yá。

根据词性的组合知识,当识别到"Yì kē"时,仍有"一颗""一棵"的可能性,因为"颗"和"棵"都是个体量词,没有词性上的差别。于是继续向后进一步寻找区分的知识,而后面的"yá"有"牙""芽""涯""蚜"等词的可能性,调用"数量短语+名词"的组合知识,还发现有"牙""芽"符合要求。进一步调用相关实体的知识,"牙"的量词是"颗","芽"的量词也是"颗",到此还是不能区分出语音流表达的到底是"一颗牙",还是"一颗芽"。此时需要进一步寻找相关的语境知识,如果谈论的对象是植物,那就是"一颗芽";如果谈论的对象是动物或人,那就是"一颗牙"。

6.3.2 实体识别

众所周知,中文文本没有类似英文空格之类的标志来显示词的边界,词与词之间的界限被前后相及的汉字淹没得无影无踪。而实体是知识组织的基本单元,如果不能成功地识别实体,那么语义理解将无从谈起。因此实体识别是语言理解的起点。其中以命名实体的识别最为困难,命名实体识别困难主要在人名、地名、机构名的识别上。

6.3.2.1 人名识别

(1)人名的构成知识。

如果是非常熟悉的人名,识别起来不会有任何问题,如"毛泽东""周恩来""邓小平""钱学森"等。如果是不熟悉的人名,我们就可以利用人名的构成知识来揣测。如汉语的人名都是"姓+名"组成的,其中"姓"大多是单姓,大家对百家姓也比较熟悉,常见的有王、李、张、刘、陈、杨、赵、吴、周等;复姓非常少,只有欧阳、诸葛、百里、司马、上官、皇甫、宗政、濮阳、公冶、太叔、申屠、公孙、慕容等。而"名"的构成则是比较灵活,有的只有一个音节,如刘梅、曹操;很多都是双音节,其中很多还是普通名词,如潘长江、郑成功。这样容易使姓名的边界不容易识别。

(2)边界信息。

在很多时候,人名的上下文信息对于人名的侦测与识别具有重要的指导意义,如"告诉王莉娅小姐我明天去接她",人称代词"小姐"从语义上指明了其前面往往是一个女性的名字,也就是说,告知了人名的右边界,而动词"告诉"则告诉了我们人名的左边界,这样两者的中间成分"王莉娅"就应该是个人名了。

(3)句法语义信息。

当人名的前后缺乏明确的边界信息时,就需要进行深入的句法语义分析,才能最终确定人名的边界,识别出句中的人名。如下面一组例子:

a. 刘清楚楚动人。→*刘清 楚楚动人。*

b. 刘华清楚这件事。→*刘华 清楚 这件事。*

c. 刘华清楚地重游。→*刘华清 楚地 重游。*

d. 刘华清楚地记得。→*刘华 清楚地 记得。*

(4)语境信息。

有时候即使进行了深入的句法语义分析,也还是无济于事,仍然无法确定句子中是否有人名,如:

a. 武汉市长江大桥→武汉 市长 江大桥

b. 武汉市长江大桥→武汉市 长江大桥

以上 a、b 两种句法语义分析都是正确的,只是孤立地分析,仍然无法判断,还需要从语境中寻找相关信息,才能最终定夺。

有时候即使进行了深入的句法语义分析,仍然无法确定句子中人名的具体边界，如：

　　a. 冯俊发愿无偿捐助 100 万。→*冯俊发　愿　无偿　捐助　100　万*。

　　b. 冯俊发愿无偿捐助 100 万。→*冯俊　发愿　无偿　捐助　100　万*。

　　以上 a、b 两种句法语义分析都是正确的，都是可能的，只是孤立地分析，仍然无法判断人名到底是"冯俊发"还是"冯俊"，还需要从语境中寻找相关信息，才能最终确定。

6.3.2.2　机构名识别

　　如果是非常熟悉的机构名，识别起来不会有任何问题，如"北大""清华"，即使是简称，稍有点文化的人也不会弄错。但不熟悉的机构，要正确地识别出其机构名，也并非易事。机构名组成形式比较丰富，内部可能包含大量短语，机构名用字和用词的随意性和机构名长度的不确定性，导致了机构名称的边界很难确定，这给识别机构名带来了不少困难。对于不是耳熟能详的机构名，我们往往运用机构名的构成知识来识别。

　　机构名全称的内部组成：［机构名前修饰成分］＋［机构字号］＋［机构性质］＋［机构类型］，其构成是个多层定语的定中结构。

　　机构类型：说明机构的类型或组织形式，如"医院""宾馆""学校""公司""集团"等，是机构名称构成的结束单位。特征词前面可以有一个前缀，如"分""总"等，前缀和"公司""校""厂"等一起构成特征词。

　　机构的性质：说明该机构的经营内容，该部分也是定中结构，中心语是机构名中的直接修饰成分，直接限定了企业经营的内容、领域、行业等，典型词有"汽车""软件""建筑""服装""教育"等。定语只存在于说明中心语的前面，它对中心语起修饰和限制作用，如"微型""大""立式"等。

　　机构字号：是机构名中的核心部分，在机构经营内容说明词和机构特征词的前面。比如"法国雷诺汽车公司"中的"雷诺"，"宁波韵升股份有限公司"中的"韵升"，"公牛集团"中的"公牛"。

　　机构名前修饰成分：机构名前修饰成分在机构名的最前面，是机构名的开始单位，用以说明机构的方位、性质、处所等特点，如"中国石化集团"中的"中国"，"宁波海运股份有限公司"中的"宁波"，"珠海格力电器股份有限公司"中的"珠海"。

机构名的具体构成情况主要有：

机构字号＋机构类型词	"比亚迪股份有限公司""三星集团""福特公司"
机构字号＋经营内容说明＋机构类型词	"智达软件开发有限公司""华为技术有限公司"
机构前修饰成分＋经营内容说明＋机构类型词	"东方通讯公司""新东方教育科技集团"
机构前修饰成分＋机构字号＋机构类型词	"广东广建集团股份有限公司"
机构前修饰成分＋机构字号＋机构经营内容说明＋机构类型词	"北京小米科技有限责任公司""广东华龙集团股份有限公司""深圳市大疆创新科技有限公司"
简单型机构名＋机构字号＋经营内容说明＋机构类型词	"北京七七四厂凯发单响公司"
简单型机构名＋经营内容说明＋机构类型词	"北京城建集团钢木制品公司"
简单型机构名＋数词＋机构类型词	"常州无线电元件厂二厂"

6.3.2.3 地名识别

地名是人们对某一特定的空间位置的标识。只有正确识别出了句中的地名，才能成功实现句子的分词处理，也才能正确理解句子的意义。但中文地名的构成错综复杂，具有如下特点：

①中文地名总量巨大，但是没有相关的制定标准，并且随着时代的变迁、环境的变化，新地名层出不穷，旧地名也逐渐发生变化。人们不可能记得住这么多地名。

②地名长短不一，没有一定的规范。地名中有很多单字地名，像"沪""鲁""豫"等地名简称，还有如"台州""浙江""呼和浩特"等多字地名，最长的多字地名如"双江拉祜族佤族布朗族傣族自治县"，长度为 15 个字，因此地名的长度也没有一定的规则，为地名的边界确定带来一定的困难。

③中文地名的用词比较随意，地名用词的情况很是复杂，有些词通常只用于地名，如："普陀山"中的"普陀"，"钱塘江"中的"钱塘"等；但是有些属于生活中的常用字也经常用于地名，如："青年""解放""大同"等，这些字作为非地名出现的

频率也非常高。

④有些地名用字使用了可以作为动词、介词和方位词等的汉字,从而使得地名的左右边界难以确定,如"到塘乡"等。

这些情况都加大了地名识别的复杂度。在真实文本中地名经常会连续出现,使得地名的识别比较困难,如:

"柳林县下三交镇坪上村是个有名的老大难村"→柳林县 下三交镇 坪上村 是个有名的老大难村

在此例中,就出现了"柳林县""下三交镇""坪上村"三个地名,而这三者有所属关系,这样连续出现的地名实际上是指一个地方,只是要识别这一地名着实需要耗费一定的智力与时间。

但是地名的构成也有较强的规律,我们可以运用这些知识来帮助我们去识别句子中出现的地名。

地名往往由专名和单字通名构成,单字通名包括:

(a)行政区划名称,如"省、市、县、区、乡、镇、村、旗、州、府"等;

(b)表示地形地貌的单字通名,如"江、河、山、洋、海、岛、峰、湖"等;

(c)表示自然区划的单字通名,如"街、路、巷、庄、堡"等。

地名的具体构成情况主要有:

(a)专名+行政区划名称,这是最常见的地名,如"宁波市""海曙区""象山县""石门桥镇""高家港村"等;

(b)专名+地形地貌的单字通名,如"桃江""漯河""五台山""太平洋""宝峰湖"等;

(c)专名+自然区划的单字通名,如"麓云路""太平街""水井巷""高家庄""柴沟堡"等;

(d)只有专名的地名,如"白洋淀""日喀则""昌都""丰台"等。这一类由于缺乏可以依靠的标志字,识别比较困难。

6.3.3 多义词消歧

多义词是具有两个或两个以上的互有联系的意义的词。一词多义是语言中的一种普遍现象。文化越悠久的民族,其语言中的多义词也就越丰富,像汉语这样发达的语言,多义词更是大量存在,是一种极为普遍的语言现象。在现代汉语中,有的常用词的意义多达十几种甚至几十种,比如"打",《现代汉语词典》列举了 24 个义项,但仍有人认为没有把"打"的意义全部包括。

语言是音义结合的传递信息的符号系统,语义是信息代码化的表述,是客观世界在人的意识中多角度、多层次的抽象化和概括化的反映,是人类思维活动的成果。在语言的符号系统中,语义总是依附于一定的物质代码而存在。在具体语言中,语义是以词汇作为现实载体得以体现的,词是承载信息代码的最小单位。但是,作为语义的载体,和无限多样的客观世界及无限发展的人类思维相比,即和无限量的语义相比,词汇量毕竟是有限的,不可能将客观世界纷繁的事物和现象一一对应地用具体的独立的词进行表述。同时,由于词义和词音联系的相对性以及语言形式的有限性,也决定了词汇的数量不可能是无限的。另外,语言作为人类的交际工具,词汇量的无限增加也将很不利于人们对语言的学习和使用。因此,用有限的词汇传递无限的信息之间的矛盾是不可避免的。这一矛盾奠定了一词多义的客观基础,决定了多义词产生的必然性。

多义词由单义词演变而来,丰富了词的内容,扩大了词的使用范围,而且为人们提供了利用词的多义性修饰语言的客观条件,这都有助于人们准确细致地表达思想感情。但同时也给人们的语言学习和多义词消歧带来困难。

在词典编撰时,人们是从语境中归纳提取多义词的义项,而词义消歧则是要让词义回归语境,一定程度上可以看作词义分析与描写的逆向过程。因此,人们往往依据语境信息,也就是人们的生活经验,来实现多义词消歧。下面我们以动词"打"为例来讨论。

当听到"打蛋"时,人们联系语境,根据自身的生活经验,得出"用手或器具用力撞击物体"的意义,也就是"打"的第一个义项。

当听到"打油""打酒""打酱油"时,人们联系语境,根据自身的生活经验,也就是词的语义,得出这里的"打"是"购买"的意思。

当听到"打伞"时,人们联系到"打伞"的生活经验,该动作有明确的方向性:向上,得出这里的"打"是"举"的意思。

当听到"打麻将""打扑克"时,人们联想到麻将、扑克都是游戏,得出这里的"打"是"做某种游戏"的意思。

7 交际意图抽取

7.1 信息抽取概述

7.1.1 信息抽取的含义

近年来,随着信息技术的飞速发展,大量的信息以电子文档的形式出现在人们面前。如互联网的网页数量呈上升趋势,互联网的数据量增长迅速,从 2013 年到 2019 年,我国网页数量激增近 2 倍,2019 年的网页数量达到了 2978 亿个。应对信息爆炸带来的严峻挑战,迫切需要一些自动化的工具,帮助人们在海量信息源中迅速地找到真正需要的信息。传统搜索引擎能帮用户获得海量网页信息,但这还需要进行人工排查和筛选,在成千上万的反馈中去找寻所需的准确信息,犹如大海捞针。信息的精准获取,已是信息处理的一项热点。信息抽取(information extraction,IE)研究正是在这种背景下产生的。

信息抽取系统的主要功能是从文本中抽取出特定的事实信息。比如,从新闻报道中抽取出恐怖事件的详细情况:时间、地点、作案者、受害者、袭击目标、使用的武器等;从经济新闻中抽取出公司发布新产品的情况:公司名、产品名、发布时间、产品性能等;从病人的医疗记录中抽取出症状、诊断记录、检验结果、处方等等。通常被抽取出来的信息以结构化的形式描述,直接存入数据库中,供用户查询以及进一步分析利用。[111]

信息抽取的任务就是对海量的信息内容进行自动分类、提取和重构,转换为便于构建知识图谱或者能直接查询的结构化信息。由于当前网络信息大多数都以文本形式存在,所以当前信息抽取的主要研究范围是文本信息抽取(text information extraction）。

所谓文本信息抽取就是从大规模的文档中提取出特定的用户感兴趣的信息（包括命名实体、各种关系、事件信息等），然后将这些信息以结构化的形式记录下来，以供用户直接查询或是作为信息检索、自动问答等的应用基础。

从 20 世纪 60 年代，国外已有不少学者开始对自动信息抽取技术进行研究，以美国纽约大学的 Linguistic String 和耶鲁大学的 FRUMP 这两个长期项目为代表。然而直到 80 年代末期，信息抽取的研究与应用才逐步进入繁荣期，这得益于消息理解系列会议（Message Understanding Conference，MUC）的召开。从 1987 年到 1997 年，MUC 会议共举行了 7 届，MUC 为信息抽取制定了具体的任务和严密的评测体系，该会议提出了一套完整的基于模板填充机制的信息抽取方案，核心内容包括命名实体识别、共指消解、关系抽取、事件抽取等具体内容。该会议吸引了世界各地的研究者参与其中，从理论和技术上促进了信息抽取的研究成果不断涌现。MUC 为信息抽取在 NLP 领域中成为一个独立分支做出了重大贡献。

继 MUC 之后，1999 年至 2008 年美国国家标准技术研究所（NIST）组织的自动内容抽取（automatic content extraction，ACE）评测会议成为另一个致力于信息抽取研究的重要国际会议。与 MUC 相比，ACE 评测不针对某个具体的领域或场景，它采用基于漏报（标准答案中有而系统输出中没有）和误报（标准答案中没有而系统输出中有）的一套评价体系，还对系统跨文档处理（cross-document processing）能力进行评测。ACE 项目研究的技术是针对发现、刻画文本中表达的意义，是意义（语义）驱动的信息抽取研究。ACE 比 MUC 要求更深入的自然语言理解，也向自然语言的处理技术和资源建设提出了更高的要求。这一新的评测会议把信息抽取技术研究引向新的高度。[112]

基于中文的信息抽取研究起步较晚，20 世纪 90 年代初期，学者们陆续对中文的通用命名实体进行了研究，如，宋柔[113]使用规则来识别人名，孙茂松[114]采用统计和概率识别人名，刘挺[115]设计了一个基于信息抽取的自动文摘系统，而张等人[116]在 ACL 2000 上演示了他们利用记忆学习算法获取规则的中文信息抽取系统。

7.1.2 信息抽取的任务

信息抽取目前的主要对象还是各类文本信息，其任务主要有：命名实体识别

(named entity recognition)、命名实体消歧(named entity disambiguation)、实体关系抽取(entity relation extraction)和事件抽取(extracting events)。

7.1.2.1　命名实体识别

命名实体是指信息数据中的固有名称、缩写及其他唯一标识。命名实体识别是自然语言处理中的一项关键技术,是从文本信息句子中找出包括人名、地名、组织名等各类专有名词,并同时标注它们的类型,为信息抽取后续工作提供便利。

早期研究人员通常创建基于语法的语言模型,利用人工编写规则进行命名实体识别,这种方法有较好的准确率,但是召回率不理想,而且规则的编写通常需要领域的专业人士耗时几个月甚至更长时间才能完成。鉴于基于规则的方法效率不高,人们考虑将统计模型引入到命名实体识别的实现上,利用机器学习的方法习得领域知识库,然后再对测试文本进行分析,这种方法取得较好的效果,一定程度上弥补了前述方法的不足。命名实体识别研究日趋成熟,当前的研究热点集中在应用阶段。

7.1.2.2　命名实体消歧

命名实体消歧是根据上下文信息,确定有多个客观实体对应的命名实体,在此处指代的是真实世界实体。如,"苹果"一词既可以代表日常生活中的一种水果,也可以代表美国的一家高科技公司。命名实体消歧可分为基于聚类和基于实体链接的两类实体消歧方法:基于聚类的实体消歧的基本思想是通过指称项的上下文因素,利用聚类算法进行消歧。如,在文本"今天苹果发布了新的手机"中,可由其上下文中的"发布""手机",通过相似度计算确定"苹果"是高科技公司。而基于实体链接的实体消歧是指先给定目标实体列表,然后计算指称项与各链接实体候选项的一致性分数,选择得分最高的候选项来实现消歧。

7.1.2.3　实体关系抽取

实体关系抽取是指确定实体间的语义关系,关系抽取结果可以用三元组来表示,如,从"张三体重80公斤"中可抽取出三元组(张三,体重,80公斤)。

早期关系抽取主要采用模式匹配的方法,随后又产生了基于词典驱动的方法,当前主要采用基于机器学习和基于本体的方法。

整体上,国内在关系抽取方面的研究方法正逐步接近国际前沿,这方面的研究也不少,但是近几年内鲜有突破性进展。主要将特定领域的、带标注的文本作为分析对象;在不断完善基于本体、各类图模型的关系抽取方法的基础上,越来越多的研究采用机器学习的方法来获取关系特征。

7.1.2.4　事件抽取

在信息抽取中,事件是指在某个特定的时间片段和地域范围内发生的、由一个或多个角色参与、由一个或多个动作组成的一件事情,一般是句子级的。事件抽取是指从信息中抽出用户关注的事件,并将其转换为结构化的形式。事件抽取大体上可分为元事件抽取和主题事件抽取两个层次,其中元事件抽取是基于句子的基础级的事件抽取,是指一次动作的发生或状态的转变,其抽取目标包括时间、地点、人物、动作等。主题事件抽取是指围绕某一确定的主题,获取与其相关的一系列事件,通常由多类元事件组成。当前的研究主要还是集中在元事件抽取阶段。

事件抽取可分为事件识别任务和论元角色分类任务。事件识别任务是基于单词的多分类任务,它需识别出句子中的单词归属的事件类型,事件识别又可分为触发词(event trigger)识别、事件类型(event type)分类两项任务。论元角色分类任务是对句子中的触发词和对实体之间的角色关系进行判别,其进一步分为论元(event argument)识别和角色(argument role)分类任务两项。

7.1.3　信息抽取技术的发展

7.1.3.1　基于规则的阶段

命名实体识别最早在1995年的第六届 MUC 会议上被明确提出。实际上,早在20世纪90年代初,针对中文信息处理做分词处理时,由于出现大量的未登录词影响分词效果,国内很多学者就开始对中文专用名进行研究。早期的命名实体识别常采用基于规则的方法,一般由语言学专家先根据欲识别实体类型的特点,挑选出能代表某类实体的各类特征,如人名的姓氏用字、职位称呼等,构建有限的规则模板,再通过模式匹配的手段完成命名实体的抽取。这类系统大多依赖语言学专家领域知识,不仅耗时耗力,还不免会有遗漏。由此,也有学者尝试通过算法自动生成规则,柯林斯(M. Collins)等提出的 DLCoTrain 方法,[117]就是通过对小规模的种子规则集不断迭代训练,滚动生成越来越多的规则。基于规则的方法存在着前期投入大、鲁棒性和移植性差、局限于特定领域的缺点。

最早的关系抽取是基于模式匹配的方法,它是通过定义文本中表达的字符、语法或者语义模式,将文本与模式的匹配作为主要手段,来实现关系实例的抽取。模式的来源可以由专家定义或者算法自动抽取,专家定义的模式质量精良,抽取准确率高,但成本高昂,召回率低。自动抽取模式方式采用滚雪球的方式实现模式抽取和实体抽取的循环迭代,其特点是自动、高效,但准确率不高。

7.1.3.2 统计学习阶段

随着机器学习的发展,基于统计的机器学习也不断应用于信息抽取。此类方法中将文本中每个词的各类特征(如词法特征、词性标注、词义特征等)表达为一个特征向量,然后通过不同的模型方法对大规模的训练语料进行学习,最后通过学习好的模型来进行实体识别。常见的模型有隐马尔可夫模型(hidden markov mode,HMM))、最大嫡(maxmium entropy,ME)、支持向量机(support vector machine,SVM)、条件随机场(conditional random fields,CRF)。[118]

实体关系抽取的本质是一个多分类问题,因此各种分类学习方法均可应用于实体关系抽取。这些分类学习方法主要有两类,第一类是基于特征向量的方法,第二类是基于核函数的方法。基于特征向量的方法,首先预定义好需要抽取的关系类型,再根据训练语料中实体的词法、句法、实体间文本距离以及语义特征等构造特征向量,最后通过各种不同的机器学习分类模型进行关系抽取。基于核函数的方法不用明确给出计算对象的特征向量,它可以利用多种不同的数据组织形式,综合各方面的知识信息来表示实体关系,通过核函数的映射,在高维空间中完成实体关系的分类。

泽伦科(D. Zelenko)最先在文本的浅层解析表示的基础上,定义了一个多项式核函数用于关系抽取。[119]刘克彬等人借助知网提供的中文本体知识库构造语义核函数,取得不错的关系抽取效果。[120]

7.1.3.3 深度学习阶段

近年来,随着词向量的引入,掀起了在自然语言处理中应用深度学习方法的高潮。Word2Vec 是词向量的代表,它的基本思想是用具有统一维度的向量来表示模型中的每个词。这样不仅解决了高维度向量空间带来的数据稀疏问题,还能将更多语义特征融入其中,同时使异构文本能得到统一维度的向量特征表示。

刘等[121]最早用卷积神经网络(convolutional neural networks,CNN)来自动提取特征,它用词向量和词法特征对句子进行编码,然后接卷积层、全连接层、softmax 层完成分类,它在 ACE 2005 数据集上比基于 kernel 的方法 F1 值提高了 9%。曾等[122]使用预训练词向量和位置特征,还在 CNN 层后使用了最大池化层。阮(T. H. Nguyen)和格里希曼(R. Grishman)[123]完全摈弃词法特征,让 CNN 自动学习,利用多窗口卷积获得不同尺度的 n-gram 信息,通过端到端的神经网络取得较好效果。2016 年王等[124]提出了结合多级注意力机制的 CNN 来实现关系抽取,其第一级 Attention 在输入层,计算所有词对目标实体的注意力大小,第二级 Attention 在 CNN 的输出部分,利用卷积操作将提取到的特征矩阵和目标关系嵌入矩阵,计算对于目标关系的注意力大小,再将计算结果和特征矩阵相乘,最后使用最大池操作得到目标的关系向量。

相比于传统的机器学习的方法,基于 CNN 的方法取得了不错的成绩,但 CNN 对于时序特征的抽取能力偏弱。而循环神经网络(recurrent neural network,RNN)模型则适合做时序特征的抽取。张等[125]首次使用双向循环神经网络(bidirectional RNN,BRNN)来进行关系抽取,BRNN 相当于集成了前向和后向两个 RNN,首先分别按照正向和逆向将句子中的单词输入到两个 RNN 中,再将这两个 RNN 的隐含层输出叠加。

2016 年蔡等人[126]提出了一种基于最短依赖路径的深度学习关系抽取模型:双向递归卷积神经网络模型。论文的主要思想是对两个实体间的词法句法的最短依赖路径进行建模,利用双通道的长短期记忆神经网络(long short-term memory,LSTM)对最短依赖路径进行全局信息编码,并利用 CNN 捕获每个依存关系链接的两个单词的局部特征,增强了实体对之间关系方向分类的能力。

米瓦(M. Miwa)等人[127]于 2016 年首次将神经网络方法应用于命名实体识别与实体关系抽取的联合模型。模型基于 LSTM-RNN,采用端到端执行方式,模型由三个表示层组成,底层是词嵌入层完成信息编码,在词嵌入层上有两个双向的 LSTM-RNN,一个基于词序列结构用于实体识别任务,一个基于依存树结构用于关系抽取,这两部分共享编码信息,并堆叠形成一个整体的模型,前一个的输出和隐含层作为后一个结构输入的一部分,使得实体识别与抽取相互影响。

阿祖·凯蒂亚(Arzoo Katiyar)等人[128]在 2017 年将注意力机制与 BiLSTM 联合用于命名实体识别和关系抽取。该模型借鉴了 Miwa 等人的模型,改善了原模型依赖于词性序列、依存树等特征的缺点。模型具有一个词嵌入表示的输入层,两个输出层,一个用于输出识别的实体,一个使用注意力模型进行关系分类。

2018 年,德沃林(J. Devlin)等人[129]提出了 BERT(bidirecttional encoder representations from transformers)模型,BERT 属于预训练语言模型,所谓预训练模型,就是先用大量的自由文本进行预训练,使模型学习得到通用的语言知识,再根据下游任务进行 fine-tuning 阶段训练,让模型参数按具体任务要求和领域知识进行微调。

2021 年肖明等人[130]基于 BERT 的强大能力,设计了一个基于 BERT 的实体和关系联合抽取模型,该模型将实体和关系的联合抽取转换为序列标注问题,模型总体分为四个部分:嵌入层、BERT 层、BiLST 层和 CRF 层。

7.2 交际意图抽取概述

7.2.1 交际意图抽取与意图明示句

当受话人解析出话语的字面意义后,就会进行判断:字面意义是否直接表达了发话人的交际意图,如果是,那就从话语信息中抽取该交际意图的相关组成要素,并将该交际意图作为语言理解的结果输出;如果不是,发话人就要进一步构建理解语境,调用更多的相关知识来推理发话人的交际意图,直到推理出合理的交际意图为止。这个过程可以用图 7 - 1 表示如下:

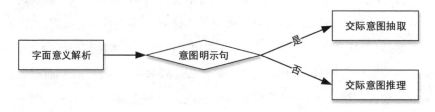

图 7 - 1　字面意义解析后的处理过程

7.2.1.1 意图明示句的定义

交际意图是言语交际行为的目的,也是言语交际行为的动机。一般来说,任何言语交际行为都是有交际意图的。交际意图是构成话语意义的基础和核心,要了解话语意义就要了解交际意图。言语交际是目的推动下的互动,是以目的实现或者未实现为结果的互动。言语交际是由目的驱动而产生的,一个交际活动的终止总是以目的的实现为标志。

在言语交际中,发话人发出一定的话语一定是有其目的的,也就是该话语的表达一定是为了传达一定的交际意图。当发话人产生了交际意图后,有两种交际意图传达策略:直接传达和间接传达。如果采用直接传达策略,发话人就会用话语直接表达交际意图。不过,发话人也不总是用话语直接表达自己的交际意图,相反,发话人常常都不直接表明自己的交际意图,而是采用比较间接的方式,提供一些相关的"线索",让受话人自己根据这些"线索"来推断发话人的真实意图。

根据语句是否明确表明了交际意图,我们可以把语句分为意图明示句和意图暗示句两类。意图明示句就是直接表明交际意图的句子,如"请带上雨伞。""祝你生日快乐!"等;意图暗示句就是没有直接表明交际意图的句子,如"下雨了。""我渴了。"等。从自然语言理解的角度来看,意图明示句可以直接从句中抽取其交际意图,而意图暗示句则需要实时动态构建语境,并经过复杂的语用推理,才能推断出其交际意图。

7.2.1.2 与塞尔的直接言语行为的区别

塞尔是美国当代语言哲学家,加利福尼亚大学伯克利分校哲学教授,牛津派日常语言哲学在美国的主要代表人物。塞尔的言语行为理论是奥斯丁言语行为理论的集成、修正、发展和系统化。他提出了间接言语行为理论,他给间接言语行为下的定义是:"间接言语行为是通过实施另一种施事行为的方式来间接地实施某一种施事行为。"[75]

如:"你能把钳子递给我吗?"说这句话时,发话人就是通过实施"询问"这种施事行为来间接地实施"请求"这一施事行为的,"询问"只是发话人采用的手段,"请求"才是发话人要达到的真正目的,所以,实际上这句话就等于"我请求你把钳子递给我"。塞尔把表达说话人真正目的(意图)的施事行为叫作"首要施事行为",把发话人为了实施首要施事行为所实施的另一种施事行为叫作"次要施事行为"。次要施事行为和话语的字面语力相吻合,首要施事行为则不是字面上的,其间接语力是由字面语力推导出来的。

塞尔又进一步把间接言语行为分为规约性间接言语行为和非规约性间接言语行为两类。规约性间接言语行为是指对"字面语力"做一般性推导而得出的间接言语行为。对"字面语力"做一般性推导,就是根据句子的句法形式,按习惯可以立即推导出间接的"施事语力"。如"我希望你现在就能出发。"非规约性间接言语行为要依靠语境和说话双方的共知语言信息来推导才能得出的间接言语行为。如"下雨了。"的具体交际意图就需要依靠交际时的具体语境,以及交际双方的共知信息才能推导出来。所以,我们可以用图 7 - 2 来表示塞尔对间接言语行为的分类。

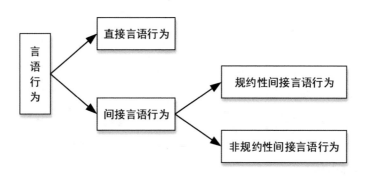

图 7 - 2　塞尔的间接言语行为分类

本章所说的意图明示句并不等于塞尔的直接言语行为中的话语,还包括"规约性间接言语行为"的话语,也就是说包括塞尔所列举的六类普遍的"间接指令"形式:

涉及听话人实施某行为能力的句子	Can you pass salt? Could you be a little more quiet? You can go now.
涉及说话人希望听话人实施某行为的句子	I would like you to go now. I want you to do this for me. I hope you'll do it.

涉及听话人实施某行为的句子	Would you kindly get off my foot? Won't you stop making so much noise? Aren't you going to eat your cereal?
涉及听话人实施某行为的意愿的句子	Would you mind not making so much noise? Do you want to hand me that hammer? Would it be convenient for you to come right now?
涉及实施某行为的理由的句子	You ought to be more polite to your mother. You should leave immediately. Why not stop here?
把上述形式中的一种嵌入到另一种中的句子,以及在上述的一种形式中嵌入一个显性指令性施事动词的句子	Would you mind if I asked you if you could write me a letter of recommendation? Might I ask you to take off your hat? I would appreciate it if you could make less noise.

意图明示句之所以包括表规约性间接言语行为的话语,是因为人们在理解表规约性间接言语行为的话语时,会出现一种"语用推理短路现象",即人们在理解时,并没有构建复杂的语境,更没有经过复杂的语用推理,而是根据习惯就把它理解成交际意图了。

从自然语言理解的实践上来说,这类句子根本不需要像意图暗示句那样,先需要动态构建语境,然后经过复杂的语用推理才能推理出交际意图。这类句子的构成词汇中完全包含了交际意图的相关信息,可以直接从中抽取出交际意图,从而可以极大地减少交际意图识别系统的开销,提升系统的处理效率。

7.2.2　交际意图抽取概述

7.2.2.1　交际意图抽取与信息抽取

顾名思义,交际意图抽取就是从话语中抽取出发话人的交际意图,就是从话语中抽取相关的意图信息,将非结构化的数据(话语)转化成结构化的信息(交际意图)。如"生日快乐!"表达的是祝贺交际意图,经过交际意图抽取处理后,就转变成了一系列用三元组表示的结构化信息:(祝贺意图1,祝贺者,发话人)(祝贺

意图1,具体意向,祝贺)(祝贺意图1,受贺者,发话人)(祝贺意图1,祝贺内容,
"生日快乐")(祝贺意图1,时间,说话时间:具体时间)(祝贺意图1,地点,交际地
点:具体地点)。这样结构化的信息就便于计算机进行进一步的存储与计算。

从上面的分析可以看出,"交际意图抽取"是"信息抽取"的下位概念,是信息
抽取技术在交际意图获取领域的具体运用,是为了特定的目的(获取交际意图)
而进行的信息抽取。

7.2.2.2 交际意图抽取的特点

交际意图抽取是信息抽取技术在交际意图获取领域的具体运用,因而与一
般的事件抽取有很多相同的地方:

(1)两者所运用的信息抽取方法相同。这些信息的抽取方法大致可以分为
四类:基于学习的方法、基于规则的方法、基于子句的方法和基于深度学习的
方法。

(2)两者所运用的知识表示方法相同。当前信息抽取工作通常都需要一定
量的领域知识库作为支撑,所以都离不开知识表示。本体是以往被较多采用的
一种知识表示方法,目前学术界开始考虑利用全新的知识表示形式——知识图
谱来描述现实世界的知识存在。

(3)两者所运用的信息抽取关键技术相同。首先都要对句子进行一定的句
法分析,都要运用相关的关键词作为触发器,都要进行命名实体识别、指代消解、
关系抽取这些基础处理技术,然后在此基础上,识别出各个语义角色,抽取出相
应的感兴趣的信息。

交际意图抽取是为了特定的目的,为了获取话语中直接传达的交际意图而
进行的信息抽取,因而与一般的事件抽取有很多不同的地方:

(1)信息抽取的目的不同。信息抽取都是为了一定的目的而进行的,如突发
事件信息抽取是为了满足应急决策系统的应用需求,主要抽取突发事件的基本
属性和类型属性,前者从事件角度描述突发事件,包括事件摘要、事件类型、发生
时间、发生地点;后者从应急管理的角度,可将突发事件分为自然灾害、事故灾
难、公共卫生事件和社会安全事件。而交际意图抽取则主要抽取具体交际意图
的相关信息。

(2)交际意图的信息结构有着非常明显的特点。交际意图的信息结构总体

上可以表示为：发话人＋意向＋受话人＋意向内容，这个信息结构实际上涉及两个不同层面的事件：一个是交际意向事件，在该事件中，发话人、受话人、时间都是明确的，地点也可以从现场语境中轻松获得，因而主要抽取该事件的"意向"和"意向内容"。"意向"抽取需要判断是哪一个交际意图类别，如是请求类，还是宣告类，还是承诺类；然后进一步抽取具体的意向类别，如是表情类，还需抽取的到底是感谢、表扬，还是祝贺。而"意向内容"又是一个事件，同样需要抽取该事件相关构成要素。如"我命令你们明天中午 12 点一定要赶到 5 号高地。"这里的"意向"是"命令"，"意向内容"是"你们明天中午 12 点一定要赶到 5 号高地。"在交际意图抽取时，需要抽取出该事件的所有构成要素。

(3)交际意图抽取面对是非受限领域，信息抽取更加困难。以往的信息抽取都是在某一具体的受限领域进行，如突发事件信息抽取就主要关注地震、火灾、矿难和空难等新闻事件的相关信息；有的就主要关注酒店评价信息的抽取，有的就主要关注网络药品信息的抽取。在具体受限领域，其知识库易于构建。而交际意图所涉及的领域是开放的，任何领域都可能涉及，因而信息抽取难度更大。

7.2.3　交际意图抽取系统的总体框架

7.2.3.1　抽取流程

通过对交际意图的文体特征和数据组织结构的分析与研究，本章以基于规则的信息抽取方法为核心，制定了交际意图的信息抽取规则和流程，基本思想如下：

首先，通过深入研究，给出交际意图的分类体系，并研究出各类交际意图间的区别性特征，在此基础上，探索出识别各类交际意图的可操作性方法，如找出各类交际意图的触发词。

其次，分析各类交际意图的语言表现方式，为不同的交际意图制订不同的抽取方案，如请求类交际意图的抽取方式肯定不同于宣告类交际意图，也不同于表情类交际意图。

最后，制订抽取各类交际意图所需要的规则集合，构建抽取所需要的关键词表。

本书的交际意图抽取架构如图 7-3 所示，主要由三个模块组成：

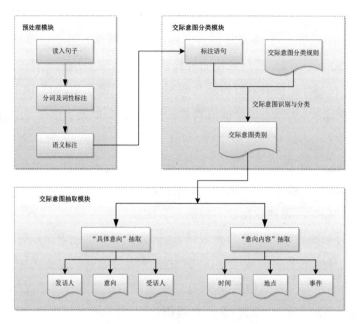

图 7‑3　交际意图抽取架构图

预处理模块。预处理包括分词、词性标注、句法分析、语义角色标注。首先，读入句中后，需要进行分词处理，在词与词之间插入空格，以便进行下一步处理。其次，进行词性标注，也就是为分词结果中的每个词标注一个正确的词性，即确定每个词是名词、动词、形容词或者其他词性。最后，再进行语义标注，即对每一个词语添加一个可以理解的语义标签，语义标签的详细程度取决于处理的需要。本书使用哈尔滨工业大学社会计算与信息检索研究中心研制的语言技术平台（LTP）来进行上述处理。

交际意图分类模块。本书通过语言学领域专家来构建交际意图分类规则，在技术上通过触发器来调用相应的意图分类识别器来实现分类。触发器有两类：一类是用触发词进行触发，如用"祝""祝贺""恭贺""快乐"等词作为祝贺交际意图的触发器；另一类是用句模进行触发，如用句模"把＋N＋V"作为请求类交际意图的触发器之一。意图分类识别器则进行进一步深入分析，判定该句中所表达的交际意图是否就是对应的交际意图类别。

交际意图信息抽取模块。由于交际意图总体上由"意向"和"意向内容"构成，因而该模块主要由两部分构成："意向"的信息抽取和"意向内容"的信息抽取。前者主要抽取具体的意向内容,如是"命令""请求""建议",还是"恳求",然后再补充上"发话人"和"受话人";后者则比较复杂,主要抽取意向的具体内容,如"我请你明天下午 3 点来校门口接我。",就需要抽取出相应的事件"开车接人",还需要抽取出相应的事件的论元,如时间(明天下午 3 点)、地点(校门口)、施事(受话人)等。

7.2.3.2 评价指标

本书采用准确率 A、召回率 R 和 F 度量(F-Measure)作为交际意图信息抽取方法的评价指标。计算标准见公式(1)—(3):

$$A = \frac{c_1}{c_2} \times 100\% \qquad (1)$$

$$R = \frac{c_1}{c_3} \times 100\% \qquad (2)$$

$$F = \frac{(\beta^2 + 1)AR}{\beta^2 A + R} \times 100\% \qquad (3)$$

公式中,A 为准确率,R 为召回率,c_1 为抽取信息中正确的个数,c_2 为抽取信息的个数,c_3 为应返回结果的数量。β 为权重系数,用来决定在评价时的侧重点。β>1 时,侧重准确率;β<1 时,侧重召回率;β=1 时,准确率和召回率都同样重要。β 通常取值为 2、1 或 1/2,本章 β 取 1 进行计算。

7.3 请求类交际意图抽取

7.3.1 请求类交际意图概述

7.3.1.1 请求类交际意图

当人们感知到某种刺激的存在,并意识到自身的某种需要没得到满足,这时就会身心紧张,于是就产生了消除这种紧张的动机。此时,各种欲望会涌上心头,人们会根据当时的现实情况进行权衡,选择具有现实可行性而又比较喜好的欲望,准备采取实际行动来实现该欲望,这时就形成了意图,即实现该欲望的行动规划。如果这时人们决定通过言语交际行为来实现该意图,此刻就产生了交际意图。

由于不同的刺激，人们往往会产生不同的需要，从而形成不同的交际意图类型。请求类交际意图的产生过程是：发话人由于某种刺激的影响，意识到自身的某种需要没得到满足，并对可以满足自己需要的各种欲望进行权衡后，明确了自己的欲望，并最终决定通过言语交际行为，请求他人实施某种具体行为来实现自己的目的。此刻发话人便产生了"请求他人实施某种具体行为"的交际意图，即请求类交际意图。

根据功能语言学派代表人物韩礼德的观点：人类语言交际的任务就是"给予"和"求取"两类，我们也可以从总体上把交际意图分为给予意图和求取意图，而交际意图最终"给予"和"求取"的对象可以分为"行为"和"信息"两种。请求类交际意图就是求取受话人的某种行为的意图，如"把电视机打开。"是要求受话人马上实施"把电视机打开"这个行为；又如"请你告诉我宁波财经学院怎么走。"这里发话人是请求受话人实施"告知宁波财经学院怎么走"这个行为。

请求类交际意图又可以进一步细分为哪些类别？语言学家们对此众说纷纭。一般认为请求类交际意图包括命令、请求、恳求、建议、督促、劝阻、禁止等交际意图。

7.3.1.2 请求类交际意图的实现条件

请求类言语交际的核心是实现请求类交际意图，而要顺利地实现请求类交际意图，需要满足一定的条件：

(1)请求者的需求条件。

在请求类言语交际中，请求者是为了满足自身需求而开口说话，因此满足自身需求是发话人开口说话的根本原因。同时，如果发话人的需求不需要他人满足时，发话人也就不会开口说话，因此需要他人满足自身需求也是发话人开口说话的必不可少的原因。如：

A：妈妈，我饿。

B：好的，马上做饭。

这里，A 的"我饿"表达的是请求者的需求：请求 B(妈妈)赶快做饭吃。发话人有需求才会发出请求交际意图，所以请求者的需求是请求类交际意图的实现条件之一。

(2)被请求者的能力条件。

在请求类言语交际实现的过程中,当请求类交际意图形成之后,请求者为了顺利实现请求类交际意图,会选择一个具备实施所请求行为的能力的对象作为该行为 X 的实施者。如当我们来到一个陌生的城市向他人问路时,我们就会从各种迹象来分析,尽可能找到一位熟悉本地情况的人来问路。

如果当前的对象明显不具备实施准备所请求行为的能力时,发话人是不会向该对象实施请求言语交际行为的。如,面对一个三岁的小孩,任何人都明白他是基本不具备实施各种行为的能力的,因而,发话人通常是不会请求一个三岁的小孩来帮忙的。

也就是说,在实际的请求类言语交际中,请求者也需要对听话者的能力做出一定的估计。当且仅当,被请求者有能力实施行为所准备请求行为的能力时,准确地说是请求者假设被请求者有实施所准备请求行为的能力,请求者才会实施请求类交际意图。因此,被请求者有能力实施所请求行为是请求者实施请求类交际意图的实现条件之一。

(3)被请求者的意愿/义务条件。

在请求类言语交际过程中,当所请求的行为在被请求者的义务范围内时,被请求者有义务实施该行为,无论被请求者是否愿意实施该行为,都必须实施。也就是说,是否愿意实施该行为不会影响被请求者实施该行为的结果,例如军令、上级对下级的指令等。除了权威以外,还有来自同事、朋友甚至是其他同辈人之间的压力、社会责任、道德标准等,都会在受话人身上施加一定的压力,觉得自己有必要去实施发话人所请求的行为。这就是请求言语行为的“言外之力”,即发话人对受话人施加一定的语力,从而实现改变客观世界的目标。如:

A:(医生)小芬,给四号床换药。

B:(护士)好的。

这里,A 就认为 B 有“为病人换药”的义务,于是就直接发出了相应的请求。

而如果根据社会文化约定,被请求者并没有实施所请求行为的义务时,请求者如果采用强制式的方式表达请求,常常会遭到被请求者的拒绝。发话人在实施请求言语交际行为之时,先要对被请求者是否有意愿实施所请求的行为进行假设,如果估计对方有意愿,发话人才会实施该请求。但正因为这只是假设、估计,所以不一定是符合被请求者的实际情况,这样在言语交际中会出现交际失误的情况。如:

A:(医生)小芬,晚上一起吃个饭。

B:(护士)对不起,我已经与朋友约好了。

这里,A想追求B,A以为B平常非常顺从自己的命令,因而以为B也会不好意思直接拒绝自己,这样自己就有机会进一步接近B了。而实际情况是,B可能因为各种原因,并不想与A谈朋友,于是找个理由拒绝了A的请求。

从上面的分析可知,如果被请求者不是有义务实施所请求的行为,请求者必须考虑被请求者实施所请求行为的意愿问题。只有请求者根据各种社会文化约定及被请求者的相关表现,估计被请求者意愿实施所请求行为的前提下,才会表达请求类交际意图的实现结构,最终实现请求类交际意图。当且仅当,被请求者确实有意愿实施所请求行为,请求者也就才能成功实施请求类交际意图。因此,被请求者的意愿/义务条件是请求者实施请求类交际意图的实现条件之一。

(4)请求行为的实现条件。

在实现请求类交际意图的过程中,请求者需要考虑所请求行为的实现条件。如请求者要求被请求者实施"把衣服洗了"的行为,就必须具备以下条件:

(a)存在脏衣服;

(b)被请求者知道这些脏衣服在哪儿;

(c)有洗衣机,洗衣机功能正常;

(d)洗衣机有电;

(e)洗衣机有水;

(f)……

当请求者实施请求类交际意图时,所请求行为的各项实施条件需要都具备。因此,被请求行为具备相应的实现条件是请求者实施请求类交际意图的实现条件之一。

7.3.1.3 请求类交际意图的言语化途径

本书在第4章讨论过交际意图的认知结构,认为交际意图的认知结构主要由四部分组成:

发话人+[意向]+受话人+[意向内容]

其中,"意向"表明交际意图的总的需要类别,"意向内容"是"以言行事"中行事的具体内容。

请求类交际意图的普遍构成要素为:请求者、请求意向行为、被请求者、请求内容、请求事件的时间、请求事件的地点。其中,请求内容为事件 X,该事件的行为主体是受话人,其余的信息需要从具体请求内容中才能得知。因此,我们可以将请求类交际意图的认知结构用公式表示如下:

请求类交际意图=请求者(发话人)+请求意向+被请求者(受话人)+请求内容+时间+地点

其中,请求内容=行为主体(受话人)+行为 X+时间+地点+方式。

发话人要传达请求类交际意图同样需经过表达语境构建、言语行动规划、非言语行动规划、言语交际行为实施这几个子过程。在言语行动规划中,同样需要经过交际策略权衡、交际意图言语化、表达内容句法化三个子过程。请求类交际意图言语化的过程中主要有直接映射和间接映射两种策略。

(1)直接映射。

请求者直接将请求类交际意图转化成表达话语,如"我命令你们立刻出发。",在这里,话语就完整地表达了请求者的交际意图:"请求者(发话人"我")+请求意向+被请求者(受话人"你们")+请求内容("出发")+时间("现在、立刻")+地点(承语境省略,从这里到目的地,目的地从上文可以知道)"。

有时,由于请求者缺乏相应的权威影响力,为了尽可能保证请求交际意图的实现,会根据社会文化的约定,采用一定的语言手段,或减少请求的直接性,带上商量的语气,如"我们明天一起去公园玩,好吗?";甚至是苦苦哀求,如"我求求你了,行行好吧。"

(2)间接关联。

请求者通过"广义的因果链"将话语提供的推理线索与请求交际意图关联起来,让受话人通过话语提供的推理线索,根据"广义的因果链"寻找最有可能的请求交际意图。如:

A:(停下车,向路边的 B 说)没油了。

B:直行,第二个红绿灯左拐就有加油站。

这里,A 并没有直接说出自己的交际意图:请 B 告知哪儿有加油站,而是通过"没油了",让 B 知道自己遇上麻烦了,汽车没油了。希望 B 根据常识找出因果链,推理出自己是在请对方告知加油站的位置。当然,A 取得了成功,B 轻易地就推理出了 A 的交际意图,并做出了 A 所期待的回答。

7.3.2　请求类交际意图明示句的语言表现形式

7.3.2.1　意图明示句中请求事件各要素的语言表现

请求类交际意图的信息结构实际上是一个"请求"事件,因而包含了请求事件的构成要素,即包含了请求者、请求事体(请求意向)、被请求者、请求时间、请求地点、请求内容这些构成要素。下面我们讨论一下这些要素的语言表现情况。

(1)请求者。

在请求类交际意图中,"请求者"只能是发话人,也就是第一人称。单个发话人用"我",如"<u>我</u>要你主持正义。";请求者是群体则用"我们",如"<u>我们</u>要求你们尽快无条件撤军。"

但"军长命令你们立刻出发。"这句话为什么最终传达的也是请求类交际意图? 这句话并不是请求类交际意图明示句,它采用了意图暗示的方式,通过向大家陈述"军长"的命令,让大家通过语用推理,明白现在应该立即执行这一命令。也就是说这里的"军长"并不是发话人请求交际意图的请求者。

当然,在很多时候,请求者都承语境省略了,而没有出现在话语中,如"请你让一下",这里的请求者就是发话人,但在话语中被省略了。

(2)被请求者。

这里的"被请求者"就是受话人,单个受话人用"你",如"我命令<u>你</u>不准哭!";被请求者是群体则用"你们",如"求<u>你们</u>一定要尽全力救救他"。

当然,在很多时候,被请求者也可以承语境省略,而不出现在话语中,不过不是单独省略,而是与请求者、请求意向一起省略,如"把车挪开"。

(3)请求意向。

这里的"请求意向"可以用命令、请、请求、要、要求、恳求、麻烦、劳驾、建议、禁止等动词来表达。如:

"<u>劳驾</u>您捎些稻种回来。"

"我<u>要</u>你马上回家。"

"<u>求</u>你们不要再刺激我了。"

"<u>恳求</u>你们尊重我们的隐私。"

"我<u>命令</u>你不许爱她。"

"<u>建议</u>你下载最新版本。"

"禁止你们来往。"

请求类交际意图是发话人当下的言语交际行为所追求的目标,因而在表达中这些表示请求意向的动词后面不能带时态助词"着、了、过",如"我请求过你和我结婚。"就不是请求类交际意图明示句。

请求类交际意图在传达中,请求意向也可以省略,但不是单独省略,而是与请求者一起省略,如"你把门打开。"或者与请求者、被请求者一起省略,如"把门打开。"

(4)请求时间。

这里的"时间"是指请求事件的发生时间,也就是发话人发出请求交际意图的时间,即说话时间,由于不言自明,往往都会承语境而省略。但也可以强调请求意图的紧迫性,令表示请求时间的"现在"出现在话语中。如:

"我现在命令你禁止出门。"

"我现在要求你当着神灵的面发誓。"

"我现在恳求你遵守诺言。"

(5)请求地点。

这里的请求地点也就是言语交际的现场,由于对交际双方来说都是不言自明的信息,往往都会承语境而省略。但偶尔也有用"在这里"来指明请求地点,如:

"我在这里求你帮帮我看看结果吧。"

(6)请求内容。

这里的"请求内容"是指发话人向受话人请求的、希望受话人实施的具体行为。如"我请你把门打开。"中"把门打开"就是请求内容。请求内容可以分成请求实施和请求不实施两类:

请求实施某行为:"我恳请你救救他。"

请求不实施某行为:"我求求你不要再来烦我了。"

7.3.2.2　请求类交际意图明示句的语言表现形式

请求类言语交际的核心是实现请求类交际意图。在请求言语交际中,请求者选择一定的实现途径建立话语形式和请求类交际意图的关联,最终实现请求类交际意图。无论请求者选择什么实现途径,最终均表现为线性的话语形式。

如果请求者选择直接将请求类交际意图映射成表达话语,就会形成请求类交际意图明示句。

请求类交际意图明示句就是直接表明请求交际意图的句子。从前面的讨论中我们知道,请求类交际意图＝请求者(发话人)＋请求意向＋被请求者(受话人)＋请求内容＋时间＋地点,请求类交际意图直接言语化为请求类交际意图明示句时,并没有将上述要素全部表现在话语中。请求类交际意图明示句有如下几种语言表现形式:

(1)请求者＋时间＋请求意向＋被请求者＋请求内容。

在这种句式中省略了请求地点,因为请求地点对交际双方而言是不言自明的信息,也就是语境信息,因而不用在话语中明示。如:

"我现在命令你告诉我,你是怎么得到这个消息的。"

"我现在要求你放开我。"

"我现在建议你立马卖掉所有的股票。"

(2)请求者＋地点＋请求意向＋被请求者＋请求内容。

在这种句式中省略了请求时间,因为请求时间就是说话时间,这是交际双方共知的信息,也就是语境信息,因而不用在话语中明示。其实地点也是交际双方共知的信息,也往往被省略,出现地点的话语并不常见,但偶尔也会有,如:

"我在这里求你帮帮我看看结果吧。"

(3)请求者＋请求意向＋被请求者＋请求内容。

这是最常见的句式。在这种句式中省略了请求时间和请求地点,因为这两者都是言语交际双方共知的信息,是语境信息,不用在话语中明示。如:

"我建议你一天至少步行十公里。"

"我命令你们严守秩序保持肃静!"

"我要你们两个马上结婚。"

(4)请求意向＋被请求者＋请求内容。

在这种句式中不仅省略了请求时间和请求地点,还省略了请求者。因为请求者就是发话人,这也是言语交际双方共知的信息,不用在话语中明示。如:

"命令你们原地坚守。"

"请你原谅我。"

"建议你报考宁波财经学院。"

(5)请求意向＋请求内容。

在这种句式中不仅省略了请求时间、请求地点和请求者,还进一步省略了被请求者。因为被请求者就是受话人,这也是言语交际双方共知的信息,不用在话语中明示。如:

"要求今天完成。"

"命令马上出发。"

"建议报考宁波财经学院。"

(6)请求内容。

在这种句式中不仅省略了请求时间、请求地点、请求者和被请求者,就连请求意向也省略了。这是因为受话人可以从请求内容上轻松推理出请求意向。如:

"把书放进课桌里。"

"开炮!"

7.3.2.3 礼貌因素在请求类交际意图明示句的语言表现形式

礼貌是为了达到交际目的而采用的一种手段,是一种约定俗成的行为规范,是人类交际中言语举止谦恭得体的表现。在言语交际中,得体礼貌的语言能使交际在和谐、友好、舒畅的氛围中进行,从而顺利实现预期的交际目的。如果用词不当、用语不佳则容易引起交际对方的误解,导致交际的失败。因此礼貌原则是人们在言语交际中都会遵守的语用策略。

在请求类言语行为中,发话人是请求受话人实施自己所希望的行为,被请求者具有实施该行为的义务性或意愿性是请求类言语行为能顺利实施的前提条件之一。当被请求者没有义务性时,被请求者很容易拒绝实施请求者所请求的行为,请求者对此也是非常了解,会尽可能使用各种礼貌手段,使交际意图更容易实现。其实,即使被请求者有义务实施所请求的行为,有礼貌的话语也能使其心情更加舒畅,执行效率更高。因此,人们在传达请求类交际意图时,常常都会考虑礼貌因素,使话语听起来更加礼貌得体。下面我们就来分析一下礼貌因素在请求类交际意图明示句的语言表现形式。

(1)用"请"类动词表礼貌。

在请求类言语交际中,发话人常常把"请"放在句首来表示对对方的礼貌,类似的还有"劳驾""麻烦"。其中,"请"是使用频率较高的礼貌用词,在现代汉语的口语中,"请"的使用更频繁。通过对比使用"请"的话语与没使用"请"的话语,我们很明显地发现使用"请"的话语听起来有礼貌多了。如:

"请喝杯茶。"/"喝杯茶。"

"请遵守交通规则。"/"遵守交通规则。"

"请让一下。"/"让一下。"

"劳驾"这一敬辞也常用在请求类言语中,在一些命令口吻的句子中加上一个"劳驾",恰当地缓和了祈使句自带的直接生硬的命令语气,给予受话人一定的尊重,拉近了受话人与自己的距离,达到理想的交际效果。如:

"劳驾让一下。"

"劳驾您抬下脚。"

"劳驾开下门。"

"麻烦"一词也常用在请求类言语中表示礼貌,同样也可以恰当地缓和祈使句自带的直接生硬的命令语气,表达对受话人的尊敬,从而达到比较理想的交际效果。如:

"麻烦帮我拿一下。"

"麻烦让让。"

"麻烦停一下。"

(2)用"v 不 v……"表礼貌。

在请求类言语交际中,发话人常常采用"v 不 v……"(v 表示动词)的形式来表示礼貌,具体表现为"能不能……""可不可以……""愿不愿意……"等,如:

"你能不能搭把手?"

"你愿不愿意把快递取回来?"

"你可不可以先放手?"

发话人使用"v 不 v……"形式,表面上是在询问受话人的能力或意愿,但实际上并没有实现询问被请求者能力和意愿的功能,这只是一种表示话语礼貌的策略。这一询问形式真正实现的功能是激活一个选择的结构,让受话人感受到发话人对自己的尊重以及与自己协商的态度,因而更加不好意思拒绝发话人的请求,从而最终实现请求交际意图。这里的"询问能力或意愿"只代表一种更礼貌实现请求交际意图的途径。

（3）"……，v 不 v?"或"……，a 不 a?"。

在请求类言语交际中，发话人常常在句末采用"v 不 v"或"a 不 a"（v 表示动词，a 表示形容词）来表示礼貌，具体表现为"……，好不好?""……，可不可以?""……，行不行?"等，如：

"把地拖一下，好不好?"

"不要再抽烟了，行不行?"

"你去做饭，可不可以?"

这里发话人用"v 不 v"或"a 不 a"缓和了前面指令的命令语力，以协商的口吻来征求对方的同意，容易获得交际对方的认同，也更容易实现请求交际意图。

（4）"……，v/a 吗?"。

在请求类言语交际中，发话人也常常采用"v/a 吗?"的形式来表示礼貌（v 表示动词，a 表示形容词），具体表现为"……，好吗?""……，行吗?""……，可以吗?"等，如：

"明天别再迟到了，好吗?"

"今晚吃饺子，行吗?"

"收敛一点，可以吗?"

这里发话人用"v/a 吗?"降低了话语的命令语力，带有协商和征求同意的意味，使话语的语气更加缓和，有利于让受话人感到对话双方的平等地位。从面子威胁理论来说，这就降低了对面子的威胁程度，有利于交际双方的对话与合作，从而达到愉快交际的会话目的。

7.3.3　请求类交际意图抽取流程

7.3.3.1　预处理

为了进行交际意图抽取，需要先对句子进行预处理。预处理包括分词、词性标注、句法分析、语义角色标注。本部分使用哈尔滨工业大学社会计算与信息检索研究中心研制的语言技术平台（LTP）来进行上述处理。该语言技术平台提供包括中文分词、词性标注、命名实体识别、依存句法分析、语义角色标注等丰富、高效、精准的自然语言处理技术。经过哈尔滨工业大学社会计算与信息检索研究中心多年的持续研发和推广，LTP 已经成为国内外最具影响力的中文处理基础平台之一，曾取得 CoNLL 2009 七国语言句法语义分析评测总成绩第一名，中文信息学会钱伟长一等奖等重要成绩。目前，LTP 已经被 500 多家国内外研究机构和企业使用，多家大企业和科研机构付费使用。[131] 难能可贵的是，LTP 向国内外大学、中国科学院各研究所以及个人研究者免费开放源代码，研究者可以从平台上下载 LTP 源码或预编译安装包，然后进行开发。

（1）分词。

众所周知，中文文本没有类似英文空格之类的标志来显示词的边界，词与词之间的界限，被前后相继的汉字淹没得无影无踪了。而词是语言中最小的能独立运用的单位，只有把一个句子中的词逐一地切分出来，才可能对汉语进行进一步的分析，因而首先必须对句子进行自动分词处理。而汉语自动分词面临着歧义字段和未登录词两大难题：前者是指有一种切分可能的字段，它又可以分为交集型（如"美国会"）和组合型（如"起身"）两类；后者是指在词典中未收录的词语，一类是新词，一类是专有名词。本部分运用 LTP 分词模块进行分词处理，该分词系统的正确率高达 98.5%。

（2）词性标注。

词性标注即在给定的句子中判定每个词最合适的词性标记。词性标注的正确与否将会直接影响到后续的句法分析、语义分析，是中文信息处理的基础性课题之一。常用的词性标注模型有 N 元模型、隐马尔科夫模型、最大熵模型、基于决策树的模型等。其中，隐马尔科夫模型是应用较广泛且效果较好的模型之一。本部分运用 LTP 词性标注模块进行词性标注处理，该词性标注系统的正确率高达 98.5%。

（3）句法分析。

语法分析是自然语言处理中一个重要的任务，其目标是分析句子的语法结构并将其表示为容易理解的结构（通常是树形结构）。本部分运用的是依存句法分析，依存句法分析关注的是句子中词语之间的语法联系，并且将其约束为树形结构。依存语法理论认为词与词之间存在主从关系，这是一种二元不等价的关系。在句子中，如果一个词修饰另一个词，则称修饰词为从属词，被修饰的词语称为支配词，两者之间的语法关系称为依存关系。将一个句子中所有词语的依存关系以有向边的形式表示出来，就会得到一棵树，称为依存句法树。本部分运用 LTP 依存句法分析模块进行句法分析，该依存句法分析模块的准确率为 89.5%。

(4)语义角色标注。

语义角色标注是分析句子中各词语间的语义关系,并用约定的符号将其表示出来。这是一种以句子的谓词为中心的对于句子的浅层分析。标注过程不对句子包含的信息进行深入分析,只分析句子中各成分与谓词之间的关系,即句子的谓词——论元结构,也就是用语义角色描述论元,如时间、地点、施事者、受事者、客体、经验者、受益者、工具、目标、来源等。本部分运用 LTP 语义角色标注模块进行语义角色标注,该语义角色标注模块的正确率也达到了 80.6%。

本部分使用 LTP 对话语进行上述的预处理,如"我请你把电视机打开。"经过上述的相关处理后的结果如图 7 - 4 所示:

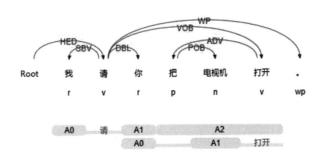

图 7 - 4　预处理结果示意图

7.3.3.2　交际意图类别识别

(1)构建触发词表。

计算机在为实现某种目的而进行语言处理时,可以对每一句话都进行深入分析,看这句话是否为需要进行特别处理的目标句,但这样效率不高。人们常会根据一定的先验知识,排除掉那些根本不太可能是目标句的句子,一般采用的是触发词技术。含有触发词的句子极可能就是目标句,而不含触发词的句子是目标句的可能性微乎其微。因而触发词是描述某类目标类别的重要属性信息,是该目标类别区别于其他类别的重要特征。例如,为了抽取地震事件的相关信息,可以使用"地震"作为触发词,这样描述地震事件的新闻文本:"2008 年 5 月 12日下午 2 点 28 分,四川省发生里氏 8.0 级强烈地震,震中位于阿坝州汶川县。"因为包含"地震"这个词,就会触发相关的信息抽取程序进行地震事件的信息抽取。虽然并不是所有包含"地震"的句子都是地震事件,但是含有"地震"则更可能是一个地震事件。我们可以进行深入分析,找出目标类别的代表性词作为触发词,将触发词汇总分类整理成触发词典,然后我们就可以将此词典当作知识库,为目标类别判断提供先验知识。

本节通过领域专家对语料的深入分析,人工总结出不同交际意图类别的事件触发词表。下面以请求类交际意图、祝贺类交际意图和致谢类交际意图为例,说明触发词表的构成(见表7-1):

表 7 - 1　交际意图类别对应的触发词集

交际意图类别	触发词集
请求类交际意图	命、命令、请、求、请求、要求、恳求、乞求、央求、哀求、麻烦、劳驾、建议、禁止
祝贺类交际意图	祝、祝贺、恭贺、恭喜、道喜、贺、庆祝、庆贺
致谢类交际意图	谢、谢谢、多谢、感谢、感激、道谢、承蒙、多承

(2)构建句模触发器。

在请求类交际意图明示句中有很多都没有上述触发词,如"你帮我把空调打开。""把地拖干净。""立刻出发。"等。也就是说,如果仅仅只使用触发词表,还会漏掉大量的没有触发词的请求类交际意图明示句。经过对语料的深入分析,我们发现没有触发词的请求类交际意图明示句只有下面几种句模:

句模 1:r(你/你们)＋v ＋n

这里 r 表示人称代词,v 表示动词,n 表示名词。

该句模表示从人称代词"你"或"你们"开始,其后依次接动词、名词,但该形容词后不能接时态助词"着、了、过",接了就不是请求交际意图了。如:

示例:"你关掉电视机。""你喝点酒。"

反例:"你喝了点酒。"

句模 2:r(你/你们)＋p(把)＋n＋v! u(着/了/过)

这里 r 表示人称代词,p 表示介词,n 表示名词,v 表示动词,u 表示时态助词,! 表示"非"。

该句模表示从人称代词"你"或"你们"开始,其后依次接介词"把"、名词、动词、形容词,但该形容词后不能接时态助词"着、了、过"。如:

示例:"你把空调打开。""你把地拖干净。"

反例:"你把空调打开了/过。"

句模 3:p(把)+n+v+a! u(着/了/过)

这里 p 表示介词,n 表示名词,v 表示动词,a 表示形容词,u 表示时态助词,! 表示"非"。

该句模表示从介词"把"开始,其后依次接名词、动词、形容词,但该形容词后不能接时态助词"着、了、过"。如:

示例:"把饭吃光。""把酒喝干。"

反例:"把饭吃光了。"

句模 4:a+v! u(着/了/过)

这里 a 表示形容词,v 表示动词,u 表示时态助词,! 表示"非"。

该句模表示一种动词性短语,但该动词后不能接时态助词"着、了、过",其后接其他语气助词没问题。如:

示例:"马上走开。""立刻出发吧!"

反例:"马上走开了。"

句模 5: v! u(着/了/过)

这里 v 表示动词,u 表示时态助词,! 表示"非"。

该句模表示以动词开始,但其后不能接时态助词"着、了、过",其后接其他语气助词没问题。如:

示例:"出发。""走吧。""开始啊。"

反例:"走了。"

我们把上述这些句模作为触发器,并将这些触发句模汇总整理成触发句模知识库,为目标类别判断提供先验知识。如果句子没有触发词,就进一步分析其句模,如果符合触发句模知识库的某一种句模,就会触发相应的交际意图抽取程序,进行进一步的处理。

(3)获取交际意图类别。

本章首先根据是否包含触发词作为判断是否是候选交际意图的标准,如果含有触发词,就将句子列为交际意图抽取的候选对象,并将该句子送到触发词对应的交际意图类别的信息抽取器做进一步处理。如果没有触发词,则分析其句模,看是否符合句模触发器的要求,如果符合,就触发相应的交际意图抽取器做进一步处理。

通过句子中的触发词我们就获得了大量的候选交际意图明示句,并对每一个候选交际意图明示句都给定了一个可能的交际意图类别。如"我祝你生日快乐!"因为含有触发词"祝"因而被作为候选交际意图明示句,并给定了一个可能的交际意图类别:祝贺类;又如"我命你马上赶到公司总部。"因为含有触发词"命"因而被作为候选交际意图明示句,并给定了一个可能的交际意图类别:请求类。

但并非只要句子一含有触发词就一定是目标句子,这里的目标句子是指交际意图明示句,因为还有不少含有触发词的句子并不是候选交际意图明示句,如下面例子所示:

(a)我请求过你和我结婚。

(b)他请求你把车开走。

这里的 a 句和 b 句虽然都含有触发词"请求",但这两句都不是请求类交际意图明示句。因此使用交际意图分类器对候选交际意图明示句进行分类是很有必要的。

因为每一种交际意图都具有明确的信息结构,而相应的交际意图明示句都仅有为数不多的几种言语表达方式,本章运用句模来构造分类器。这里我们主要讨论请求类交际意图分类器的构建。表 7-2 所示即为请求类交际意图明示句句模。

表 7-2 请求类交际意图明示句句模

序号	句模	示例
1	我/我们＋现在＋v(请求类)＋你/你们＋v	我现在命令你们立刻出发。
2	我/我们＋在这里＋v(请求类)＋你/你们＋v	我在这里恳求你们一定要救活她。
3	我/我们＋v(请求类)＋你/你们＋v	我要你马上放开她。
4	v(请求类)＋你/你们＋v	请你马上离开这儿。
5	v(请求类)＋v	麻烦把车开走。
6	你/你们＋v	你过来一下。
7	你/你们＋把＋n＋v＋a! u(着/了/过)	你把碗洗干净。
8	把＋n＋v＋了	把西瓜吃了。

（续表）

序号	句模	示例
9	把＋n＋v＋a! u(着/了/过)	把饭吃光。
10	a＋v! u(着/了/过)	快跑!
11	v ＋ n! u(着/了/过)	洗衣服。
12	v! u(着/了/过)	出发。

人们在传达请求类交际意图时,常常都会考虑礼貌因素,使话语听起来更加礼貌得体。因而在判断句子是否是请求类交际意图明示句时,还得考虑礼貌因素对句子的影响。本书的处理方式是:去掉这些礼貌表达结构看句子是否符合请求类交际意图明示句句模,如果符合,就进入下一环节进行交际意图抽取。表7-3 所示即为需要进行处理的礼貌表达结构。

表 7-3　需要进行处理的礼貌表达结构

序号	礼貌表达结构	示例	去掉后
1	v 不 v…?	你能不能把碗洗了?	你把碗洗了。
2	……,v 不 v?	你把碗洗了,行不行?	你把碗洗了。
3	……,a 不 a?	你把碗洗了,好不好?	你把碗洗了。
4	……,v 吗?	你把碗洗了,可以吗?	你把碗洗了。
5	……,a 吗?	你把碗洗了,好吗?	你把碗洗了。

7.3.3.3　请求类交际意图各要素的抽取

如果经过上述处理,明确了待处理的句子是请求类交际意图明示句,然后就要从该句中抽取请求类交际意图的组成要素。本书采用 LTP 对句子进行了预处理,已经完成了分词、词性标注、语法分析和语义标注,那么接下来就讨论如何在此基础上进行交际意图抽取。本书采用分句模进行请求交际意图抽取的办法,即在句模分析的基础上,针对不同的句模将句子送入对应的意图抽取器中,抽取相应的请求意图。首先从句模 1 开始,对句子进行句模分析,如果该句子通过了该句模的检测,那么就送入对应的请求意图抽取器进行意图抽取;否则,调入下一句模测试规则,进行句模分析。这样依次测试,直到测试完所有的句模。

请求意图抽取器 1：

对应句模 1：我/我们＋现在＋v(请求类)＋你/你们＋v

如"我现在命令你们立刻出发。"经过 LTP 预处理后的结果如图 7-5 所示：

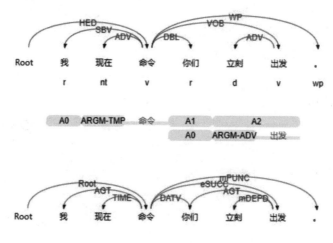

图 7-5　句模 1 例句预处理结果

抽取"请求者"信息：抽取句子开头的 r，如例句中的 r 是"我"，于是让"请求者"＝"我"(发话人)；

抽取"请求时间"信息：抽取 r 后的 nt，只能是"现在"，于是让"请求时间"＝"现在"，调用当前时间，"请求时间"＝当前时间；

抽取"请求意向"信息：抽取 nt 后的 v，如例句中的 v 是"命令"，于是让"请求意向"＝"命令"；

抽取"被请求者"信息：抽取 v 后的 r，如例句中的 r 是"你们"，于是让"被请求者"＝"你们"；

抽取"请求内容"信息：抽取 r 后所有信息，如果有 A2 信息，抽取 A2 的相关信息，如在例句中 A2 为"立刻出发"，于是让"请求内容"＝"立刻出发"；

补充"请求地点"信息：如果是智能机器，则调用当前位置，让"请求地点"＝当前位置。

最后输出上述信息。把上述抽取到的请求意图信息按照约定的知识表示方式整合起来，作为一个请求意图，输出到系统中。

请求意图抽取器 2：

对应句模 2:我/我们＋在这里＋v(请求类)＋你/你们＋v

如"我在这里恳求你们一定要救活她。"经过 LTP 预处理后的结果如图 7-6 所示:

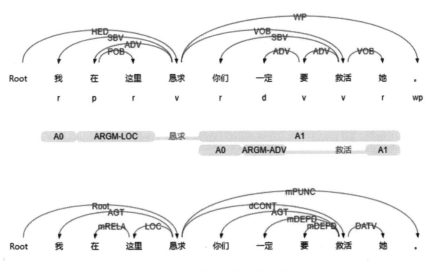

图 7-6 句模 2 例句预处理结果

抽取"请求者"信息:抽取句子开头的 r,如例句中的 r 是"我",于是让"请求者"＝"我"(发话人);

抽取"请求地点"信息:虽然应该抽取"在这里"作为请求地点,但由于在请求意图中,请求地点只能是交际现场,因此调用当前位置,让"请求地点"＝当前位置;

抽取"请求意向"信息:抽取 p＋r 后的 v,如例句中的 v 是"恳求",于是让"请求意向"＝"恳求";

抽取"被请求者"信息:抽取 v 后的 r,如例句中的 r 是"你们",于是让"被请求者"＝"你们";

抽取"请求内容"信息:抽取 r 后所有信息,如在例句中为"一定要救活她",于是让"请求内容"＝"一定要救活她";

补充"请求时间"信息:调用当前时间,让"请求时间"＝当前时间。

把上述抽取到的请求意图信息按照约定的知识表示方式整合起来,作为一个请求意图,输出到系统中。

请求意图抽取器 3：

对应句模 3：我/我们＋v(请求类)＋你/你们＋v

如"我要你马上放开她。"经过 LTP 预处理后的结果如图 7－7 所示：

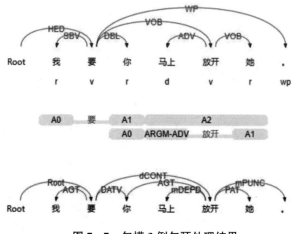

图 7－7　句模 3 例句预处理结果

抽取"请求者"信息：抽取句子开头的 r，如例句中的 r 是"我"，于是让"请求者"＝"我"(发话人)；

抽取"请求意向"信息：抽取 r 后的 v，如例句中的 v 是"要"，于是让"请求意向"＝"要"；

抽取"被请求者"信息：抽取 v 后的 r，如例句中的 r 是"你"，于是让"被请求者"＝"你"；

抽取"请求内容"信息：抽取 r 后所有信息，如在例句中为"马上放开她"，于是让"请求内容"＝"马上放开她"；

补充"请求时间"信息：调用当前时间，让"请求时间"＝当前时间；

补充"请求地点"信息：调用当前位置，让"请求地点"＝当前位置。

把上述抽取到的请求意图信息按照约定的知识表示方式整合起来，作为一个请求意图，输出到系统中。

请求意图抽取器 4：

对应句模 4：v(请求类)＋你/你们＋v

如"请你马上离开这儿。"经过 LTP 预处理后的结果如图 7－8 所示：

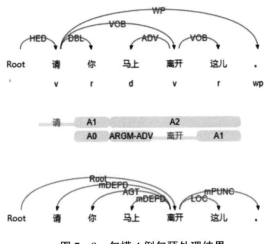

图 7-8　句模 4 例句预处理结果

抽取"请求意向"信息：抽取句子开头的 v，如例句中的 v 是"请"，于是让"请求意向"＝"请"；

抽取"被请求者"信息：抽取 v 后的 r，如例句中的 r 是"你"，于是让"被请求者"＝"你"；

抽取"请求内容"信息：抽取 r 后所有信息，如在例句中为"马上离开这儿"，于是让"请求内容"＝"马上离开这儿"；

补充"请求者"信息：让"请求者"＝"我"（发话人）；

补充"请求时间"信息：调用当前时间，让"请求时间"＝当前时间；

补充"请求地点"信息：调用当前位置，让"请求地点"＝当前位置。

把上述抽取到的请求意图信息按照约定的知识表示方式整合起来，作为一个请求意图，输出到系统中。

请求意图抽取器 5：

对应句模 5：v(请求类)＋v

如"劳驾把车开走。"经过 LTP 预处理后的结果如图 7-9 所示：

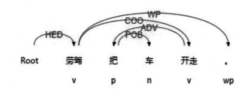

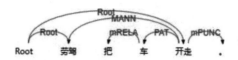

图 7-9　句模 5 例句预处理结果

抽取"请求意向"信息:抽取句子开头的 v,如例句中的 v 是"劳驾",于是让"请求意向"="劳驾";

抽取"请求内容"信息:抽取 v 后所有信息,如在例句中为"把车开走",于是让"请求内容"="把车开走";

抽取"被请求者"信息:抽取 v 后的 r,如例句中的 r 是"你",于是让"被请求者"="你";

补充"请求者"信息:让"请求者"="我"(发话人);

补充"被请求者"信息:让"被请求者"="你"(受话人);

补充"请求时间"信息:调用当前时间,让"请求时间"=当前时间;

补充"请求地点"信息:调用当前位置,让"请求地点"=当前位置。

把上述抽取到的请求意图信息按照约定的知识表示方式整合起来,作为一个请求意图,输出到系统中。

请求意图抽取器 6:

对应句模 6:你/你们+v

如"你过来一下。"经过 LTP 预处理后的结果如图 7-10 所示:

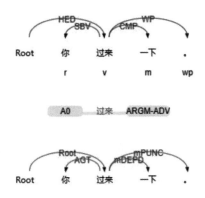

图 7-10 句模 6 例句预处理结果

抽取"被请求者"信息：抽取句子开头的 r，如例句中的 r 是"你"，于是让"被请求者"＝"你"（受话人）；

抽取"请求内容"信息：抽取 r 后所有信息，如在例句中为"过来一下"，于是让"请求内容"＝"过来一下"；

补充"请求者"信息：让"请求者"＝"我"（发话人）；

补充"请求意向"信息：让"请求意向"＝"请求"；

补充"请求时间"信息：调用当前时间，让"请求时间"＝当前时间；

补充"请求地点"信息：调用当前位置，让"请求地点"＝当前位置。

把上述抽取到的请求意图信息按照约定的知识表示方式整合起来，作为一个请求意图，输出到系统中。

请求意图抽取器 7：

对应句模 7：你/你们＋把＋n＋v＋a！u（着/了/过）

如"你把碗洗干净。"经过 LTP 预处理后的结果如图 7-11 所示：

抽取"被请求者"信息：抽取句子开头的 r，如例句中的 r 是"你"，于是让"被请求者"＝"你"（受话人）；

抽取"请求内容"信息：抽取 r 后所有信息，如在例句中为"把碗洗干净"，于是让"请求内容"＝"把碗洗干净"；

补充"请求者"信息：让"请求者"＝"我"（发话人）；

补充"请求意向"信息：让"请求意向"＝"请求"；

补充"请求时间"信息：调用当前时间，让"请求时间"＝当前时间；

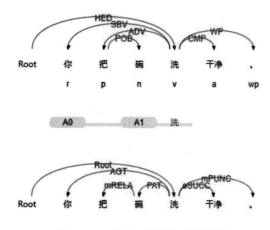

图 7‑11　句模 7 例句预处理结果

补充"请求地点"信息：调用当前位置，让"请求地点"＝当前位置。

把上述抽取到的请求意图信息按照约定的知识表示方式整合起来，作为一个请求意图，输出到系统中。

请求意图抽取器 8：

对应句模 8：把＋n＋v＋了

如"把西瓜吃了。"经过 LTP 预处理后的结果如图 7‑12 所示：

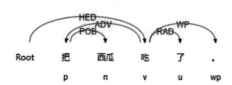

图 7‑12　句模 8 例句预处理结果

抽取"请求内容"信息：抽取句子的所有信息，如在例句中为"把西瓜吃了"，于是让"请求内容"="把西瓜吃了"；

补充"请求者"信息：让"请求者"="我"（发话人）；

补充"请求意向"信息：让"请求意向"="请求"；

补充"被请求者"信息：让"被请求者"="你"（受话人）；

补充"请求时间"信息：调用当前时间，让"请求时间"=当前时间；

补充"请求地点"信息：调用当前位置，让"请求地点"=当前位置。

把上述抽取到的请求意图信息按照约定的知识表示方式整合起来，作为一个请求意图，输出到系统中。

请求意图抽取器 9：

对应句模 9：把＋n＋v＋a！u(着/了/过)

如"把饭吃光。"经过 LTP 预处理后的结果如图 7-13 所示：

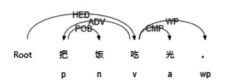

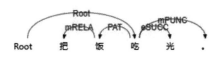

图 7-13　句模 9 例句预处理结果

抽取"请求内容"信息：抽取句子的所有信息，如在例句中为"把饭吃光"，于是让"请求内容"="把饭吃光"；

补充"请求者"信息：让"请求者"="我"（发话人）；

补充"请求意向"信息：让"请求意向"="请求"；

补充"被请求者"信息：让"被请求者"="你"（受话人）；

补充"请求时间"信息：调用当前时间，让"请求时间"=当前时间；

补充"请求地点"信息：调用当前位置，让"请求地点"=当前位置。

把上述抽取到的请求意图信息按照约定的知识表示方式整合起来,作为一个请求意图,输出到系统中。

请求意图抽取器 10:

对应句模 10:a+v! u(着/了/过)

如"快跑!"经过 LTP 预处理后的结果如图 7 - 14 所示:

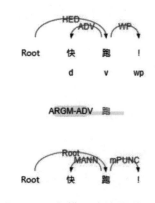

图 7 - 14   句模 10 例句预处理结果

抽取"请求内容"信息:抽取句子的所有信息,如在例句中为"快跑",于是让"请求内容"="快跑";

补充"请求者"信息:让"请求者"="我"(发话人);

补充"请求意向"信息:让"请求意向"="请求";

补充"被请求者"信息:让"被请求者"="你"(受话人);

补充"请求时间"信息:调用当前时间,让"请求时间"=当前时间;

补充"请求地点"信息:调用当前位置,让"请求地点"=当前位置。

把上述抽取到的请求意图信息按照约定的知识表示方式整合起来,作为一个请求意图,输出到系统中。

请求意图抽取器 11:

对应句模 11:v + n! u(着/了/过)

如"洗衣服。"经过 LTP 预处理后的结果如图 7 - 15 所示:

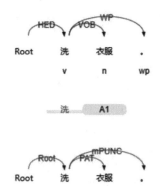

图7-15　句模11例句预处理结果

　　抽取"请求内容"信息：抽取句子的所有信息，如在例句中为"洗衣服"，于是让"请求内容"="洗衣服"；

　　补充"请求者"信息：让"请求者"="我"（发话人）；

　　补充"请求意向"信息：让"请求意向"="请求"；

　　补充"被请求者"信息：让"被请求者"="你"（受话人）；

　　补充"请求时间"信息：调用当前时间，让"请求时间"=当前时间；

　　补充"请求地点"信息：调用当前位置，让"请求地点"=当前位置。

　　把上述抽取到的请求意图信息按照约定的知识表示方式整合起来，作为一个请求意图，输出到系统中。

　　请求意图抽取器12：

　　对应句模12：v! u(着/了/过)

　　如"出发。"经过LTP预处理后的结果如图7-16所示：

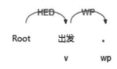

图7-16　句模12例句预处理结果

抽取"请求内容"信息：抽取句子的所有信息，如在例句中为"出发"，于是让"请求内容"="出发"；

补充"请求者"信息：让"请求者"="我"（发话人）；

补充"请求意向"信息：让"请求意向"="请求"；

补充"被请求者"信息：让"被请求者"="你"（受话人）；

补充"请求时间"信息：调用当前时间，让"请求时间"=当前时间；

补充"请求地点"信息：调用当前位置，让"请求地点"=当前位置。

把上述抽取到的请求意图信息按照约定的知识表示方式整合起来，作为一个请求意图，输出到系统中。

8　语用推理

8.1　语用推理概述

8.1.1　语用推理的定义

我们每天都会进行言语交际,也就会运用语用推理来理解他人的话语,但是,究竟什么是语用推理? 不同的学者对此有着不同的回答。

徐盛桓把语用推理和形式逻辑推理进行对照后,给出语用推理的定义:"对会话含意的领会过程,是一种推理过程,但有别于逻辑(指形式逻辑)推理,可称为'语用推理'。"[132]1 徐盛桓把语用推理与逻辑推理相互比照,并详细分析了它们之间的异同,这是颇有见地的,但他把语用推理归结为会话含意的领会过程显然是缩小了语用推理的研究范围。

胡洪泽通过把语用推理和语形推理、语义推理进行比较,来阐释语用推理。"语用推理是相对于语形与语义而言的。一个推理,如果只需要涉及其前提与结论的符号本身而不需要考虑其意义就可以进行,则此种推理是语形推理,如果一个推理需要考虑前提与理论的意义才能进行,则此种推理是语义推理,如果需要把推理放在具体的语言环境中,需要考虑具体的语境因素才能进行,则此种推理就是语用推理。所以,语用推理与语形推理和语义推理的最大不同就是对语境的依赖性。"[133]70-71但考虑到把语用推理定义为在语境中的推理则显得定义过宽,最终他给出的语用推理定义是:"所谓语用推理,就是指在推理中需要根据具体的语境因素补充或增加某些省略或缺失的前提才能得出真正的结论的推理。"[133]71该定义通过和语形推理、语义推理的比较强调了语境在语用推理中的作用,并进一步明确指出将相应的语境因素放入推理前提部分,这一见解是非常有价值的。字面意义解析时也运用了一定的语境因素,这也是语用推理。

《现代逻辑辞典》定义:"语用推理:话语在特定语境中的具体意义的推理。"这一定义有可取之处,问题在于如何进一步解释具体意义。

《逻辑百科辞典》定义:"一个推理如果具有下述一个或几个特征,便可以看作语用推理:考虑了说话人和听话人;考虑了说话人和听话人的解释;考虑了语境;考虑了说话人的言语所完成的行为。"实际上,"说话人和听话人""说话人和听话人的解释""说话人的言语所完成的行为"这三个特征都是语境因素,让它们与语境并列是不妥的,只需考虑语境即可。

何向东、袁正校认为,所谓语用推理,是在交际过程中,听话人为了准确地理解说话人的意图,将话语与语境结合而进行的推理,它包括话语、语境和结论三个要素。语用推理的前提是话语与语境结合的集合,特别是语境涉及的推理者所具有的背景知识、情景知识和相互知识以及其他因素的集合。而语用推理的结论即话语的隐含,它体现了说话人的意图。何向东、袁正校的定义比较合理,因为作者不仅强调了语境在语用推理中的作用,还指出了语用推理的目的在于把握说话人的意图。不过,他们对于语境的构成因素的分析不够精炼科学。[133]

孙丽娜给出的语用推理的定义是所谓语用推理就是在交际过程中,听话人为了准确地理解说话人的意图,根据语用规则,结合一定的语境所进行的推理。[134]这一定义没有体现出语境的动态构建性。

另外,还有通过给出"语用推理"的外延来下定义的,如周礼全主编的《逻辑——正确思维和有效交际的理论》一书是这样定义"语用推理"的:"预设和隐涵都有可计算性,它们都是语用推理或语用论证的结论。语用推理或语用论证是应用了语用规则的推理或论证。"[135]475这个定义强调了语用规则在语用推理中的作用是其独到之处,而用外延来定义语用推理,我们认为是不严密的,因为语用推理不仅仅包括预设和隐涵,还有其他推理等,因此这种定义偏窄。

何自然编著的《语用学概论》也有类似的看法:"语用含义或所谓'会话含意',是一种特殊的语用推论……'前提'也是一种语用推论……"[136]112同样,用外延来定义语用推理是不严密的,把语用推理局限于会话含意、前提的推理,这样的定义肯定也是不全面的。

上述定义虽然各有不同,但有一点是统一的,那就是他们都认为,语用推理都涉及语境,语境是语用推理的基础。通过以上分析,本书给语用推理所下的定义是:所谓语用推理就是在言语交际过程中,受话人在根据发话人的言语交际行为动态构建理解语境的基础上,调用语用推理规则进行推理,意图识别发话人交际意图的过程。

其中理解语境是在言语交际中,受话者为了理解发话者的一段主体话语所传递的真正意义(交际意图)而激活的交际双方共有的相关知识命题。根据这些知识的来源,我们把理解语境细分成上下文语境、现场语境和背景语境。理解语境构建是个动态构建的过程,主要包括现场语境构建、上下文语境构建和背景语境构建。

8.1.2　语用推理的特点

8.1.2.1　语用推理的语境依赖性

如前所述,语用推理与语形推理和语义推理的最大不同就是对语境的依赖性。例如:

A:今天我们去哪里吃呀?

B:还是去上次吃的那个店吧。

在这里,A 要推理真正的结论,即知道 B 的意思,就必须联系具体的语言环境,补充或增加一些前提,从背景知识库中调用"上次与 B 一起吃饭"的相关知识,如 B 是个四川人,爱吃火锅,并搜索上次一起吃饭的"那个店"的具体所指,如"海底捞火锅店",然后做出这样一个推理:上次我们一起是在海底捞火锅店吃的,今天我们也去这个店,所以,今天我们也去海底捞火锅店吃火锅。

这就是一个语用推理。因此,可以说,语用推理都是一种省略或缺失了前提的推理,要正确进行该语用推理,就必须补充或增加省略或缺失的前提,而要找到省略或缺失的前提,就必须依赖当时的具体语境。

传统逻辑与经典逻辑主要研究的是语形与语义推理,这是一种抽去了具体内容,只考虑形式结构的推理,它不考虑前提中命题的具体语境,因此这种推理的前提与结论之间的关系是超语境的,是抽象的、一般的、普遍的,其形式结构是普遍有效的。例如,相对于"所有 M 都是 P,所有 S 都是 M,所以,所有 S 都是 P"这一推理形式,不管处于什么样的语言环境,不管其中的 S、M 和 P 所指什么具体内容,这一推理形式都是普遍适用的。

语用推理则不同,因为在推理中考虑了具体的语境因素,要联系前提所处的具体环境来推出结论,因此,语用推理不具有一般性和普遍性。每一个语用推理都是某一具体语境的推理,离开了该具体语境,就无法或不能由前提得出结论;或者,同样的一个前提,在不同的语境下,可以得出不同的甚至相反的结论(因为语境不同,补充或增加的前提就不相同)。这也就是说,在语形与语义推理中,由前提推出结论的过程是明确的,结论是唯一的,作为演绎推理,只要遵守推理规则,该推理就是普遍有效的。而作为语用推理,由于增加了具体的语境因素,同一个话语在不同的语境下可以形成不同的推理,可以得出不同的结论,因此,语用推理的前提与结论都不是唯一确定的,其推理过程也不具有普遍有效性。

如语境发生了改变的例子:

A:今天我们去哪里吃呀?

C:还是去上次吃的那个店吧。

在这里,A 也许都还记得 C 的回答与昨天 B 的回答一模一样,但无论记不记得,A 还深知,哪怕是同一人说相同的话,不同语境下意义都会不同。因此如果要推理当前话语的真正结论,就必须进行语用推理。于是联系当时的具体语言环境,从背景知识库中调用"上次与 C 一起吃饭"的相关知识,如 C 是个宁波人,爱吃宁波菜,并搜索上次与 C 一起吃饭的经验,确定"那个店"的具体的所指,如"老宁波",于是做出这样一个推理:上次我们一起是在老宁波吃的,今天我们也去这个店,所以,今天我们也去老宁波吃宁波菜。

语用推理的语境依赖性还表现在会话过程中,一个话语从字面意义上看并无歧义,但它在不同的语境中可能产生不同的会话含义。如"XX 是头狼。"该话语在不同的语境中,可能是说"XX 是头白眼狼,是个忘恩负义的家伙",也可能是说"XX 非常凶残",但也可能是说"XX 富有进取心"等。

具有单一意义的表达在不同场合下可能会引发不同的含义,这些含义在许多场合下都不是十分确定的。如"他就是个机器。"这句话可以传达以下任何一种或多种甚至全部含义:"他办事很有效率。""他从不休息。""他很冷血。""他智商低。"。即使有语境因素参与语用推理过程,我们也无法像演绎逻辑那样准确无误地推导出会话含义。

8.1.2.2 语用推理的溯因性

就西方逻辑而言,大多数研究把推理分成三类:演绎(deduction)、归纳

(induction)和溯因(abduction)。

演绎推理特点是具有恒真性,就是说,给定前提为真,且推理规则运用无误,结论必然为真。演绎并不能推导出新的发现,因为所有的结论都已蕴含在前提之中。

归纳推理从个别事实的某些已知特性出发,推导出更多事实或所有同类事实的性质。其推理格式如下:

a. 所有已知的 A 皆为 B

b. 因此,A 为 B

溯因推理则是皮尔士的发现,这种推理从已知的某个结果出发,试图确定与其相关的解释,所以常常被称作是寻求最佳解释的推理。其推理格式如下:

a. C 为数据之和(事实、观察到的现象、给定的情形)

b. A→C(A 为 C 之解释,即如择 A,则可解释 C)

c. 其它假设均不能如 A 那么好地解释 C

d. 因此,A 或为真

从溯因推理的推理格式可以看出,溯因推理推导力过强,任何与已知数据有潜在因果关系的论据都可能被作为结论推出。所以,关键不在于知道哪些是可能的解释,而在于限制众多的可溯之因以选出最佳解释作为结论。

根据皮尔士的后期理论,溯因、演绎和归纳组成科学探究的三步骤。溯因推理是科学研究的第一步。溯因推理目的在于形成假设,但这种假设并不是安全可靠的结论,必须要经过演绎的推导和归纳的检验,旨在通过观察被演绎出的结果是否成立,来证实或证伪该假设。如果该假设与现实不符,那么就需要新一轮的溯因—演绎—归纳,直到获得新信念、新知识。

在日常生活中的多数情况下,我们不可能、也并非必须在获得完整、严密、确定的信息后才进行推理,甚而有时,必须要依据当前已有的模糊、不完备的信息,迅速地做出判断。例如,遇到病人需要急救时,医生必须抓紧抢救时机,依据当前显示的症状及自己平日所积累的医疗经验,马上进行溯因推理,快速而果断地采取相应措施。如果仍要去谨慎地研究病历病史,进行各种可能需要的检查等,再由这些信息去斟酌选择治疗方案,一定会耽误病人的及时救治。

皮尔士最初作为科学发现逻辑提出的溯因推理后来所得到极其广泛的应用,如 Hobbs 等在 1993 年就运用皮尔士溯因推理逻辑提出了一种新的话语解释理论:一个句子的解释是对该句逻辑式的最少努力的溯因,对话语的理解过程可以看成是寻求最佳解释的溯因过程。[137]人之所以能够毫不费力地理解歧义,是因为人有天生的溯因推理能力;机器没有,因此机器无法面对"令人惊讶的事实",难以解释充满隐喻、含蓄、词语误用、歧义等现象的日常话语。

当受话人听到一句奇怪的话(交际意图暗示句,不能直接从字面意义中获得发话人的交际意图),就会将它作为一个不明原因的结果,或一个不明前提的结论。溯因推理的作用就是发现发话人这么说的原因,即形成语境假设,得出大前提,然后运用演绎推理,从该大前提得出必然的结论。当然,这一结论可能正确,也可能不正确,这要在进一步的话语中验证。如果合格,则此次语用推理完成;如果不合格,就需要新的溯因得出新的假设;如此往复。如下面这个例子:

张三:要来杯茶吗?

李四:喝茶使人兴奋。

李四的回答没有直接说是或否,而是说了一句看似答非所问的话。"喝茶使人兴奋"对于张三来说,是一句意料之外的回答,他必须做出最佳解释,来理解李四的交际意图。这时张三运用溯因推理,调用背景知识溯因,形成大前提"李四想早点睡觉",然后根据从明示话语解码得出的小前提,通过演绎得出李四的意图:

大前提:李四想早点睡觉。

小前提:喝茶使人兴奋。

结论:李四不想喝茶。

归纳是对溯因的假设的验证,如果与实际不符,则需要重新溯因。假如张三以为李四不愿喝茶,则可能出现余下的对话:

张三:那你要喝点矿泉水吗?

李四:不了,我明天有考试,今晚得熬夜复习。

这时候,张三就要重新进行溯因推理,得出新的大前提"李四想要保持兴奋",从而根据新的前提演绎出新的结论:李四想喝茶。

由上可见,在话语理解中,溯因推理的主要作用是形成假设,得出大前提;演绎则从该大前提得出必然的结论。当然,这一结论可能正确,也可能不正确,这就要在进一步的话语中验证。

从上面的例子分析中可知,话语解释过程不仅是语码解析过程,而且是对说话人意图和可能的话语含义形成假设的推理过程,理解的关键是交际双方创造合理假设的能力——溯因能力。

通过上面的分析可知,要想成功进行语用推理,一方面要运用溯因推理创造合理假设,这是语用推理的关键所在,因而语用推理具有溯因性。另一方面,通过上面的讨论也发现,一次完整的语用推理不仅包括溯因,而且还包括演绎和归纳,缺一不可。没有溯因,则无法形成假设,得出大前提;没有演绎,则无法推导出话语的含义;没有归纳,则无法判断话语理解的正确与否。

总之,语用推理是溯因、演绎和归纳这三种逻辑推理的有机组合,并且其顺序是溯因—演绎—归纳;溯因是基础,演绎是必然,归纳是保证。[138]通俗地说,语用推理是溯因—演绎—归纳的逻辑整合过程:受话人听到一句反常话语,语用推理的程序是以溯因开始,随后溯因的假设当作演绎的前提,推导出发话人的交际意图,这种推导是否正确还需要通过归纳在进一步的交际中验证。

8.1.2.3　语用推理的缺省性

缺省推理应用非常广泛,比如在计算机、人工智能研究领域,缺省作为一种技术手段经常被用在计算机程序中:如果程序员不明确提出某项要求,则系统对某一变量总是赋予"缺省值"或"默认值",并依此继续运行。在日常生活中我们也总会用到这种推理形式。例如,到了地铁正常运行的时间,我们总是缺省假设地铁是正常运行的,所以,如果没有另行通知,那么在缺省意义上,现在去地铁站就是能坐到地铁的。又比如,当我们与他人约会时,我们会缺省假定他人能如约而至,所以我们要做好准备,采取相应的行动。

缺省推理由瑞特(R. Reiter)于 1980 年首次提出。瑞特首次提出的缺省推理是一种非单调逻辑推理机制。缺省推理旨在寻找代表人类推理的最佳推理,它帮助人们在信息不完备的情况下进行推理,是一种"跳到结论中去"的推理。缺省逻辑的表达式是:

$$A(x)([P(x) \& M(Q(x))] \to Q(x))$$ 有条件假设(conditionally assume)Q(x)

$$P(a)$$ 已知事实(known fact)

------- 缺省逻辑(default logics)

$$Q(a)$$ 假定一致的事实(assumed consistent fact)

瑞特用 $[\alpha(X):\beta(X)] \to \beta(X)$ 来概括语用推理,即如果 $\alpha(X)$ 语用蕴含 β

(X),就可以直接推出 β,联系这两项的中间项是认知性质的常规关系。[139]

补出中间项,得:[α→(γ...)→β]。这里(...)是缺省逻辑大框架,γ(...)是内嵌在缺省推理内部的隐含演绎逻辑、归纳逻辑、信仰和知识运用系列。在没有证据证明命题 P 不存在的情况下,就须承认 P 的存在。因此,尽管人们不具备完备的世界知识,也能做出合理的推论。

在会话交际中,听话人对于听到的话语,往往会优先进行缺省推理,即假设说话人的话语是可以按照正常情形进行推理理解的,除非遇到与正常情形不一致的反常因素。例如,当小南听到同学小军养了一只,叫"翠儿"的鸟时,就会进行如下的推理:Bird(翠儿):Fly(Bird)/ Fly(翠儿),其中 Bird(翠儿)是前提 α,Fly(Bird)是缺省假设 γ"通常情况下鸟是会飞的",因为没有与之冲突的信息存在,便能缺省推出结论 β:Fly(翠儿)。但是,后来随着进一步交流,小南从小军口中得知"翠儿"是只企鹅后,小南知道企鹅属于少数不会飞的鸟类之一,于是"翠儿"会飞的结论就又会被取消。

从上面的分析中可知,缺省推理是从少于足够可得结论的证据出发,在可导致相反结论的信息缺席的情况下进行的可行性推理。其基本思想是,在推理过程中一些真假不能确定的命题,如果假定其为真且不产生矛盾,则默认这些命题成立。

那么,具体来说,在言语交际的语用推理过程中,究竟是如何运用缺省推理分析的呢? 我们来看这个例子:丈夫在客厅听到妻子说"今天天气真热!"丈夫明白妻子并不是仅仅为了告诉他今天的温度才对他这么说的,为了推理出妻子的真正交际意图,丈夫就会马上构建理解语境,其中激活的缺省逻辑的内嵌系列就可能包括"天气太热,人就感到不舒服""感到不舒服就要想办法""缓解不舒服的办法就是降温""降温有多种办法""最直接的就是用空调降温""发话人和受话人都知道房间里有空调""发话人相信一提到热,受话人便有可能打开空调"等,由此推出妻子的真正交际意图是"请求帮她打开空调"的结论。

8.1.2.4　语用推理的或然性

语用推理的或然性是指语用推理不同于论证性推理:在论证性推理中,如果前提为真,遵循具有保真性的推理规则,结论也一定为真。而语用推理具有或然性,或者说不确定性,在语用推理中,即使在最理想的条件下,也不能保证交际完全成功,即以说话人发出的话语为推理出发点,推导出来的结论不见得完全等同于话语的意义,完全体现说话人的意图。

在语用推理过程中,从言语行为的显性前提中推导出说话人的真正意图,一般要经过两个步骤:①先补充出隐性前提;②推导出说话人的真正意图。而语用推理的隐性前提不仅仅局限于某一固定的信息集,也不局限于当下的语境,它对记忆中的信息也是开放的;而且隐性前提在其形成过程中,创造性的联想和想象也发挥着至关重要的作用。也就是说,受话人构建的理解语境不一定等于发话人的表达语境。所有这些因素都影响着语用推理的过程,使推导出来的结论具有不确定性,不能保证交际的完全成功。

在语用推理中前提的命题是不完整的,前提的补全成了整个推理过程的关键。补全前提,也就是说语境是不具有必然性的,因为由于人们的认知结构不同,前提的形成也就不同,同一语言信息未必能推导出同一结果。在这个意义上说,语言推理过程是或然性的。

语用推理中,某些前提是经验假设,是相对真理,只在一般场合下为真,并非在所有场合下为真。如:

A:今晚一起去看电影吧。

B:明天我有考试。

这里,对于B的回答的理解取决于所补全的前提,一般情况下而言,很多人都认为"明天有考试,今晚应该认真复习,没有时间去看电影",但也有不少人也信奉"大考大玩,小考小玩,不考不玩",对这些人而言,他们认为,"既然明天要考试,就应该放松和休息,所以不妨去看场电影。"所补全的前提不同,自然得出的结论也会不同,无法保证语用推理的必然性。

语用推理中,补全的前提是经验假设,这种经验在不同的时间也会发生变化。如"买肉要买最好的肉",什么才是最好的猪肉?不同时期的人们的回答是不相同的:在物资匮乏的年代,最肥的肉才是最好的肉;而现在人们都不缺营养,都在减肥,因而排骨成了最好的肉,价格几乎是普通肉价的两倍。

此外,在言语交际中,发话人的言语行为稍有差池,就会导致"误解"。而误解的发生更是说明语用推理的或然性。如B和C都是A的好朋友,一天A在B面前大肆赞扬C,感谢C在关键时刻慷慨解囊,帮自己渡过了难关。A的本意是因为对C太过感激,情不自禁地流露自己的感情,并无他意。但B听到后会进行语用推理,A 为什么对我说这些? 要感谢 C,直接找 C 就是了。于是 B 会认为 A 是在责怪自己,因为在 A 最困难时自己没有帮助他。这正是"说者无意,听者有心"。

8.1.2.5 语用推理的非单调性

非单调性和单调性是相对而言的。单调性意味着当且仅当给出一个公式集 S 和结论 C,如果 S⊢C,则对于任意信息集 B,S∪B⊢C。这就是说,任何新信息 B 的增加都不会影响原来结论 C 的得出。时间、地点、参与者、情景、环境、原因等的变化或加入,都不会改变推理的结论。单调性推理是按照演绎推理的三段论进行推理,即大前提、小前提为真,推理规则正确,结论必然为真。

非单调性与单调性相反,即它不承认如下的推理模式:如果 S⊢C,S∪B⊬ C。也就是说,推理是非单调性的,当且仅当前提 S 可以推导出结论 C,但新信息 B 的增加会影响原来结论 C 的得出。非单调性推理的特点是推理结论是暂时性的,随着新信息的出现,结论会改变甚至废止。

会话交际有一个特点,即交际具有瞬时性、经济性和效率性。实际上,我们在交际中都会有这样的体会,说话人在传达某一信息时,一般都会假定听话人知道一些相关情况,从而隐去一些前提,通过发出这样的话语,可以观察听话人的反映,如果听话人的反映表明听话人知道那些隐含前提,那么交际继续向前推进;如果听话人听了回答之后感到很茫然,那么说话人这时候会再附加前提,帮助听话人顺利理解,从而使得交际顺利进行。也就是说,在某种意义上,结论的正确性不是特别重要,因为此时的结论只是暂时性的,会话还在继续。会话交际就是你一言我一语,为了追求推理结论的正确性而故意放慢推理的进行,使得会话交际不能流畅推进。可见,对于会话这种比较随意的交际方式来说,效率优先于质量,会话交际一般都承担着这样的风险,不必刻意地要求每个会话都一定要成功。

此外,言语交际的歧义性、模糊性,听话者所附加的不同的隐性前提,也会使语用推理的结论具有不确定性。

从上面分析我们知道,语用推理的结论是非确定性的,所以语用推理显然是非单调性推理。语用推理结论是暂时性的,随着新信息的出现,结论会改变甚至废止。如:

A：你什么学历？

B：我差点考上研究生。

A：哪所大学毕业的？

B：考上研究生就差这点——报考资格，我初中毕业。

这里 A 听到 B 的回答，立马展开语用推理，根据读大学经验，一般是本科毕业后再考研究生，于是得出结论"B 应该是本科毕业"，所以才进一步询问 B 毕业于哪所大学。但随着 B 的进一步回答，得知 B 仅为初中毕业，前面得出的 B 本科毕业的结论就被推翻了。

根据非单调逻辑，添加新信息、新命题就可以推翻旧命题，具体表现为添加上下文就可逻辑地取消原来的含义。如，"西瓜四块钱一斤。"其含义为"这些西瓜每斤需要四块钱"。但如果后面再加上一句"十元三斤"，那么原先的含义"这些西瓜每斤需要四块钱"就被推翻了。

语用推理作为一种非单调性推理，其本质是前提信息的不完备性。其实，在人们日常交际中，人们很难得到完备的信息，即使在人工控制的环境下，亦是如此。在直观上，人们认为应该得到完备信息的情况下，也可能因为突发状况使得到的信息不完备。再者，人的记忆是有限的，而信息是无穷的，在特定的情境中，我们不可能考虑到所有可能存在的信息并作为前提。根据当时的情况，假设或默认一些命题成立，作为补充信息或知识，使推理进行下去，这样可推理出各种蕴含成立的命题。如果到了某一时刻，发生了一些新事实或加入了新的知识，与原假设产生矛盾，此时就要回过头来撤销原假设，并撤销一切由于这些假设而推出的所有结论，然后再按新情况进行推理。可见，新事实或新知识的加入，不但没有肯定原有结论，反而删掉一些原来推出的结论，这就是所谓的非单调性。

8.1.3　语用推理的过程

李德华先生提出了一种创造性思维模型的理论框架——可能性构造空间理论（PCST）。他认为创造性思维的本质是构造充分大的针对研究对象的可能性构造空间，在这个空间中进行选择、检测后找到新的创造对象。可能性构造空间的架构，就是通过一系列算子构造可能性构造空间中的元素并且在此空间中选择有意义的点和区域（元素），促使其成为现实空间中的元素，以拓展现实空间。[140]

　　本书深受李德华先生这一研究成果的启发,认为语用推理就是在言语交际过程中,受话人在根据发话人的言语交际行为动态构建理解语境的基础上,调用语用推理规则进行推理,意图识别发话人交际意图的过程。语用推理的过程包括调用知识、测试推理和意图筛选三部分。语用推理过程可以用图 8-1 表示如下:

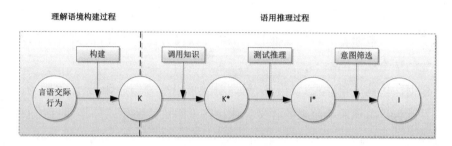

图 8-1　语用推理过程示意框图

其中,K 表示理解语境,因为理解语境也就是被激活的知识集,所以用 K 表示。K* 表示从理解语境的知识集中取出的相关知识构成的临时知识集。I* 表示经过测试推理得出的临时交际意图集。I 表示经过意图筛选后确定的最可能的那个交际意图。

　　理解语境是在言语交际中,受话者为了理解发话者的一段主体话语所传递的真正意义(交际意图)而激活的交际双方共有的相关知识命题。受话人从整个言语交际行为中找到与话语理解有关的线索,然后根据这些线索激活、调用相关的知识,这些知识组成的集合就是理解语境。

　　本书并不认为理解语境构建是语用推理的一部分。首先,在理解交际意图明示句的识别过程中,受话人也构建了理解语境,只是没有利用所构建的理解语境进行语用推理,更没有当意图难以理解时再次构建更加深入的理解语境而已。理解语境构建是一个相对独立的阶段,只是它与语用推理有着紧密联系。

　　理解语境构建与语用推理是交替进行的。如果对所推理出的交际意图结果并不满意,觉得这个结果并不能很好地解释发话人为什么要实施当前的言语行为,则会重新构建理解语境,把原来不太重视的或忽略的相关知识激活,重新进行测试推理,以便找到更满意的推理结果。另外,由于人在不断地与外界交换信息,使人的认知语境不断地发生变化,理解语境的不断变化也会导致新的语用推理产生。

理解语境构建对应于人的发散思维,语用推理对应于收敛思维。在具体的言语交际过程中,两者往往是交替使用的,这正是人能成功地克服知识组合爆炸困扰的重要原因。

8.1.3.1　调用知识

"调用知识"的过程是指从理解语境中调取一定的知识至语用推理器的过程。语用推理器每次从理解语境 K 中调取一定的知识,组成临时知识集 K*,以便进行后面的操作。在调用知识的过程中,一般并没有重新构造理解语境 K,而是依次调取理解语境 K 中的相关知识,直到调取完其中的相关知识,或者直到语用推理器发出"终止调用知识"的命令。但如果理解语境 K 中所有的相关知识都被调用完,仍然还没成功得出满意的结论,发话人则可能放弃进一步的努力。但发话人也可能继续努力,进一步构建理解语境 K,以求能最终理解发话人的交际意图。

每次调取"一定的知识",这里"一定的知识"是什么意思?我们将从一个具体的例子开始讨论。请看下面的例子:

丈夫正和妻子靠在沙发上看电视,忽然听到妻子说"下雨了",丈夫也听到了阳雨罩上噼里啪啦的雨滴声,马上站起来说:"我收左边阳台的衣服,你收右边的。"

在这个例子中,丈夫听到"下雨了"后立刻构建了理解语境,激活了"下雨了"的相关常识:"下雨了,外出需要带雨具。""下雨了,路滑。""下雨了,晒的衣物会被淋湿。""下雨了,不方便散步了。""下雨了,骑电动车上班不方便。"……那么丈夫在进行语用推理时,每次就只会调取一个方面的知识,而不会是两个方面以上的。这是"一定的知识"的含义之一。词语的多个意义被称为不同的义项,而话语的多个意义目前尚没有专门的术语来指称,本书暂且称之为"可能意义"。也就是说,"一定的知识"的含义之一是话语的一种可能意义。

是不是每次只调用话语的一种可能意义?很明显,答案不是这样的。为了进行后续的处理,如进行测试推理,肯定还需要其他的语境信息,如交际的时间、地点、交际角色等,甚至还需其他背景信息,如在此例中,丈夫还需调用"有衣物在阳台上晒着"这个背景知识,才能顺利推理出妻子话语的意图。

总结起来,"一定的知识"的含义是:话语的一种可能意义及对该意义进行测试推理所需的其他语境信息。

8.1.3.2 测试推理

测试推理就是测试话语的一种可能意义在当前语境下是否具有可行性。因为每一句话语后面都关涉到很多的人类知识,受话人则需要根据言语交际当时的情形来推断发话人究竟想激活的是哪一条知识。为此,受话人就必须对话语所关涉的知识进行甄别,进行测试推理,假设发话人希望调用的是这一条知识,看看他的交际意图会是什么。然后通过进一步的测试,看看能否比较完美地解释当前的情形。如果能,那发话人话语想激活的就可能是该条知识。

受话人在测试推理时肯定会调用大量的推理知识,如果话语所关涉的知识不是专业知识,那推理知识就是常识。但如果交际双方讨论的是专业领域的内容,那推理知识也就包含了该专业领域的相关知识。

我们还是以上面的妻子对丈夫说"下雨了"为例,展示测试推理的过程。而当丈夫调入"下雨了,外出需要带雨具。"这条知识时,则会进行如下的推理:

a. 下雨了,外出需要带雨具。

b. 如果受话人正准备外出,受话人应该带上雨具。

c. 发话人的意图是:提醒我带上雨具。

但推理进行到第二步时,受话人正在看电视,根本没准备外出,因而推理的前提并不具备,测试推理到此结束,返回前一处理。也就是该条知识没能通过测试推理,没有推理出临时交际意图,即发话人希望受话人激活、调用的不是这一条知识。

而当"丈夫"调入"下雨了,晒的衣物会被淋湿。"这条知识时,则会进行如下的推理:

a. 下雨了,晒在外面的衣物会被淋湿。

b. 不想衣物被淋湿,把衣物收进来。

c. 现在外面晒有衣物,应该把这些衣物收进来。

d. 发话人的意图是:要我把衣物收进来。

受话人顺利地完成了整个推理过程,也就是说受话人顺利地完成了测试推理,得出了发话人的交际意图。但这个测试推理结果还不一定是最终的意图,因此先把推理结果存入临时交际意图集,等待进一步的处理。该例子中的其他条知识的测试推理过程就不一一详细讨论了,我们用图 8-2 把主要的推理结果展示如下:

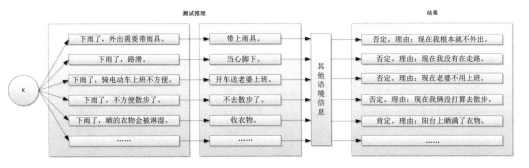

图 8-2 "下雨了"测试推理的部分结果

8.1.3.3 意图筛选

如果通过测试推理的只有一条,那就输出该结果作为最终的处理结果;但如果通过测试推理的有多条,也就是经过测试推理得出的临时交际意图集 I* 中的意图数量大于 1,则需要进行意图筛选。

意图筛选的标准是明确的,也是唯一的,那就是"合理性":看哪个交际意图更能合理地解释当前语境下的言语交际行为。要能合理解释发话人言语行为的方方面面的各种"线索",也要更加符合发话人的个性,更加吻合发话人在言语所涉及方面的价值观。请看下面的这个例子:

早上妻子正准备上班,突然下起了大雨,妻子对丈夫说:"下雨了。"

在这里,丈夫为了理解妻子的意图,迅速构建了理解语境,把"下雨了"的相关常识,如"下雨了,骑电动车上班不方便。"等调入了工作记忆,也把"妻子通常骑电动车上班""自己常常开车上班"等背景知识调入了工作记忆。经过测试推理,"妻子要我开车送她上班""妻子要开车去上班"这两个意图都有可能,这时就需要进行意图筛选了。

在意图筛选过程中起决定作用的是受话人的背景知识。如丈夫记得妻子曾向他诉苦,说上次下雨天骑电动车上班,结果浑身都被淋湿了;而丈夫今天自己也需要去上班。这些背景知识就足够排除"妻子要开车去上班"这个意图。丈夫于是认为妻子的意图是"妻子要我开车送她上班"。

有些意图筛选是有意识进行的,有些是无意识进行的。意图筛选过程中大部分是有意识进行的,但其中也隐含了一些无意识的筛选过程。因为许多筛选过程是作为思维的潜运算或常识进行的,而没有被主体注意到。但可以肯定的是,这种无意识的筛选过程在语用推理中并不占很大的比例。

在意图筛选过程中,不仅仅是理性思维在起作用,其背后还隐含了许多非理性因素,或者有时在极端情况下全是非理性因素在起主要作用。受话人当时的直觉、心态、情绪等都会对最后的筛选结果起着非常重要的作用。如处于极端情绪控制下,受话人往往听不进他人的话语,或误解他人的话语。但这些非理性因素的具体描述、其内部机理和如何参与意图筛选等问题的解决还有待心理学研究的进一步发展。

语用推理是个开放的系统,在推理过程中,无论是调用知识阶段,还是测试推理阶段,还是意图筛选阶段,都可能会有一些新的或者一些意外的信息进入受话人的意义空间,这些信息会引起新的语境构建,也就可能引起新的意图筛选。

从临时交际意图集 I^* 筛选出最佳意图后,有两种可能:①受话人对结果满意,认为已经成功推理出发话人的交际意图,结束语用推理;②受话人对结果不满意,认为可能还会有更好的结论,可能继续努力,进一步构建理解语境 K,以求能最终获得更加满意的结果。

需要说明的是,上面我们的讨论中,假设在语用推理中人脑执行的是串行处理机制,处理完上一条知识再处理下一条知识,这只是为了能更加详细地揭示语用推理的过程。实际上,我们认为在语用推理中人脑执行的可能是并行处理机制,是多线程的,只不过每个线程所处理的也只会是其中一个方面的知识,其处理过程都是一样。

8.2 基于 Petri 网的语用推理

8.2.1 Petri 网的基本知识

Petri 网的概念最早是在 1962 年佩特里(C. A. Petri)的博士论文中提出来的[141],后来该模型发展成为包括自动机模型和形式语言理论的理论计算机科学的一个分支。Petri 网以研究系统的组织结构和动态行为为目标,着眼于系统中可能发生的各种变化及变化之间的关系,它只关心变化所需条件和变化对系统状态的影响。

Petri 网是一种网状信息流模型,它的结构元素主要包括库所(place)、变迁(transition)和弧(arc)。其中库所用于描述可能的系统局部状态条件或状况,变迁用于描述修改系统状态的事件,弧规定了局部状态和事件之间的关系。每一条弧有一个对应的权值,称为弧权(weight)。在 Petri 网模型中,标记(token)包含在库所中。随着事件的发生,标记可以按照弧的方向流动到不同的位置,从而动态地描述了系统的不同状态。如果一个库所描述一个条件,它能包含一个标记或者不包含标记,当一个标记出现在这个库所中时,条件为真,否则为假。

一个 Petri 网模型的动态行为是由它的实施规则(firing rule)规定的。如果一个变迁所有的输入位置至少包含一个标记,那么这个变迁可能实施(相联系的事件可能发生),对这种情况这个变迁称为可实施。一个可实施变迁的实施导致从它所有输入位置中都清除一个标记,在它的每一个输出位置中产生一个标记。当使用大于 1 的弧权时,在变迁每一个输入位置中都要包含至少等于连接弧权的标记个数,它才可实施,这个变迁的实施,要根据相连接的弧权在它每一个输出位置中产生相应标记个数。由于变迁的实施使标记在库所中流动,因此不同时刻,标记在各个库所中的分布不同,这种不同的分布称为标识(marking),标识就相当于系统所处的状态(state)。[142]

我们可以将 Petri 网定义为一个三元组 N=(P,T,F),其中,P 是库所的有限集合;T 是变迁的有限集合;F 是网的流关系(flow relation)。在图中,P 元素用圆圈或椭圆表示,T 元素用短线或矩形块表示,F 用带箭头的有向弧表示。使用有向弧连接库所和变迁,从而共同构成一个基本的 Petri 网模型。其中,有向弧只能由库所指向变迁或者由变迁指向库所。如图 8-3 就是一个简单的 Petri 网,它表示一个简单的产生式规则:IF p THEN q。

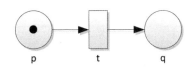

图 8-3 简单产生式的 Petri 网表示示例

Petri 网知识表示法的优点：

（1）Petri 网兼顾了严格语义和图形语言两个方面。经典 Petri 网以及高级网的所有元素都经过了严格定义，具有规范的模型语义。Petri 网具有足够丰富的表达能力，完全支持现实中基本的过程逻辑。

（2）模型基于状态，形式直观。许多建模的方法（如 GRASP、PERT）均是基于事件的，缺乏对系统状态的明确体现。而 Petri 网是一种基于状态的建模方法，明确定义了模型元素的状态，并且其演化过程也是状态驱动从而不但严格地区分了活动的授权和活动的执行，而且使过程定义具有更丰富的表达能力；能够动态地修改过程实例使建模过程中具有了更多的柔性特征。

（3）分析能力强。Petri 网建立在严格的数学基础上，具有强有力的分析技术与手段，可以用来分析模型的各种特征，如有界性、活性、不变量等，还可以计算模型中的各种性能指标，如响应时间、等待时间、资源占有率等。这些分析技术同样可以用来从理论与仿真两个方面对业务过程的一些基本要求和性质进行验证，通过分析还可以对模型进行优化，获取性能最优的来运行。

（4）可扩充信号。Petri 网仍在纵横两个方向上不断发展：纵向扩展表现为有基本的 EN 系统扩展到 P/T 系统，发展到高级网，如谓词/变迁系统、染色网；横向扩展表现为从传统的 Petri 网发展到时间 Petri 网和随机 Petri 网；从一般有向弧发展到抑制弧和可变弧；从自然数标记个数到概率标记个数。Petri 网的描述能力仍在不断增强，同时相应的系统性能分析方法也在不断地得到完善。

8.2.2 基于 Petri 网的语用推理机制

人的大脑皮层是由成百亿个神经元构成的，这些神经元依据一定的方式相互联结，从而形成一个庞大的神经元网络，就是该神经元网络实现了人脑的处理功能。人脑处理信息的能力，归根结底是由神经元的信息处理能力决定的。整个神经网络系统的神经元全部是直接或间接相互联系、相互影响的，且神经元之间主要是通过两种形式来实现相互联系和影响的，即辐散和聚合。

科学家们借鉴人脑的生物神经网络系统的组织结构和信息处理方式，发展出了人工神经网络这一人工智能领域的一个重要研究分支。人工神经网络的研究过程实际上是对生物神经元网络信息处理机制的形式化过程。如柯林斯和洛夫特斯提出了激活扩散模型。[143]在激活扩散模型中，概念之间的联系由连线表示,连线的长短代表了联系的紧密程度。两个概念间的连线越短,通过共同特征的连线越多,则它们之间的联系越紧密。激活扩散模型的加工过程包括搜索和决策两种过程。激活扩散模型假定,当一个概念被加工或受刺激,在该概念结点就产生激活,然后激活沿该结点的各个连线,同时向四周扩散,先扩散到与之直接相连的结点,再扩散到其他结点。

的确,人类在进行问题求解时,首先也是接收到若干个概念,然后由这些概念去一步一步地激活其他概念,并最终在某个状态下静止,此时问题求解过程也就结束了。在这个概念激活的过程中,主要会体现出两种宏观的操作,即"发散"和"汇聚"。"发散"操作是指一个处于活跃状态的结点去激活与其相关若干的概念;"汇聚"操作是指多个处于活跃的结点去激活某一个结点。在计算机领域,如果要实现基于概念激活的问题求解过程,就必须要有一个具有很强表达能力的知识表征工具作为载体,本书采用 Petri 网对语用推理机制进行建模。

在 Petri 网语用推理模型中,每个库所相当于一个神经元,表示一个命题。库所中用标记表示命题的真假,如果库所包含标记,则该命题为真,否则该命题为假。用有向弧表示推理的方向,用变迁表示推理,如果一个变迁所有的输入位置均包含标记(前提全部为真),那么该变迁处于可激发状态。一个处于可激发状态的变迁实施激发,则清除掉它所有输入位置中的标记,并在它的每一个输出位置中产生一个标记。整个推理过程相当于神经兴奋的定向传递过程。

在初始化的时候,所有库所的标记值 θ 均设置为 0。在推理时,当系统输入事实时,就将相关命题激活,将表示该命题的库所的标记值 θ 设置为 1,然后系统根据推理规则,一步一步地处理,直到系统停止推理。

设推理规则为 R:IF d_j THEN d_k,则其前提条件是命题 d_j,用对应的库所 p_j 表示;结论是命题 d_k,用对应的库所 p_k 表示;命题 d_j 的真值为对应库所 p_j 的标记值 θ_j,命题 d_k 的真值为对应库所 p_k 的标记值 θ_k。这样我们就可以将推理规则映射为余下的几种推理模型:

(1)简单的 Petri 网语用推理模型。

简单的 Petri 网语用推理模型如图 8-4 所示。其中,库所 p_1 和 p_2 分别表示推理规则的前提命题 d_j 和结论命题 d_k,库所 p_1 和 p_2 的标记值 θ_1 和 θ_2 分别表示 d_j 和 d_k 的真值。当且仅当 d_j 的真值 $\theta_1 = 1$ 时,变迁 t 才能触发(应用推理规则 R),触发后结论命题 d_k 的真值 $\theta_2 = 1$,而前提命题 d_j 的真值 $\theta_1 = 0$。

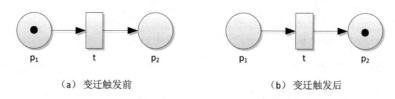

（a）变迁触发前　　　　　　　　（b）变迁触发后

图 8‐4　简单的 Petri 网语用推理模型

（2）合取式前提的 Petri 网语用推理模型。

合取式前提的 Petri 网语用推理模型如图 8‐5 所示。假设推理规则的前提命题 $d_{jm}(m=1,2,\cdots,i)$ 的真值分别为 θ_i，结论命题 d_k 的真值为 θ_k。当且仅当全部的前提命题 d_{jm} 的真值均为 1 时，变迁 t 才能触发（应用推理规则 R），触发后结论命题 d_k 的真值 $\theta_2=1$，而所有前提命题 d_{jm} 的真值 $\theta_i=0$。

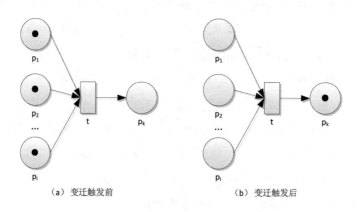

（a）变迁触发前　　　　　　　　（b）变迁触发后

图 8‐5　合取式前提的 Petri 网语用推理模型

（3）析取式前提的 Petri 网语用推理模型。

析取式前提的 Petri 网语用推理模型如图 8‐6 所示。假设推理规则的前提命题 $d_{jm}(m=1,2,\cdots,i)$ 的真值分别为 θ_i，结论命题 d_k 的真值为 θ_k。如果库所 $p_1,p_2,\cdots,p_i$ 中有任何一个库所的标记值为 1，则所对应的变迁 t_m 触发（应用推理规则 R），触发后结论命题 d_k 的真值 $\theta_2=1$，而所有前提命题 d_{jm} 的真值 $\theta_i=0$。

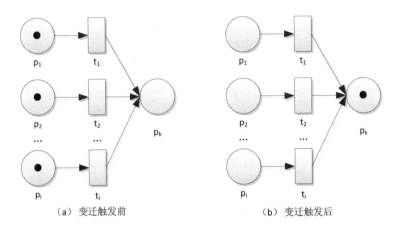

（a）变迁触发前 　　　　　　　　　（b）变迁触发后

图 8‑6　析取式前提的 Petri 网语用推理模型

（4）合取式结论的 Petri 网语用推理模型。

合取式结论的 Petri 网语用推理模型如图 8‑7 所示。假设表示前提命题的库所 p_1 的标记值为 θ_1，表示结论命题的库所 p_2，p_3，$\cdots$，p_i 的标记值分别为 θ_2，θ_3，$\cdots$，θ_i。当而且仅当 $\theta_1 = 1$ 时，变迁 t 才能触发（应用推理规则 R），触发后所有表示结论命题的库所的标记值均为 1，而前提命题 d_j 的真值 $\theta_1 = 0$。

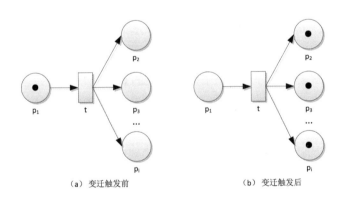

（a）变迁触发前 　　　　　　　　　（b）变迁触发后

图 8‑7　合取式结论的 Petri 网语用推理模型

8.2.3　基于 Petri 网的语用推理过程

基于命题的语用推理过程是以命题为基本单元的 Petri 网通过结点之间的相互激活实现一个问题求解过程。整个推理过程相当于神经兴奋的定向传递过程。推理系统首先从理解语境中初始输入事实或真理,然后激活对应的命题库所,通过一步一步变迁,从而使更多的命题库所变成活跃状态,直到没有新的命题库所被激活,此时也就是该问题求解的最终状态。在最终状态会有一些命题库所处于活跃状态,这些活跃的命题就构成了语用推理的最终结论。下面我们以一个实际的言语交际例子来展示基于 Petri 网的语用推理的详细过程:

早上 6 点多,妻子正准备上班,突然下起了大雨,妻子对丈夫说"下雨了",丈夫回答:"好的,我开车送你。"

8.2.3.1 理解语境构建阶段

现场语境构建:从"妻子"忙碌的身影中,以及当时的时间,识别出"妻子正准备上班"的情景;现场听到雨声或也看到下雨了,识别出"正在下雨"等。

背景语境构建:激活调用工作日"早上 6 点多"的相关常识,激活调用"上班"的相关常识,激活调用"下雨"的相关常识,激活调用与"妻子"的相关交流经历等。

上下文语境构建:"妻子"说"下雨了"前并没有说过与此相关的其他话语,故没有"前言"可以帮助理解。

8.2.3.2 语用推理过程

(1)调用相关的意图推理知识库。

首先从理解语境的背景知识中调用相应的意图推理知识库至推理器中,然后对这些知识库进行初始化,将所有库所的标记值设置为 0。如图 8-8 就是一个用 Petri 网表示的简要的"上班常识推理"的知识库,目前正处于初始化状态。由于本节旨在展示推理过程,故只展示一个简要的知识库,只展示与推理结果密切相关的内容,并没有包括所有的相关知识,还有很多的库所及变迁没有一一展示出来。

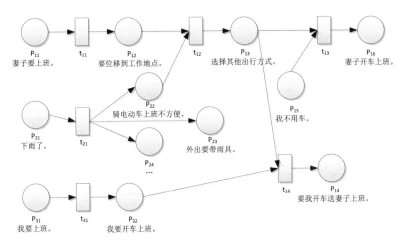

图 8-8 推理知识库的初始化状态

(2)根据语境知识激活相关库所。

从理解语境中寻找相关事实,激活对应的命题库所,将这些库所的标记值修改为 1。如在本例中,依据语境信息激活了表示"妻子要上班"的库所 p_{11},表示"下雨了"的库所 p_{21},表示"我要上班"的库所 p_{31}……在图中,用黑点表示该库所已经被激活。同样,为了简洁,与推理结果不是密切相关的内容也都没有展示出来。图 8-9 就是推理器中知识库正处于事实激活对应的命题库所后的状态。

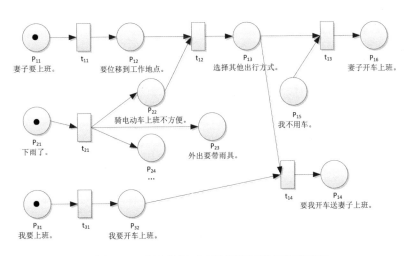

图 8-9 事实激活对应的库所后的知识库状态

（3）进行第一轮变迁。

检测所有的变迁是否处于可激发状态。如果一个变迁所有的前提全部为真，也就是其所有输入位置均包含标记，那么该变迁处于可激发状态。对处于可激发状态的变迁实施激发，清除掉它所有输入位置中的标记，并在它的每一个输出位置中产生一个标记。如在本例中，变迁 t_{11} 的前提为真，被激发，其输入位置 p_{11} 中的标记被清除，其输出位置 p_{12} 中产生一个标记。同样，由于前提为真，变迁 t_{21}、t_{31} 也被激发，其输入位置中的标记被清除，其输出位置中产生一个标记。第一轮变迁激发后知识库的状态如图 8-10 所示：

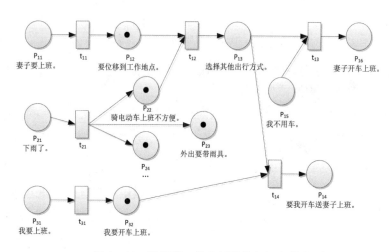

图 8-10　进行第一轮变迁后的知识库状态

（4）进行第二轮变迁。

再次检测所有的变迁是否处于可激发状态，对处于可激发状态的变迁实施激发。在本例中，变迁 t_{12} 的前提全部为真，因而被激发。也就是说，"妻子要到工作地点"，又因为"下雨"导致"骑电动车上班不方便"，因此，只能"选择其他出行方式"。第二轮变迁激发后知识库的状态如图 8-11 所示：

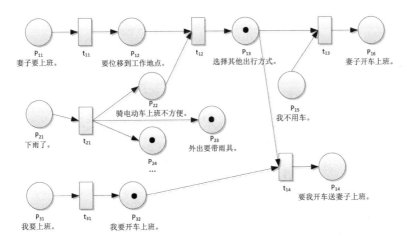

图 8‑11　进行第二轮变迁后的知识库状态

(5)进行第三轮变迁。

再次检测所有的变迁是否处于可激发状态,对处于可激发状态的变迁实施激发。在本例中,变迁 t_{14} 只有一个前提 p_{13} 为真,而另一个前提 p_{15} 为假,因而不能被激发。也就是说,因为"我要用车",所以"妻子"不能"开车上班"。而变迁 t_{14} 的前提全部为真,因而被激发,即因为"我要开车上班",所以只能是"要我开车送妻子上班"。推理知识库就这样一轮轮进行变迁,直到再也没有任何变迁可以激发。第三轮变迁激发后知识库的状态如图 8‑12 所示:

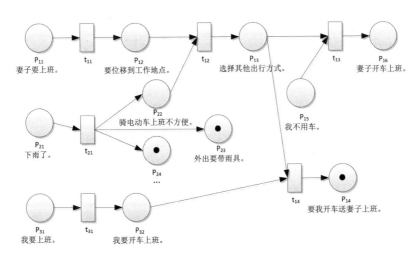

图 8‑12　进行第三轮变迁后的知识库状态

(6)意图筛选。

当然,推理知识库再也没有任何变迁可以激发时,有时还有多个库所处于激活状态,即有多个可能意图。此时,还得进行意图筛选。意图筛选的标准是"合理性":看哪个交际意图更能合理地解释当前语境下的言语交际行为,即谁能合理解释发话人言语行为的方方面面的各种"线索",谁就是最可能的意图。如在本例中,由"下雨了"到"路滑",及"我要开车上班",可以推理出"开车易出事故",故得出"老婆提醒我小心驾驶"的意图。但这个结果没有解释"妻子要上班"的事实,而结果 p_{14} 的"要我开车送妻子上班"就可以完美解释事实 p_{11}、p_{21}、p_{31},因而是最合理、最可能的答案。

8.3 基于消息机制的语用推理系统

8.3.1 语用推理系统设计思想

从上一节的分析中可知,语用推理的关键在于要有言语交际行为所涉及的相关推理知识,这些推理规则完美组合才能合理地推理出发话人的交际意图。而这些推理规则都是受话人根据言语行为的各种"线索"从背景知识库中临时激活调用的,事先并不确定,这就带来了一个难题:如何将这些规则完美组合起来。

解决方案之一则是事先编制好涉及整个人类知识的交际意图推理规则,开展语用推理时将整个人类知识的交际意图推理规则完整地调入推理系统,这样就不用担心规则间的组合问题了。但因为人类知识浩如烟海,要在短时间内建设好涉及整个人类知识的交际意图推理规则,根本就是不可能的。

为了解决临时调用规则的完美组合问题,本书提出了一种基于消息机制的知识推理方法。我们在用 Petri 网建模表示语用推理过程时,发现用 Petri 网表示的推理规则间是高度耦合的,从哪个库所变迁到哪个库所,都是非常明确的,不能出现一点点差错,否则无法进行知识推理。临时调用的推理规则怎么确定具体的库所呢? 如果采用绝对地址,那推理规则的建设将是非常复杂而困难的事情。

而基于消息机制的知识推理方法可以避免出现这一难题。基于消息机制的知识推理方法的原理如下：一条推理规则本质上就是"IF 前提 P THEN 结论 Q"，推理知识库就是若干这样的推理规则的集合。推理过程可以看成 P_1 激活 Q_1，而 Q_1 又变成了下一规则的前提，即 Q_1 又激活了 Q_2，如此进行下去，直到推理出最后的结论。我们设计一个消息管理中心，把每一条规则设计成一个"神经元"，每个"神经元"都从系统的消息管理中心获取消息作为前提，成功激发后也向系统的消息管理中心发送消息传递自己的结论。该设计思想可以用图 8 - 13 表示如下。

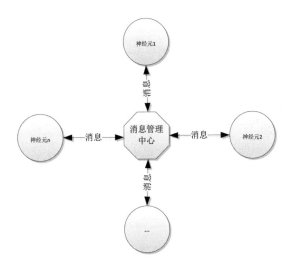

图 8 - 13　基于消息机制的知识推理系统设计思想示意图

每个"神经元"由消息侦听器、内部处理中心和消息发送器三部分构成，消息侦听器负责侦听"前提 P"，一旦从系统的消息管理中心收到"前提 P"的消息，就将消息送到内部处理中心。内部处理中心负责判断激发的条件是否具备，如果不具备，继续等待进一步的消息；如果激发的条件已经具备，则激活消息发送器。消息发送器负责将该"神经元"的"结论 Q"这一消息发送给系统的消息管理中心。这样每个"神经元"完成一次触发，就成功地完成了一次推理规则的应用，并且把"结论 Q 为真"的消息传到了消息管理中心，而以此消息为"前提 P"的那个"神经元"就会在下一轮中进行触发，又把自己的"结论 Q"消息发送给系统的消息管理中心。如此一轮一轮进行，直到推理出相关的结论。

每一条推理规则都是不相同的,如何设计这些"神经元"呢?必须按照统一的标准来设计这些"神经元",这样一个"模子"设计出来的"神经元"才方便创建。在程序设计中,这样的"模子"可以用"类"(class)来实现。

那如何实现每一条推理规则的差异呢?经过认真分析,我们发现"神经元"只有两类:①合取式:IF $P_1 \wedge P_2 \wedge \cdots \wedge P_n$ THEN 结论 Q;②析取式:IF $P_1 \vee P_2 \vee \cdots \vee P_n$ THEN 结论 Q。而简单式"IF P THEN Q"可以看成合取式的特例,即前提只有一项。这样"神经元"只要设计三个参数就可以实现其表示的推理规则的差异性。

参数一:ListInNews,需要侦听的消息列表。数据类型为列表,列表不能为空。

参数二:TypeRule,数据类型为枚举型,取值为 0 和 1,其中 0 表示为合取式推理规则,1 表示析取式推理规则。"神经元"的内部处理中心根据这个参数,对所侦听到的消息进行不同的处理,以判断"神经元"触发的条件是否具备。

参数三:ListOutNews,发送消息列表。数据类型为列表,列表不能为空。

这样,在推理知识库建设中就只需记录每条推理规则的这三个参数就行了,这样的知识库可以用"词典"这一数据类型来记录所有的数据。而推理系统调用相关推理规则的过程就是动态创建"神经元"类的过程,如在 Python 中就可以直接使用 type()函数来动态创建类。

基于消息机制的知识推理方法极大地减轻了推理知识库建设的工作量,也使灵活调用推理知识库中的部分规则组合推理交际意图成为可能。

8.3.2　语用推理系统的主要对象

基于消息机制的语用推理系统主要依靠消息触发机制来实现推理,即每个神经元都时刻在侦听消息管理中心的各种消息,一旦消息管理中心传来自己感兴趣的消息,就启动触发条件判断函数,如果条件具备就触发消息发送器,发送相应的结论信息至消息管理中心。该系统的主要对象有神经元、消息管理中心和消息。

8.3.2.1　神经元

"神经元"为自定义的类,在基于消息机制的语用推理系统中通过调用理解语境中的推理规则动态构建,每一条推理规则构建一个"神经元"的实例。"神经元"构建时需要三个参数:"侦听消息"列表、神经元类型、"发送消息"列表。其中"侦听消息"列表用来记录需要侦听的消息,也就是推理规则的"前提",该列表不能为空,至少要有一条需要侦听的消息。神经元类型表示推理规则的类型,取值为 0 或 1,0 表示合取式推理规则,1 表示析取式推理规则。"发送消息"列表记录着一旦被触发后需要向消息管理中心发送的消息,也就是推理规则的"结论"。

另外,"神经元"还有两个内部变量:侦听消息真值表和路径信息。其中,侦听消息真值表用来记录侦听到了多少相关的消息。初始化时,所有需要侦听消息的真值都设置为"假"。如果侦听到一条相关消息,就将该条消息的真值设置为"真"。如果"神经元"检测到触发条件已经具备,如析取式检测到了一条消息的真值为"真",或合取式检测到所有需要侦听的消息的真值均为"真","神经元"就会被触发。触发后,侦听消息真值表恢复初始化状态。

路径信息用来记录侦听到的相关消息的路径信息,路径信息的格式详见本节"消息"对象部分的讨论。初始化时,路径信息为空字符串。如果侦听到一条相关消息,就将该条消息的路径信息添加到该变量中。"神经元"触发时,将该变量中的路径信息添加到每一条"发送消息"中,实现推理路径的保持和传递。

"神经元"完全通过消息机制来进行触发。只有接收到相关信息后,"神经元"才会进行相应的处理;"神经元"对那些无关消息肯定是无动于衷的,不会进行任何处理。"神经元"具体的处理过程见下节"神经元反应"部分的讨论。

8.3.2.2 消息管理中心

消息管理中心主要负责消息的登记、发布。消息管理中心有三个列表:已发送消息、待发送消息、新收到消息。其中,"已发送消息"列表主要保存已经发布过的消息,便于判断新增的消息是否为新消息,不是新消息就不能发布,否则系统就会进入死循环。"待发送消息"列表主要记录马上要发布的消息,系统每发布一条,就从该列表中删除该条消息。"新收到消息"列表主要登记"神经元"触发后发送的消息。

消息管理中心设计了这三个列表,是为了保证推理系统的统一推理进程安排,即让推理一轮一轮进行。消息管理中心先发布一条消息,每个"神经元"接收该条消息并做出相应的反应,被触发的"神经元"向消息管理中心发送自己的信息,登记在"新收到消息"列表中,直到"待发送消息"列表中的消息发布完,此为一轮。然后将"新收到消息"列表赋值给"待发送消息"列表,从而开始新一轮消息发布,开始新一轮推理。

Petri网虽然能准确地把相关消息发送到指定的库所中,能极大地提升处理效率,但语用推理规则是个临时组合的知识库,无法确定库所的准确位置,也就无法实现相关消息的准确传递。而在基于消息机制的语用推理系统中,消息管理中心只是个消息中转中心,不用知道"神经元"会对哪条消息感兴趣,也不用知道消息应该流转到哪个"神经元",一切让"神经元"自己与消息去匹配,从而实现推理的不断往下进行。

8.3.2.3　消息

消息的数据类型为"字符串"。在基于消息机制的推理系统中,仅仅只传递"前提"信息还是远远不够的。如需要检查推理规则是否完备,推理过程是否合理,都需要知道推理路径,所以需要将路径信息与消息本身绑在一起。另外,在意图筛选过程中,也需要评估推理结果的合理性,需要查看推理结果利用了哪些事实信息,这也需要相应的路径信息。

为此,本系统中的消息包括两部分:消息内容和路径信息,两者之间用"@"隔开,表示格式为:消息内容@路径信息。如"下雨了"这条事实消息在系统中就被表示为"下雨了@下雨了"。如果"神经元"符合触发条件,触发前首先进行发送消息的路径信息整合。"神经元"发送消息的路径信息=前提的路径信息+"→"+当前发送消息,如表示"下雨了,路滑"这条推理规则的"神经元"触发后发送消息的路径信息为"@下雨了→路滑",这样该"神经元"触发后发送消息为"路滑@下雨了→路滑"。

上面讨论的是简单推理式的路径整合方式,析取式的路径整合方式与简单推理式的一样,合取式的则要复杂一些。路径信息整合过程如下:

Step 1:获取侦听消息的路径信息。

Step 2:如果"神经元"类型为0(合取式),就在路径信息上加上"∧",然后再将该条消息的路径信息附加在后面。否则,就在路径信息上加上"→",然后再将该条消息的路径信息附加在后面。

消息比较时,先从一条消息的表达式中取出"消息内容",然后进行比较就可以了。

8.3.3　语用推理系统的设计构想

基于消息机制的语用推理系统主要由三个模块构成："神经元构建"模块，"测试推理"模块和"意图筛选"模块。其整体处理流程图如图 8 - 14 所示。下面我们就来详细讨论这三个模块。

图 8 - 14　基于消息机制的语用推理系统处理流程图

8.3.3.1　"神经元构建"模块

该模块的功能：将推理规则动态创建为"神经元"类的实例。

该模块的输入：理解语境中的推理规则。语用推理系统从理解语境构建系统中获取相关知识，这些知识分为两部分，即事实信息和推理规则。事实信息是指可以从交际现场获得的相关实体和事件的状态的相关信息，如发话人为女性，她身着警服，她正在开罚单等。推理规则是指语用推理规则，是试图推断发话人进行言语交际行为的目的的相关知识。

该模块的输入为推理规则，这些推理规则输入时的数据类型为"字典"，每一条记录有三个键，分别是侦听消息列表、规则类型和发送消息列表。其中侦听消息列表的数据类型为列表，记录了需要侦听的命题。规则类型的数据类型为枚举型，取值为 0 或 1，0 表示推理规则为合取式推理规则，1 表示推理规则为析取式推理规则。发送消息列表的数据类型为列表，记录了需要发送的命题。

该模块的处理流程：首先遍历推理规则的字典，读取一条记录，从中取出"侦听消息列表""规则类型"和"发送消息列表"这三个键所对应的值。其次以此为参数，调用"神经元"类动态创建该类的对象。最后将该"神经元"对象加入神经元列表中。如果字典中还有下一条记录，则返回到"读取下一条记录"，继续处理；如果没有了，就结束该模块的处理，返回神经元列表。该模块的整个处理流程如图 8 - 15 所示：

图 8-15 "神经元构建"模块的处理流程

8.3.3.2 "测试推理"模块

该模块的功能:通过神经元与消息管理中心的消息互动,完成相关推理工作。

该模块的输入:事实信息列表和神经元列表。其中,事实信息列表由理解语境构建系统提供,记录了当前言语交际行为的方方面面的事实信息,是交际意图推理的起点。神经元列表则是"神经元构建"模块的处理结果,记录了与当前言语交际行为的交际意图推理的相关推理规则。

该模块的处理流程如图 8-16 所示。

Step 1:读入事实信息。将事实信息赋值给消息管理中心的"待发布消息"列表,并初始化"已发布消息"列表。

Step 2:遍历"待发布消息"列表,逐条发布消息。依次读取列表中的消息,将每条消息发布给每一个"神经元"。这是第一层循环。

Step 3:遍历"神经元"列表,让列表中的每一个神经元对象都读取到消息管理中心发布的该条消息。这是第二层循环。

Step 4:神经元反应。每个"神经元"接收到消息管理中心发布的一条消息后的具体反应。神经元接收到消息后有两种反应结果:向消息管理中心的"新消息"列表发送新消息或没有反应。这是一个子模块,我们稍后再详细讨论。

Step 5:查看是否有新消息。查看消息管理中心的"新消息"列表,看是否有"消息"。如果有"消息",则与已经发布的消息进行比较,如果是新信息,就保留,否则,就删除。这主要是为了防止出现"死循环"。如果没有新消息,就转 Step 7,结束处理。

Step 6:更新消息管理中心的"待发布消息"列表。将"新消息"列表赋值给"待发布消息"列表,转到 Step 2 处理。

Step 7:结束。

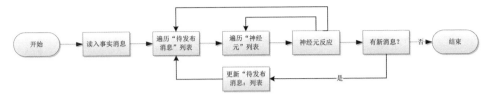

图 8－16 "测试推理"模块的处理流程

"神经元反应"子模块的功能："神经元"对读入的消息进行处理。

该子模块的输入：一条消息。

该子模块的处理流程如图 8－17 所示。

Step 1：比较消息，看看收到的消息是不是本"神经元"感兴趣的消息。遍历"神经元"的"侦听消息"列表，将收到的消息与列表中的每一条消息进行比较，如果发现该消息根本就不是本"神经元"感兴趣的消息，就结束处理。如果是，则进行进一步的处理。

Step 2：消息路径信息整合。获取侦听消息的路径信息，并将该路径信息整合进本"神经元"的路径信息中。详见上节"消息"部分对路径信息整合的讨论。

Step 3：根据本"神经元"自身的类型分别采用不同的方式处理收到的消息。如果本"神经元"的类型为1，即为析取式推理规则，那就表明现在已经有一个前提为真了，也就是该推理规则触发的条件已经具备，于是转 Step 5 进行触发。如果本"神经元"的类型为0，即为合取式推理规则，需要所有的前提为真才能进行触发，因而还需进入 Step 4 查看触发条件是否具备。

Step 4：检查触发条件。将本条信息为真的情况登记在本"神经元"的"侦听消息真值表"中，检查"侦听消息真值表"中所有记录的真值是否全部为"真"，如果是，转 Step 4 进行触发；若不是，则说明还有别的前提还不为真，暂时还不具备触发的条件，需要进一步等待，直到全部前提为真，于是 Step 6 结束该条消息的处理。

Step 5：触发。首先将"侦听消息真值表"中所有记录的真值设置为"假"，然后将"发送消息"列表中所有消息加上路径信息，添加到消息管理中心的"新消息"列表中，最后清空本"神经元"中的路径信息。

Step 6：结束。

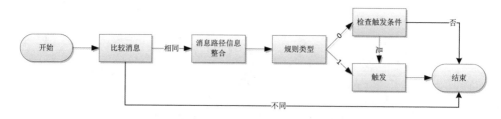

图 8‑17 "神经元反应"子模块的处理流程

8.3.3.3 "意图筛选"模块

该模块的功能：对推理结果进行合理性评价，筛选出最合理的意图。

该模块的输入：推理结果列表、事实信息列表。

该模块的处理流程如图 8‑18 所示。

Step 1：遍历推理结果列表。如果列表为空，就说明系统没有成功推理出任何结果，因而输出"推理失败"；如果列表只有 1 条记录，就说明系统只成功推理出来 1 个结果，输出这个结果作为最可能意图；如果列表不只 1 条记录，进入下一步处理。

Step 2：推理结果评价。评价函数的设计思想：意图筛选的标准为"合理性"，即哪个推理结果能合理解释发话人言语行为方方面面的所有事实，谁就是最合理的。谁能合理解释发话人言语行为方方面面的事实越多，合理性得分也就越高。

什么叫"合理解释发话人言语行为的事实"？如果一个推理结果是以发话人言语行为的某条事实为前提推理出来的，我们则认为该推理结果毫无疑问是能合理解释这一事实的。这样，一个推理结果所包含的前提中所涉及的发话人言语行为的事实越多，那么该推理结果能合理解释的事实越多，其合理性也就越高。

怎样计算一个推理结果所包含的前提中所涉及的事实的多少？这可以通过在推理结果的路径信息中查找事实消息来实现。因为推理结果也是消息，也是由"消息内容@路径信息"两部分构成，其中路径信息就包含了言语行为的事实消息。这样就可以通过计算路径信息所包含的事实消息的数量来计算推理结果的合理性。

据此，我们设计了合理性评价函数：

$$合理性 = \frac{路径信息中包含的事实消息数}{理解语境给出的所有事实消息数} \times 100\%$$

其处理流程如下：①截取推理结果的路径信息；②遍历事实信息列表；③看路径信息中是否包含这一事实消息，如果包含，包含事实消息数＋1，转2直到遍历完事实信息列表。④计算该推理结果的合理性：包含事实消息数除以事实信息列表记录数；⑤结束。

Step 3：评价结果排序。根据评价得分，将推理结果进行从高到低的降序排序。

Step 4：输出最合理的意图。评价得分最高的那个交际意图就是最合理的意图，输出这个意图。

Step 5：结束。

图 8－18　"意图筛选"模块的处理流程

参考文献

[1] 工信部〔2017〕315 号.促进新一代人工智能产业发展三年行动计划(2018-2020年)[S]. 2017-12-14.

[2] 黄人薇,洪洲. 服务机器人关键技术与发展趋势研究[J]. 科技与创新,2018(15):37-39.

[3] 郑焱.赵杰:中国机器人产业当前形势与展望[J].上海质量,2021(2):22-23.

[4] 张承业,张宪民.人工智能驱动的人机交互技术挑战及应用思路[J].数字技术与应用,2018,36(5):206-207.

[5] 薛澄岐.人机融合、智能人机交互、自然人机交互未来人机交互技术的三大发展方向:薛澄岐谈设计与科技[J].设计,2020,33(8):52-57.

[6] 张仰森.人工智能原理与应用[M].北京:高等教育出版社,2004.

[7] 陆汝钤.自然语言理解和机器智能[J].语言战略研究,2018,3(3):7-8.

[8] 王志栋.语用学维度:人工智能框架问题与自然语言理解[J].河北学刊,2008,28(3):234-237.

[9] 殷杰,董佳蓉.论自然语言处理的发展趋势[J].自然辩证法研究,2008,24(3):31-37.

[10] 张巍.意图的形而上学[J].自然辩证法通讯,2015,37(2):19-24.

[11] 廖美珍."目的原则"与目的分析(上)——语用研究新途径探索[J].修辞学习,2005(3):1-10.

[12] 张德禄.论语言交际中的交际意图[J].解放军外国语学院学报,1998,21(3):24-28.

[13] 李军华.论交际意图与言语行为[J].求索,2007(4):189-191.

[14] 姜望琪.当代语用学[M].北京:北京大学出版社,2003:59.

[15] Grice H.P. Logic and Conversation[A]. In P.Cole. & J.Morgan(eds.) Syntax

and Semantics[M].Vol.3:Speech Acts. New York:Academic Press,1975.

[16] Sperber D,Wilson D. Relevance: Communication and Cognition[M]. Oxford: Basil Blackwell,1986.

[17] 熊学亮.认知语用学概论[M].上海:上海外语教育出版社,1999.

[18] 孙玉.相关理论中的语用推理[J].外国语(上海外国语学院学报),1993,16(4): 39-43.

[19] 张亚非.关联理论述评[J].外语教学与研究,1992,24(3):9-16.

[20] 胡健.关联理论与语用推理[J].山东外语教学,2001,22(2):45-48.

[21] Leech G N. Principles of Pragmatics[M]. London: Longman, New York,1983.

[22] Levinson S C. Pragmatics and the Grammar of Anaphora[J]. Journal of Linguistics,1987,23:379-431.

[23] Levinson S C. Pragmatic Reduction of the Binding Conditions Revisited[J]. Journal of Linguistics,1991,27(1):107-161.

[24] 姜望琪.新格赖斯语用学的成就与失误[J].天津外国语大学学报,2016,23(1): 13-18.

[25] 钟越飞.新格赖斯会话含意理论研究概述[J].校园英语,2015(21):216-217.

[26] Austin J L. How to Do Things With Words(2nd Edition)[M].Oxford: Clarendon Press,1975.

[27] Searle J R. Speech Acts:An Essay in the Philosophy of language[M]. Cambridge:Cambridge University Press,1969.

[28] 顾曰国.意向性、意识、意图、目的(标)与言语行为:从心智哲学到语言哲学[J]. 当代语言学,2017,19(3):317-347.

[29] Searle J R. Intentionality:An Essay in the Philosophy of Mind[M]. Cambridge:Cambridge University Press,1983:165-166.

[30] Searle J R. What Is Language:Some Preliminary Remarks[M]//Explorations in Pragmatics. Berlin:Mouton de Gruyter. 2007:7-38.

[31] 任燕燕.言语行为理论:一种原创型的语言观[J].外语教育研究,2018,6(4): 1-5.

[32] Strawson P F. Intention and Convention in Speech Acts[A]//J. R. Searle (ed.). The Philosophy of Language. London:Oxford University Press,1971:

23-38.

[33] Bach K.& R. M. Harnish. Linguistic Communication and Speech Acts[M]. Cambridge：MIT Press,1979.

[34] 向明友.言语行为理论评注[J]. 现代外语，2018，41(4)：541-549.

[35] 徐盛桓.新格赖斯会话含意理论和语用推理[J].外国语,1993(1):9-16+82.

[36] 钱冠连.论构建语用推理模式的出发点：新格赖斯理论评论[J].现代外语,1994, 17(3):1-6.

[37] 熊学亮. 单向语境推导初探（上）[J]. 现代外语,1996,19(2):1-4+72.

[38] 熊学亮. 单向语境推导初探（下）[J]. 现代外语,1996,19(3):16-21.

[39] 杨先顺. 语用推理的定义、种类和模式：语用推理系列研究之三[J]. 暨南学报（哲学社会科学),1997,19(2):126-131.

[40] 徐盛桓.基于模型的语用推理[J].外国语（上海外国语大学学报),2007,30(3): 2-9.

[41] 邓隽,罗迪江. 论语用推理的全息交际模式[J].外国语文,2010,26(6):69-73.

[42] 刘娇,李艳玲,林民. 人机对话系统中意图识别方法综述[J].计算机工程与应用 2019,55(12):1-7+43.

[43] Ramanand J，Bhavsa R K，Pedaneka R N. Wishful Thinking：Finding Suggestions and 'Buy' Wishes from Product Reviews[C]//Proceedings of the NAACL HLT 2010 Workshop on Computational Approaches to Analysis and Generation of Emotion in Text. Stroudsburg, PA：Association for Computational Linguistics,2010:54-61.

[44] Li X，Dan R. Learning Question Classifiers：The Role of Semantic Information[J]. Natural Language Engineering, 2015,12(3):229-249.

[45] 陈浩辰.基于微博的消费意图挖掘[D].哈尔滨:哈尔滨工业大学,2014.

[46] 贾俊华.一种基于 AdaBoost 和 SVM 的短文本分类模型[D].天津:河北工业大学,2016.

[47] 郑新月,任俊超.基于 BERT-FNN 的意图识别分类[J].计算机与现代化，2021 (7):71-75+88.

[48] Kim D，Lee Y，Zhang J，et al.Lexical Feature Embedding for Classifying Dialogue Acts on Korean Conversations[C]//Proc of 42nd Winter Conference on Korean Institute of Information Scientists and Engineers,2015:575-577.

[49] Kim J K, Tur G, Celikyilmaz A, et al. Intent Detection Using Semantically Enriched Word Embeddings [C]//2016IEEE Spoken Language Technology Workshop,2017:414-419.

[50] Kim Y. Convolutional Neural Networks for Sentence Classification[C]// Proceedings of the 2014 Conference on Empirical Methods in Natural Language Processing, 2014:1746-1751.

[51] Hashemi H B, Asiaee A, Kraft R. Query Intent Detection Using Convolutional Neural Networks[C]//International Conference on Web Search and Data Mining, Workshop on Query Understanding,2016.

[52] Bhargava A, Celikyilmaz A, Hakkanitur D, et al. Easy Contextual Intent Prediction and Slot Detection [C]//IEEE International Conference on Acoustics, Speech and Signal Processing. 2013:8337-8341.

[53] Hochreiter S, Schmidhuber J. Long Short-Term Memory [J]. Neural Computation,1997,9(8):1735-1780.

[54] Ravuri S, Stolcke A. Recurrent Neural Network and LSTM Models for Lexical Utterance Classification[C]//Interspeech 2015. ISCA: JSCA, 2015:135-139.

[55] Dey R, Salem F M. Gate-Variants of Gated Recurrent Unit (GRl) Neural Networks[C]//IEEE 60th International Midwest Symposium on Circuits and Systems, 2017: 1597-1600.

[56] Ravuri S, Stolcke A. A Comparative Study of Recurrent Neural Network Models for Lexical Domain Classification [C]//2016 IEEE International Conference on Acoustics, Speech and Signal Processing,2016:6075-6079.

[57] Lin Z H,Feng M W,Santos C N D,et al. A Structured Self-Attentive Sentence Embedding[EB/OL]. (2017) [2021-10-16]. https://arxiv. org/pdf/ 1703. 03130.pdf.

[58] Hinton G E, Krizhevsky A, Wang S D.Transforming Autoencoders [C]// International Conference on Artificial Neural Networks, 2011:44-51.

[59] Sabour S,Frosst N, Hinton G E. Dynamic Routing Between Capsules[C]// Proceedings of the 31st International Conference on Neural Information Processing Systems,2017:3859-3869.

[60] Zhao W,Ye J B,Yang M,et al. Investigating Capsule Networks with Dynamic

Routing for Text classification[C]//Proceedings of the 2018 Conference on Empirical Methods in Natural Language Processing,2018:3110-3119.

[61] Xia C Y,Zhang C W,Yan X H,et al.Zero Shot User Intent Detection via Capsule Neural Networks[C]//Proceedings of the 2018 Conference on Empirical Methods in Natural Language Processing,2018:3090-3099.

[62] 杨伟清.后果、动机与意图:论密尔的道德评价理论[J].人文杂志,2021(4):60-72.

[63] 黄希庭,郑涌.心理学十五讲[M].2版.北京:北京大学出版社,2014:236.

[64] 李义天.美德伦理视域中的意图、意愿与意志[J].天津社会科学,2020,11(6):28-35.

[65] 夏甄陶.关于目的的哲学[M].上海:上海人民出版社,1982.

[66] 马克思,恩格斯.马克思恩格斯全集(第二十三卷)[M].北京:人民出版社,1995.

[67] 马克思,恩格斯.马克思恩格斯全集(第四卷)[M].北京:人民出版社,1995.

[68] Lyons J. Semantics[M]. Cambridge:Cambridge University Press,1977.

[69] 王琴,谭外元.谈非自然意义理论的意图问题[J].山东外语教学,2000,21(2):11-13+17.

[70] 张结根.论交际意图的定义、特点和分类[J].怀化学院学报,2013,32(9):103-106.

[71] 张檀琴,李敏.需要、欲望和自我:唯物论和辩证观的需要理论[M].北京:经济科学出版社,2012.

[72] 戈布尔.第三思潮:马斯洛心理学[M].上海:上海译文出版社,1987.

[73] 彭聃龄.普通心理学[M].北京:北京师范大学出版社,2012.

[74] 丁信善.言语行为分类研究述论[J].烟台师范学院学报(哲学社会科学版),1992,9(1):43-50.

[75] Searle J R. Expression and Meaning:Studies in the Theory of Speech Acts[M]. Cambridge:Cambridge University Press,1980.

[76] Levinson S C. Pragmatics[M].Cambridge:Cambridge University Press,1983:240.

[77] Martin J R. How Many Acts? [J]. U. E. A. Papers in Linguistics,1981.

[78] Flowerdew J. Speech Acts and Language Teaching[J]. Language Teaching,

1988,21(2):69－82.

[79] Leech G N. Semantics[M].2nd ed. Harmondsworth：Penguin Books,1981.

[80] Alexandersson J，Buschbeck-Wolf B，Fujinami T，et al. Dialogue Acts in VERBMOBIL-2[M]. Saarbruecken：DFKI，1998.

[81] 方称宇,曹竞,刘晓月. 基于语料库的最新 ISO 会话行为标注体系的研究:从 SWBD-DAMSL 到 SWBD-ISO[J]. 当代语言学, 2013, 15(4)：439-458.

[82] 钟守满.英汉言语行为动词语义认知结构研究[M].合肥:中国科学技术大学出版社 2008.

[83] 张雁.言语行为动词研究和对外汉语教学[J].国际汉语教育(中英文),2019,4 (2):87-99.

[84] 文兵.言语行为认定模式研究[J].外语教学,2014,35(6):40-45.

[85] 樊小玲. 功能视野中的言语行为类别研究[J].忻州师范学院学报,2010,26 (5):131-134.

[86] 张玥.请求类言语交际研究[D].长春:吉林大学,2013.

[87] 董振邦.致谢类言语交际研究[D].长春:吉林大学,2015.

[88] 王立军.说服类言语交际研究[D].长春:吉林大学,2015.

[89] 李京育.告知类言语交际研究[D].长春:吉林大学,2019.

[90] 徐宝祥,叶培华. 知识表示的方法研究[J].情报科学, 2007,25(5):690-694.

[91] 高文利.AI 视野下动态语境构建研究[M].上海:上海交通大学出版社,2021.

[92] 许嘉,张千桢,赵翔,等.动态图模式匹配技术综述[J].软件学报,2018,29(3): 663-688.

[93] 许春燕.现代汉语承诺类言语行为研究[D].长春:吉林大学,2021.

[94] 贾明秀. 表态言语行为研究概览[J]. 中国多媒体与网络教学学报(上旬刊), 2019(10):52-54.

[95] Peccei J. Pragmatics[M]. 北京:外语教学与研究出版社,2000:53.

[96] Mey J L. Pragmatics：An introduction[M].北京:外语教学与研究出版社,2001.

[97] 关英明.现代汉语致歉言语行为研究[D].长春:吉林大学,2014.

[98] 岳好平,张玉上. 宣告类言语行为作用下的语用原则[J].湖南商学院学报, 2002,9(3):119-120.

[99] 何自然.语用学与英语学习[M].上海:上海外语教育出版社,1997.

[100] Levelt W. Speaking：From Intention to Articulation［M］.Cambridge：MIT Press，1989.

[101] 徐默凡.论语境科学定义的推导[J].语言文字应用,2001(2):46-56.

[102] 林波.交际意图的语用认知新探[J].外语教学,2002,23(3):28-33.

[103] 印四海.关于意图及其传递[J].外国语(上海外国语大学学报),2000,23(2):21-28.

[104] Leech G. English Grammar for Today[M].New York；Macmillan，1982.

[105] 郑秀恋.非言语行为与跨文化交际[J].浙江理工大学学报,2005,22(1):99-101+104.

[106] 王晓晖,韩雪峰.口语传播中的非言语传播[J].当代传播,2007(4):33-35.

[107] Kempen G.，Hoenkamp E. An Incremental Procedural Grammar for Sentence Formulation[J]. Cognitive Science，1987,11(2):201-258.

[108] Fromkin V. Speech Production［M］//Gleason J，Ratner Nan.（Eds.）Psycholinguistics. Orlando：Harcourt Brace &Company，1993.

[109] 戴浩一.概念结构与非自主性性语法:汉语语法概念系统初探[J].当代语言学,2002,4(1):1-12+77.

[110] 宗成庆,章森,陈肇雄,等. 基于多知识源的同音词识别方法[J]. 中文信息学报,1998,12(4):22-29.

[111] 李保利,陈玉忠,俞士汶.信息抽取研究综述[J].计算机工程与应用,2003,39(10):1-5.

[112] 郭喜跃,何婷婷.信息抽取研究综述[J].计算机科学,2015,42(2):14-17.

[113] 宋柔,朱宏,潘维桂,等.基于语料库和规则库的人名识别法[M].北京:北京语言学院出版社,1993.

[114] 孙茂松,黄昌宁,高海燕,等.中文姓名的自动辨识[J].中文信息学报,1995,9(2):16-27.

[115] 刘挺,吴岩,王开铸.基于信息抽取和文本生成的自动文摘系统设计[J].情报学报,1997(S1):31-36.

[116] Zhang Y M, Zhou J F. A Trainable Method for Extracting Chinese Entity Names and Their Relation Workshop[C]//Proceedings of the 2nd Workshop Chinese Language Processing，2000:66-72.

[117] Collins M，Singer Y. Unsupervised Models for Named Entity Classification［C］

//Proceedings of the Joint SIGDAT Conference on Empirical Methods in Natural Language Processing and Very Large Corpora，1999：100-110.

[118] 肖明，曾莉.信息抽取技术及其发展[J]. 西南民族大学学报（自然科学版），2021，47（6）：633-639.

[119] Zelenko D，Aone C，Richardella A. Kernel Methods for Relation Extraction [J]. The Journal of Machine Learning Research，2003：1083-1106.

[120] 刘克彬，李芳，刘磊，等.基于核函数中文关系自动抽取系统的实现[J].计算机研究与发展.2007，44（8）：1406-1411.

[121] Liu C Y，Sun W B，Chao W H，et al. Convolution Neural Network for Relation Extraction［C］//International Conference on Advanced Data Mining and Applications. Berlin，Heidelberg：Springer，2013：231-242.

[122] Zeng D，Liu K，Lai S，et al. Relation classification via convolutional deep neural network［C］//Proceedings of the 25th International Conference on Computational Linguistics，2014：2335-2344.

[123] Nguyen T H，Grishman R. Combining Neural Networks and Log-linear Models to Improve Relation Extraction［EB/OL].2015：arXiv：1511.05926. https：//arxiv.org/abs/1511.05926.

[124] Wang L L，Cao Z，de Melo G，et al. Relation Classification via Multi-Level Attention CNNs［C］//Proceedings of the 54th Annual Meeting of the Association for Computational Linguistics，Berlin，Germany，2016：1298-1307.

[125]Zhang D X，Wang D. Relation Classification via Recurrent Neural Network ［EB/OL].2015：arXiv：1508.01006. https：//arvix.org/abs/1508.01006.

[126] Cai R，Zhang X D，Wang H F. Bidirectional Recurrent Convolutional Neural Network for Relation Classification［C］//Proceedings of the 54th Annual Meeting of the Association for Computational Linguistics. Berlin，Germany，2016：756-765.

[127] Miwa M，Bansal M. End-to-End Relation Extraction Using LSTMs on Sequences and Tree Structures[C]//Proceedings of the 54th Annual Meeting of the Association for Computational Linguistics. Berlin，Germany，2016：1105- 1116.

[128] Katiyar A，Cardie C. Going Out on a Limb：Joint Extraction of Entity Mentions and Relations Without Dependency Trees[C]// Proceedings of the 55th Annual Meeting of the Association for Computational Linguistics. Vancouver，Canada，2017：917-928.

[129] Devlin J，Chang M W，Lek K，et al. BERT：Pre-training of Deep Bidirectional Transformers for Language Understanding[C]//Proceedings of the 2019 Conference of the North American Chapter of the Association for Computational Linguistics：Human Language Technologies. 2019：4171-4186.

[130] 肖明,曾莉.信息抽取技术及其发展[J].西南民族大学学报(自然科学版)，2021,47(6):633-639.

[131] Che W X，Li Z H，Liu T. LTP：A Chinese Language Technology Platform [C]//The 23rd International Conference on Comput ational Linguistics，2010.

[132] 徐盛桓.语用推理[J].外语学刊,1991,(6):1.

[133] 胡泽洪.语言逻辑与语用推理[J].学术研究,2003(12):69-71.

[134] 孙丽娜.言语交际中的语用推理述评[D].秦皇岛:燕山大学,2009.

[135] 周礼全.逻辑:正确思维和有效交际的理论[M].北京:人民出版社,1994.

[136] 何自然.语用学概论[M].长沙:湖南教育出版社,1988.

[137] Hobbs J R，Stickel M E，Appelt D E，et al. Interpretation as Abduction[J]. Artificial Intelligence，1993,63(1-2):69-142.

[138] 曾凡桂.论关联理论语用推理的溯因特征[J].外语与外语教学，2004(5):6-9.

[139] 高海龙.试论语用推理中的缺省逻辑因素[J]. 山东外语教学,2008,29(6):27-32.

[140] 李德华.创造性思维中的可能性构造空间的理论框架 PCST[J].计算机杂志，1993(5):12-18.

[141] Petri C. A. Communication with automata[D]. Darmstadt：Darmstadt University of Technology,1962.

[142] 张乐伟.基于赋时分层着色 Petri 网的工作流建模与性能评价[D].青岛:中国石油大学,2009.

[143] Collins A M，Loftus E F. A Spreading-Activation Theory of Semantic Processing[J]. Psychological Review,1975,82(6)：407-428.

索　引